呼和浩特树木园
树木图鉴

铁牛 赵丽 福升 主编

中国林业出版社

图书在版编目（CIP）数据

呼和浩特树木园树木图鉴 / 铁牛，赵丽，福升主编. 北京：中国林业出版社, 2024.10. -- ISBN 978-7-5219-2793-1

Ⅰ. S717.226.1-64

中国国家版本馆CIP数据核字第2024FQ8281号

责任编辑：刘香瑞

出版发行：中国林业出版社

（100009，北京市西城区刘海胡同7号，电话010-83143545）

电子邮箱：36132881@qq.com

网址：https://www.cfph.net

印刷：河北京平诚乾印刷有限公司

版次：2024年10月第1版

印次：2024年10月第1次

开本：787mm×1092mm 1/16

印张：23

字数：558千字

定价：268.00元

《呼和浩特树木园树木图鉴》编委会

主　任　王莉英　秦富仓

副主任　刘新前　高妍岭　赵伟波　胡永宁　郭　中　滕晓光
　　　　张文军　乐　林

委　员　（按姓氏笔画排列）
　　　　弓文玄　王晓江　王晔平　云林强　田润民　宁明世
　　　　师东强　邬向民　刘平生　刘清泉　闫德仁　安立彦
　　　　杨立中　吴秀花　汪树风　张　雷　张惠良　邵文亮
　　　　季　蒙　春　英　赵　英　赵学军　段玉玺　姚建成
　　　　袁立敏　莎仁图雅　郭永盛　海　龙　崔清涛　韩　岩
　　　　路薇娜　群　力

《呼和浩特树木园树木图鉴》编写组

主　编　铁　牛　赵　丽　福　升

参　编　（按姓氏笔画排列）
　　　　王云霓　王玉芝　王佐良　王莉英　白　钢　白立东
　　　　冯　涛　冯海叶　宁　静　邢冠颖　刘　昕　刘　佳
　　　　刘兴伟　刘丽洁　闫茂林　苏大可　李佳陶　李爱平
　　　　张　欢　张　南　张计标　张璞钟　尚海军　周　翔
　　　　赵伟波　高妍岭　桑　昊　崔全友　梁海荣　隋莹莹
　　　　董大伟　韩珊珊　鲁娅娜　霍凯宇

序

  林草种质资源是保障我国生态安全、食药安全、经济安全的重要战略资源,也是推动生态文明建设、维护生物多样性的重要基础。习近平总书记高度重视种源安全和种业振兴。党的十八大以来,全区各级林草主管部门深入贯彻落实习近平总书记重要指示精神,全面加强林草种质资源的保护利用,不断完善种质资源保护法规政策体系、林草种质资源保护利用体系和林草种苗质量监管服务体系,在全国率先开展林草种质资源普查,建成国家级草种质资源中期库、品种资源库、乡土草种资源库,推动设立国家林草种质资源设施保存库内蒙古分库,建立了较为完备的种质资源收集、保存和繁育平台,探索出一条生物多样性保育、资源持续利用与民生发展相结合的道路。

  呼和浩特树木园是我区最早开展林木种质资源收集、保存和驯化的专业园。自1956年创建以来,自治区林科院几代科研人员始终秉持着对自然资源的尊重与保护,对林木种质资源的收集、保存与合理利用进行了深入探索。目前,树木园已成为我国北方地区林木种质资源迁地保护、科学研究、科普教育的综合性平台,为我区林业科学研究和生态建设提供了丰富的物质基础和强大的科技支撑。《呼和浩特树木园树木图鉴》的编撰,是对树木园多年来引种驯化成果的系统总结。本书收录了树木园保存的321种乔灌木,分属51科118属,涉及生态、用材、油用、药用、饲用等多种用途林木种质资源,图文并茂地介绍了每一个树种主要形态特征、用途以及引种后的生长表现,为我们展现了一幅多彩的林木种质资源画卷。这不仅为我区林业科研工作者提供了宝贵的参考资料,也为广大植物爱好者、园林设计师及公众普及了树木知识,对于推动林木种质资源的合理利用和林业科技的发展具有重要意义。

在内蒙古自治区林业科学研究院成立70周年之际，我们结集出版此书，既是对林科院建院70周年的献礼，也是对从事林木种质资源引种驯化科研工作者的致敬。在此，也对参与本书编写的各位专家、教授表示由衷的感谢。林草种质资源保护和利用功在当代、利在千秋。希望本书成为各族群众了解自然、走进自然、保护自然的桥梁和纽带，在为林业科学研究和生态建设提供有力支持的同时，更能在普及林业科学知识、弘扬生态文化的道路上，绽放出耀眼的光芒，为筑牢我国北方生态安全屏障，建设美丽内蒙古作出林草贡献。

王肇晟

2024年10月16日

王肇晟，内蒙古自治区林业和草原局局长

前 言

呼和浩特树木园(以下简称"树木园")隶属于内蒙古自治区林业科学研究院,位于呼和浩特市赛罕区内蒙古自治区林业科学研究院内,地理位置为40°49′N、111°42′E,海拔1056m。树木园始建于1956年,占地面积330亩,是内蒙古自治区最早开展林木种质资源收集、保存和驯化的专业园之一。

从20世纪60年代开始,内蒙古自治区林业科学研究院童成仁、萨仁等老一代科研工作者便在树木园开展林木种质资源引种驯化与推广工作,先后共收集保存了国内外各类乔灌木570余种。如今树木园已成为我国北方地区重要的林木种质资源迁地保护、科学研究、技术开发及科普教育基地。1999年,被中国科学技术协会命名为"全国科普教育基地";2009年,被中国林学会命名为"全国林业科普基地";2019年,被自治区列为"内蒙古林科院温带、寒温带乡土及归化树种林木种质资源库"。

为集中展现树木园多年林木引种驯化成果、林木种质资源的丰富性和独特性,摸清树木园引种保存树种底数,充分掌握树种物候、生长状况,为科研人员提供第一手翔实的资料,也为广大植物爱好者了解、学习树木园植物特性提供珍贵资料,编者以《呼和浩特树木园主要乔灌木引种树种》(1997年出版)一书和历史引种资料为基础,在对树木园树种进行长期观察、统计的基础上,编撰出版《呼和浩特树木园树木图鉴》一书。

本书收录了国内外乔灌木321种(含22个变种、7个亚种、16个杂交种和6个栽培种),分属51科118属。编者从树种形态特征入手,以文字和图片形式进行解析,根据树木园历史引种资料及对园内树种的最新鉴定结果,依据最新维管束植物分类体系(APG Ⅳ系统),参考《内蒙古植物志(第三版)》(2020)、《中国植物志》(1959—2004)以及《Flora of China》(2003),结合植物分类专业网站植物智(http://www.iplant.cn/),对树木园内树木名录按最新命名规则进行编辑。本书对收录树种的科属、中文名、学名、俗名以及蒙古语名,主要形态特征、物候期、分布状况、用途和树木园引种历史,以及在树木园栽培后的适应性和生长表现进行了重点描述。

本书在编撰过程中,得到了内蒙古自治区林业和草原局、林业科学研究院领导和同行专家的鼎力支持和帮助。特别是内蒙古农业大学刘果厚教授、兰登明教授、高润宏教授,内蒙古大学赵利清教授和内蒙古赛罕乌拉森林生态系统国家定位观测研究站向昌林高级工程师提出了许多宝贵意见,在此一并表示诚挚的谢意!

　　本书在编写过程中难免出现疏漏或不足之处,敬请读者批评指正。

2024.8.27

铁牛,内蒙古自治区林业和草原局副局长

树木园俯瞰图

引种区

树木园分区布局图

国家重点实验室及温室

水生区

树木园四季——春之韵

树木园四季——夏之盛

树木园四季——秋之实

树木园四季——冬之赞

目 录

前 言

银杏科 Ginkgoaceae ············ 1
银杏属 *Ginkgo* L. ············ 1
银杏 *Ginkgo biloba* L. ············ 1

松科 Pinaceae ············ 2
云杉属 *Picea* A. Dietrich ············ 2
青杆 *Picea wilsonii* Mast. ············ 2
白杆 *Picea meyeri* Rehd. & E. H. Wilson ············ 3
雪岭云杉 *Picea schrenkiana* Fisch. & C. A. Mey. ············ 4
紫果云杉 *Picea purpurea* Mast. ············ 5
红皮云杉 *Picea koraiensis* Nakai ············ 6
新疆云杉 *Picea obovata* Ledeb. ············ 7
川西云杉 *Picea likiangensis* var. *rubescens* Rehd. & E. H. Wilson ············ 8
黄果云杉 *Picea likiangensis* var. *hirtella* (Rehd. & E. H. Wilson) W. C. Cheng ············ 9
塞尔维亚云杉 *Picea omorika* (Pancic) Purk. ············ 10
云杉 *Picea asperata* Mast. ············ 11
欧洲云杉 *Picea abies* (L.) H. Karst. ············ 12
蓝叶云杉 *Picea pungens* Engelm. ············ 13
白云杉 *Picea glauca* (Moench) Voss ············ 14
青海云杉 *Picea crassifolia* Kom. ············ 15
鳞皮云杉 *Picea retroflexa* Mast. ············ 16

冷杉属 *Abies* Mill. ············ 17
臭冷杉 *Abies nephrolepis* (Trautv. ex Maxim.) Maxim. ············ 17

杉松 *Abies holophylla* Maxim. ·········· 18

松属 *Pinus* L. ·········· 19

华山松 *Pinus armandii* Franch. ·········· 19
北美短叶松 *Pinus banksiana* Lamb. ·········· 20
白皮松 *Pinus bungeana* Zucc. ex Endl. ·········· 21
扭叶松 *Pinus contorta* Douglas ex Loudon ·········· 22
赤松 *Pinus densiflora* Siebold & Zucc. ·········· 23
欧洲黑松 *Pinus nigra* J. F. Arnold ·········· 24
日本五针松 *Pinus parviflora* Siebold & Zucc. ·········· 25
西黄松 *Pinus ponderosa* Douglas ex C. Lawson ·········· 26
偃松 *Pinus pumila* (Pall.) Regel ·········· 27
新疆五针松 *Pinus sibirica* Du Tour ·········· 28
北美乔松 *Pinus strobus* L. ·········· 29
欧洲赤松 *Pinus sylvestris* L. ·········· 30
樟子松 *Pinus sylvestris* var. *mongolica* Litv. ·········· 31
长白松 *Pinus sylvestris* var. *sylvestriformis* (Taken.) W. C. Cheng & C. D. Chu ·········· 32
油松 *Pinus tabuliformis* Carrière ·········· 33

落叶松属 *Larix* Mill. ·········· 34

落叶松 *Larix gmelinii* (Rupr.) Kuzen. ·········· 34
华北落叶松 *Larix gmelinii* var. *principis-rupprechtii* (Mayr) Pilg. ·········· 35
日本落叶松 *Larix kaempferi* (Lamb.) Carrière ·········· 36

黄杉属 *Pseudotsuga* Carrière ·········· 37

花旗松 *Pseudotsuga menziesii* (Mirb.) Franco ·········· 37

柏科 Cupressaceae ·········· 38

侧柏属 *Platycladus* Spach ·········· 38

侧柏 *Platycladus orientalis* (L.) Franco ·········· 38

刺柏属 *Juniperus* L. ·········· 39

圆柏 *Juniperus chinensis* L. ·········· 39
叉子圆柏 *Juniperus sabina* L. ·········· 40
兴安圆柏 *Juniperus sabina* var. *davurica* (Pall.) Farjon ·········· 41
杜松 *Juniperus rigida* Siebold & Zucc. ·········· 42
刺柏 *Juniperus formosana* Hayata ·········· 43
单子圆柏 *Juniperus monosperma* (Engelm.) Sarg. ·········· 44

崖柏属 *Thuja* L. ·········· 45

北美香柏 *Thuja occidentalis* L. ·········· 45

红豆杉科 Taxaceae ... 46

红豆杉属 *Taxus* L. ... 46

矮紫杉 *Taxus cuspidata* var. *nana* Hort. ex Rehd. ... 46

麻黄科 Ephedraceae ... 47

麻黄属 *Ephedra* L. ... 47

中麻黄 *Ephedra intermedia* Schrenk & C. A. Mey. ... 47
膜果麻黄 *Ephedra przewalskii* Stapf ... 48

杨柳科 Salicaceae ... 49

杨属 *Populus* L. ... 49

胡杨 *Populus euphratica* Olivier ... 49
银白杨 *Populus alba* L. ... 50
银新杨 *Populus alba* × *P. alba* var. *pyramidalis* ... 51
新疆杨 *Populus alba* var. *pyramidalis* Bunge ... 52
小叶杨 *Populus simonii* Carrière ... 53
小胡杨 2 号 *Populus simonii* × *P. euphratica* 'Xiaohuyang2' ... 54
小黑杨 *Populus* × *xiaohei* T. S. Hwang et Liang ... 55
少先队杨 *Populus* × *pioner* ... 56
加杨 *Populus* × *canadensis* Moench ... 57
小钻杨 *Populus* × *xiaohei* var. *xiaozhuanica* (W. Y. Hsu & Y. Liang) C. Shang ... 58
毛白杨 *Populus tomentosa* Carrière ... 59
河北杨 *Populus* × *hopeiensis* Hu & L. D. Chow ... 60

柳属 *Salix* L. ... 61

旱柳 *Salix matsudana* Koidz. ... 61
垂柳 *Salix babylonica* L. ... 62
金枝垂柳 *Salix* × *aureo-penduca* ... 63
钻天柳 *Salix arbutifolia* Pall. ... 64

胡桃科 Juglandaceae ... 65

胡桃属 *Juglans* L. ... 65

胡桃楸 *Juglans mandshurica* Maxim. ... 65
黑胡桃 *Juglans nigra* L. ... 66

桦木科 Betulaceae ... 67

桦木属 *Betula* L. ... 67

白桦 *Betula platyphylla* Sukaczev ... 67

黑桦 *Betula dahurica* Pall. 68

桤木属 *Alnus* Mill. 69
辽东桤木 *Alnus hirsuta* (Spach) Rupr. 69

榛属 *Corylus* L. 70
毛榛 *Corylus sieboldiana* var. *mandshurica* Maxim. & Rupr. 70
榛 *Corylus heterophylla* Fisch. ex Trautv. 71

壳斗科 Fagaceae 72

栎属 *Quercus* L. 72
蒙古栎 *Quercus mongolica* Fisch. ex Ledeb. 72
夏栎 *Quercus robur* L. 73

榆科 Ulmaceae 74

榆属 *Ulmus* L. 74
榆树 *Ulmus pumila* L. 74
垂枝榆 *Ulmus pumila* 'Tenue' S. Y. Wang 75
欧洲白榆 *Ulmus laevis* Pall. 76
旱榆 *Ulmus glaucescens* Franch. 77
裂叶榆 *Ulmus laciniata* (Herder) Mayr ex Schwapp. 78
黑榆 *Ulmus davidiana* Planch. 79
春榆 *Ulmus davidiana* var. *japonica* (Rehder) Nakai 80
脱皮榆 *Ulmus lamellosa* Z. Wang & S. L. Chang 81
大果榆 *Ulmus macrocarpa* Hance 82

刺榆属 *Hemiptelea* Planch. 83
刺榆 *Hemiptelea davidii* (Hance) Planch. 83

大麻科 Cannabaceae 84

朴属 *Celtis* L. 84
大叶朴 *Celtis koraiensis* Nakai 84
黑弹树 *Celtis bungeana* Blume 85

桑科 Moraceae 86

桑属 *Morus* L. 86
桑 *Morus alba* L. 86
蒙桑 *Morus mongolica* (Bureau) C. K. Schneid. 87

马兜铃科 Aristolochiaceae ······ 88
关木通属 *Isotrema* Raf. ······ 88
关木通 *Isotrema manshuriense* (Kom.) H. Huber ······ 88

蓼科 Polygonaceae ······ 89
沙拐枣属 *Calligonum* L. ······ 89
阿拉善沙拐枣 *Calligonum alaschanicum* Losinsk. ······ 89
沙拐枣 *Calligonum mongolicum* Turcz. ······ 90

木蓼属 *Atraphaxis* L. ······ 91
沙木蓼 *Atraphaxis bracteata* Losinsk. ······ 91

藤蓼属 *Fallopia* Adans. ······ 92
木藤蓼 *Fallopia aubertii* (L. Henry) Holub ······ 92

苋科 Amaranthaceae ······ 93
盐爪爪属 *Kalidium* Moq. ······ 93
盐爪爪 *Kalidium foliatum* (Pall.) Moq. ······ 93

驼绒藜属 *Krascheninnikovia* Gueldenst. ······ 94
华北驼绒藜 *Krascheninnikovia ceratoides* (L.) Gueldenst. ······ 94

沙冰藜属 *Bassia* All. ······ 95
木地肤 *Bassia prostrata* (L.) Beck ······ 95

滨藜属 *Atriplex* L. ······ 96
四翅滨藜 *Atriplex canescens* (Pursh) Nutt. ······ 96

芍药科 Paeoniaceae ······ 97
芍药属 *Paeonia* L. ······ 97
牡丹 *Paeonia* × *suffruticosa* Andrews ······ 97

毛茛科 Ranunculaceae ······ 98
铁线莲属 *Clematis* L. ······ 98
灌木铁线莲 *Clematis fruticosa* Turcz. ······ 98
长瓣铁线莲 *Clematis macropetala* Ledeb. ······ 99
短尾铁线莲 *Clematis brevicaudata* DC. ······ 100
黄花铁线莲 *Clematis intricata* Bunge ······ 101
半钟铁线莲 *Clematis sibirica* var. *ochotensis* (Pall.) S. H. Li & Y. Hui Huang ······ 102

小檗科 Berberidaceae ... 103

小檗属 *Berberis* L. ... 103

黄芦木 *Berberis amurensis* Rupr. ... 103
细叶小檗 *Berberis poiretii* C. K. Schneid. ... 104
匙叶小檗 *Berberis vernae* C. K. Schneid. ... 105
日本小檗 *Berberis thunbergii* DC. ... 106
紫叶小檗 *Berberis thunbergii* 'Atropurpurea' ... 107
甘肃小檗 *Berberis kansuensis* C. K. Schneid ... 108

五味子科 Schisandraceae ... 109

五味子属 *Schisandra* Michx. ... 109

五味子 *Schisandra chinensis* (Turcz.) Baill. ... 109

茶藨子科 Grossulariaceae ... 110

茶藨子属 *Ribes* L. ... 110

美丽茶藨子 *Ribes pulchellum* Turcz. ... 110
楔叶茶藨子 *Ribes diacantha* Pall. ... 111
香茶藨子 *Ribes odoratum* H. L. Wendl. ... 112
长白茶藨子 *Ribes komarovii* Pojark. ... 113

绣球花科 Hydrangeaceae ... 114

山梅花属 *Philadelphus* L. ... 114

东北山梅花 *Philadelphus schrenkii* Rupr. ... 114
薄叶山梅花 *Philadelphus tenuifolius* Rupr. & Maxim. ... 115

绣球属 *Hydrangea* L. ... 116

圆锥绣球'烛光' *Hydrangea paniculata* 'Candleligh' ... 116
东陵绣球 *Hydrangea bretschneideri* Dippel ... 117

溲疏属 *Deutzia* Thunb. ... 118

小花溲疏 *Deutzia parviflora* Bunge ... 118

蔷薇科 Rosaceae ... 119

绣线菊属 *Spiraea* L. ... 119

土庄绣线菊 *Spiraea ouensanensis* H. Lév. ... 119
三裂绣线菊 *Spiraea trilobata* L. ... 120
毛果绣线菊 *Spiraea trichocarpa* Nakai ... 121
粉花绣线菊 *Spiraea japonica* L. f. ... 122

绣线菊 *Spiraea salicifolia* L. ⋯⋯⋯⋯⋯⋯⋯⋯⋯⋯⋯⋯⋯⋯⋯⋯⋯⋯⋯⋯⋯⋯⋯⋯⋯⋯⋯⋯⋯ 123
石蚕叶绣线菊 *Spiraea chamaedryfolia* L. ⋯⋯⋯⋯⋯⋯⋯⋯⋯⋯⋯⋯⋯⋯⋯⋯⋯⋯⋯⋯⋯⋯⋯ 124
华北绣线菊 *Spiraea fritschiana* C. K. Schneid. ⋯⋯⋯⋯⋯⋯⋯⋯⋯⋯⋯⋯⋯⋯⋯⋯⋯⋯⋯⋯ 125
耧斗菜叶绣线菊 *Spiraea aquilegiifolia* Pall. ⋯⋯⋯⋯⋯⋯⋯⋯⋯⋯⋯⋯⋯⋯⋯⋯⋯⋯⋯⋯⋯ 126
乌拉绣线菊 *Spiraea uratensis* Franch. ⋯⋯⋯⋯⋯⋯⋯⋯⋯⋯⋯⋯⋯⋯⋯⋯⋯⋯⋯⋯⋯⋯⋯⋯ 127

鲜卑花属 *Sibiraea* Maxim. ⋯⋯⋯⋯⋯⋯⋯⋯⋯⋯⋯⋯⋯⋯⋯⋯⋯⋯⋯⋯⋯⋯⋯⋯⋯⋯⋯⋯ 128

鲜卑花 *Sibiraea laevigata* (L.) Maxim. ⋯⋯⋯⋯⋯⋯⋯⋯⋯⋯⋯⋯⋯⋯⋯⋯⋯⋯⋯⋯⋯⋯⋯⋯ 128

珍珠梅属 *Sorbaria* (Ser.) A. Braun ⋯⋯⋯⋯⋯⋯⋯⋯⋯⋯⋯⋯⋯⋯⋯⋯⋯⋯⋯⋯⋯⋯⋯ 129

华北珍珠梅 *Sorbaria kirilowii* (Regel) Maxim. ⋯⋯⋯⋯⋯⋯⋯⋯⋯⋯⋯⋯⋯⋯⋯⋯⋯⋯⋯⋯ 129

风箱果属 *Physocarpus* (Cambess.) Raf. ⋯⋯⋯⋯⋯⋯⋯⋯⋯⋯⋯⋯⋯⋯⋯⋯⋯⋯⋯⋯⋯ 130

风箱果 *Physocarpus amurensis* (Maxim.) Maxim. ⋯⋯⋯⋯⋯⋯⋯⋯⋯⋯⋯⋯⋯⋯⋯⋯⋯⋯ 130

白鹃梅属 *Exochorda* Lindl. ⋯⋯⋯⋯⋯⋯⋯⋯⋯⋯⋯⋯⋯⋯⋯⋯⋯⋯⋯⋯⋯⋯⋯⋯⋯⋯⋯ 131

齿叶白鹃梅 *Exochorda serratifolia* S. Moore ⋯⋯⋯⋯⋯⋯⋯⋯⋯⋯⋯⋯⋯⋯⋯⋯⋯⋯⋯⋯ 131

栒子属 *Cotoneaster* Medik. ⋯⋯⋯⋯⋯⋯⋯⋯⋯⋯⋯⋯⋯⋯⋯⋯⋯⋯⋯⋯⋯⋯⋯⋯⋯⋯⋯ 132

水栒子 *Cotoneaster multiflorus* Bunge ⋯⋯⋯⋯⋯⋯⋯⋯⋯⋯⋯⋯⋯⋯⋯⋯⋯⋯⋯⋯⋯⋯⋯⋯ 132
毛叶水栒子 *Cotoneaster submultiflorus* Popov ⋯⋯⋯⋯⋯⋯⋯⋯⋯⋯⋯⋯⋯⋯⋯⋯⋯⋯⋯⋯ 133
准噶尔栒子 *Cotoneaster soongoricus* (Regel & Herder) Popov ⋯⋯⋯⋯⋯⋯⋯⋯⋯⋯⋯ 134
灰栒子 *Cotoneaster acutifolius* Turcz. ⋯⋯⋯⋯⋯⋯⋯⋯⋯⋯⋯⋯⋯⋯⋯⋯⋯⋯⋯⋯⋯⋯⋯ 135

山楂属 *Crataegus* L. ⋯⋯⋯⋯⋯⋯⋯⋯⋯⋯⋯⋯⋯⋯⋯⋯⋯⋯⋯⋯⋯⋯⋯⋯⋯⋯⋯⋯⋯⋯ 136

山楂 *Crataegus pinnatifida* Bunge ⋯⋯⋯⋯⋯⋯⋯⋯⋯⋯⋯⋯⋯⋯⋯⋯⋯⋯⋯⋯⋯⋯⋯⋯⋯ 136
毛山楂 *Crataegus maximowiczii* C. K. Schneid. ⋯⋯⋯⋯⋯⋯⋯⋯⋯⋯⋯⋯⋯⋯⋯⋯⋯⋯⋯ 137
辽宁山楂 *Crataegus sanguinea* Pall. ⋯⋯⋯⋯⋯⋯⋯⋯⋯⋯⋯⋯⋯⋯⋯⋯⋯⋯⋯⋯⋯⋯⋯⋯ 138

花楸属 *Sorbus* L. ⋯⋯⋯⋯⋯⋯⋯⋯⋯⋯⋯⋯⋯⋯⋯⋯⋯⋯⋯⋯⋯⋯⋯⋯⋯⋯⋯⋯⋯⋯⋯⋯ 139

北欧花楸 *Sorbus aucuparia* L. ⋯⋯⋯⋯⋯⋯⋯⋯⋯⋯⋯⋯⋯⋯⋯⋯⋯⋯⋯⋯⋯⋯⋯⋯⋯⋯⋯ 139
花楸树 *Sorbus pohuashanensis* (Hance) Hedl. ⋯⋯⋯⋯⋯⋯⋯⋯⋯⋯⋯⋯⋯⋯⋯⋯⋯⋯⋯⋯ 140

梨属 *Pyrus* L. ⋯⋯⋯⋯⋯⋯⋯⋯⋯⋯⋯⋯⋯⋯⋯⋯⋯⋯⋯⋯⋯⋯⋯⋯⋯⋯⋯⋯⋯⋯⋯⋯⋯ 141

秋子梨 *Pyrus ussuriensis* Maxim. ⋯⋯⋯⋯⋯⋯⋯⋯⋯⋯⋯⋯⋯⋯⋯⋯⋯⋯⋯⋯⋯⋯⋯⋯⋯⋯ 141
杜梨 *Pyrus betulifolia* Bunge ⋯⋯⋯⋯⋯⋯⋯⋯⋯⋯⋯⋯⋯⋯⋯⋯⋯⋯⋯⋯⋯⋯⋯⋯⋯⋯⋯⋯ 142

苹果属 *Malus* Mill. ⋯⋯⋯⋯⋯⋯⋯⋯⋯⋯⋯⋯⋯⋯⋯⋯⋯⋯⋯⋯⋯⋯⋯⋯⋯⋯⋯⋯⋯⋯⋯ 143

山荆子 *Malus baccata* (L.) Borkh. ⋯⋯⋯⋯⋯⋯⋯⋯⋯⋯⋯⋯⋯⋯⋯⋯⋯⋯⋯⋯⋯⋯⋯⋯⋯⋯ 143
西府海棠 *Malus* × *micromalus* Makino ⋯⋯⋯⋯⋯⋯⋯⋯⋯⋯⋯⋯⋯⋯⋯⋯⋯⋯⋯⋯⋯⋯⋯ 144
红宝石海棠 *Malus* × *micromalus* 'Ruby' ⋯⋯⋯⋯⋯⋯⋯⋯⋯⋯⋯⋯⋯⋯⋯⋯⋯⋯⋯⋯⋯⋯ 145
陇东海棠 *Malus kansuensis* (Batalin) C. K. Schneid. ⋯⋯⋯⋯⋯⋯⋯⋯⋯⋯⋯⋯⋯⋯⋯⋯ 146

楸子 *Malus prunifolia* (Willd.) Borkh. ··· 147
花红 *Malus asiatica* Nakai ··· 148
新疆野苹果 *Malus domestica* (Suckow) Borkh. ··· 149

木瓜海棠属 *Chaenomeles* Lindl. ··· 150

贴梗海棠 *Chaenomeles speciosa* (Sweet) Nakai ··· 150

蔷薇属 *Rosa* L. ··· 151

玫瑰 *Rosa rugosa* Thunb. ··· 151
月季花 *Rosa chinensis* Jacq. ··· 152
黄刺玫 *Rosa xanthina* Lindl. ··· 153
龙首山蔷薇 *Rosa longshoushanica* L. Q. Zhao & Y. Z. Zhao ··· 154
疏花蔷薇 *Rosa laxa* Retz. ··· 155
刺蔷薇 *Rosa acicularis* Lindl. ··· 156
山刺玫 *Rosa davurica* Pall. ··· 157
美蔷薇 *Rosa bella* Rehder & E. H. Wilson ··· 158

金露梅属 *Dasiphora* Raf. ··· 159

金露梅 *Dasiphora fruticosa* (L.) Rydb. ··· 159
银露梅 *Dasiphora glabrata* (Willd. ex Schltdl.) Soják ··· 160

扁核木属 *Prinsepia* Royle ··· 161

东北扁核木 *Prinsepia sinensis* (Oliv.) Oliv. ex Bean ··· 161
蕤核 *Prinsepia uniflora* Batalin ··· 162

李属 *Prunus* L. ··· 163

稠李 *Prunus padus* L. ··· 163
斑叶稠李 *Prunus maackii* Rupr. ··· 164
欧李 *Prunus humilis* Bunge ··· 165
长梗郁李 *Prunus japonica* var. *nakaii* (H. Lév.) Rehder ··· 166
毛樱桃 *Prunus tomentosa* Thunb. ··· 167
榆叶梅 *Prunus triloba* Lindl. ··· 168
重瓣榆叶梅 *Prunus triloba* 'Multiplex' ··· 169
李 *Prunus salicina* Lindl. ··· 170
紫叶矮樱 *Prunus × cistena* N. E. Hansen ex Koehne ··· 171
西部沙樱 *Prunus pumila* var. *besseyi* (L. H. Bailey) Waugh ··· 172
杏 *Prunus armeniaca* L. ··· 173
山杏 *Prunus sibirica* L. ··· 174
蒙古扁桃 *Prunus mongolica* Maxim. ··· 175
长梗扁桃 *Prunus pedunculata* (Pall.) Maxim. ··· 176
扁桃 *Prunus amygdalus* Batsch ··· 177

山桃 *Prunus davidiana* (Carrière) Franch. ·········· 178

悬钩子属 *Rubus* L. ·········· 179

茅莓 *Rubus parvifolius* L. ·········· 179
库页悬钩子 *Rubus sachalinensis* H. Lév. ·········· 180

豆科 Fabaceae ·········· 181

槐属 *Styphnolobium* Schott ·········· 181

槐 *Styphnolobium japonicum* (L.) Schott ·········· 181

苦参属 *Sophora* L. ·········· 182

砂生槐 *Sophora moorcroftiana* (Benth.) Benth. ex Baker ·········· 182

木蓝属 *Indigofera* L. ·········· 183

花木蓝 *Indigofera kirilowii* Maxim. ex Palibin ·········· 183

刺槐属 *Robinia* L. ·········· 184

刺槐 *Robinia pseudoacaia* L. ·········· 184
香花槐 *Robinia* × *ambigua* 'Idahoensis' ·········· 185

锦鸡儿属 *Caragana* Fabr. ·········· 186

树锦鸡儿 *Caragana arborescens* Lam. ·········· 186
甘蒙锦鸡儿 *Caragana opulens* Kom. ·········· 187
中间锦鸡儿 *Caragana liouana* Zhao Y. Chang & Yakovlev ·········· 188
小叶锦鸡儿 *Caragana microphylla* Lam. ·········· 189
红花锦鸡儿 *Caragana rosea* Turcz. ex Maxim. ·········· 190
川西锦鸡儿 *Caragana erinacea* Kom. ·········· 191
荒漠锦鸡儿 *Caragana roborovskyi* Kom. ·········· 192
狭叶锦鸡儿 *Caragana stenophylla* Pojark. ·········· 193
铃铛刺 *Caragana halodendron* (Pall.) Dum. Cours. ·········· 194

皂荚属 *Gleditsia* L. ·········· 195

山皂荚 *Gleditsia japonica* Miq. ·········· 195

紫穗槐属 *Amorpha* L. ·········· 196

紫穗槐 *Amorpha fruticosa* L. ·········· 196

羊柴属 *Corethrodendron* Fisch. & Basiner ·········· 197

塔落木羊柴 *Corethrodendron lignosum* var. *laeve* (Maxim.) L. R. Xu & B. H. Choi ·········· 197

胡枝子属 *Lespedeza* Michx. ·········· 198

胡枝子 *Lespedeza bicolor* Turcz. ·········· 198

沙冬青属 *Ammopiptanthus* Cheng f. ·· 199
沙冬青 *Ammopiptanthus mongolicus* (Maxim. ex Kom.) S. H. Cheng ············· 199

白刺科 Nitrariaceae ··· 200
白刺属 *Nitraria* L. ··· 200
小果白刺 *Nitraria sibirica* (DC.) Pall. ·· 200

蒺藜科 Zygophyllaceae ·· 201
驼蹄瓣属 *Zygophyllum* L. ··· 201
霸王 *Zygophyllum xanthoxylum* (Bunge) Maxim. ··· 201

芸香科 Rutaceae ··· 202
黄檗属 *Phellodendron* Rupr. ·· 202
黄檗 *Phellodendron amurense* Rupr. ·· 202
花椒属 *Zanthoxylum* L. ··· 203
青花椒 *Zanthoxylum schinifolium* Siebold & Zucc. ··· 203

苦木科 Simaroubaceae ·· 204
臭椿属 *Ailanthus* Desf. ·· 204
臭椿 *Ailanthus altissima* (Mill.) Swingle ·· 204

叶下珠科 Phyllanthaceae ·· 205
白饭树属 *Flueggea* Willd. ·· 205
叶底珠 *Flueggea suffruticosa* (Pall.) Baill. ·· 205

黄杨科 Buxaceae ··· 206
黄杨属 *Buxus* L. ·· 206
小叶黄杨 *Buxus sinica* var. *parvifolia* M. Cheng ·· 206

漆树科 Anacardiaceae ··· 207
盐肤木属 *Rhus* Tourn. ex L. ·· 207
火炬树 *Rhus typhina* L. ·· 207
黄栌属 *Cotinus* (Tourn.) Mill. ·· 208
黄栌 *Cotinus coggygria* var. *cinereus* Engl. ··· 208

冬青科 Aquifoliaceae ··· 209
冬青属 *Ilex* L. ··· 209
落叶冬青 *Ilex verticillata* (L.) A. Gray ··· 209

卫矛科 Celastraceae ··· 210
卫矛属 *Euonymus* L. ··· 210
白杜 *Euonymus maackii* Rupr. ··· 210
矮卫矛 *Euonymus nanus* M. Bieb. ··· 211
栓翅卫矛 *Euonymus phellomanus* Loes. ex Diels ··· 212
卫矛 *Euonymus alatus* (Thunb.) Siebold ··· 213

无患子科 Sapindaceae ··· 214
槭属 *Acer* L. ··· 214
色木槭 *Acer pictum* Thunb. ··· 214
元宝槭 *Acer truncatum* Bunge ··· 215
茶条槭 *Acer tataricum* subsp. *ginnala* (Maxim.) Wesm. ··· 216
梣叶槭 *Acer negundo* L. ··· 217
三花槭 *Acer triflorum* Kom. ··· 218
细裂槭 *Acer pilosum* var. *stenolobum* (Rehder) W. P. Fang ··· 219

栾属 *Koelreuteria* Laxm. ··· 220
栾 *Koelreuteria paniculata* Laxm. ··· 220

文冠果属 *Xanthoceras* Bunge ··· 221
文冠果 *Xanthoceras sorbifolium* (A. Braun) Holub ··· 221

鼠李科 Rhamnaceae ··· 222
枣属 *Ziziphus* Mill. ··· 222
酸枣 *Ziziphus jujuba* var. *spinosa* (Bunge) Hu ex H. F. Chow ··· 222

鼠李属 *Rhamnus* L. ··· 223
鼠李 *Rhamnus davurica* Pall. ··· 223
冻绿 *Rhamnus utilis* Decne. ··· 224
柳叶鼠李 *Rhamnus erythroxylum* Pall. ··· 225
小叶鼠李 *Rhamnus parvifolia* Bunge ··· 226
朝鲜鼠李 *Rhamnus koraiensis* C. K. Schneid. ··· 227

葡萄科 Vitaceae ······ 228

葡萄属 *Vitis* L. ······ 228

山葡萄 *Vitis amurensis* Rupr. ······ 228
葡萄 *Vitis vinifera* L. ······ 229

地锦属 *Parthenocissus* Planch. ······ 230

五叶地锦 *Parthenocissus quinquefolia* (L.) Planch. ······ 230

蛇葡萄属 *Ampelopsis* Michx. ······ 231

葎叶蛇葡萄 *Ampelopsis humulifolia* Bunge ······ 231
掌裂蛇葡萄 *Ampelopsis delavayana* var. *glabra* (Diels & Gilg) C. L. Li ······ 232
掌裂草葡萄 *Ampelopsis aconitifolia* var. *palmiloba* (Carrière) Rehder ······ 233

锦葵科 Malvaceae ······ 234

椴属 *Tilia* L. ······ 234

辽椴 *Tilia mandshurica* Rupr. & Maxim. ······ 234
蒙椴 *Tilia mongolica* Maxim. ······ 235
紫椴 *Tilia amurensis* Rupr. ······ 236
心叶椴 *Tilia cordata* Mill. ······ 237

柽柳科 Tamaricaceae ······ 238

红砂属 *Reaumuria* L. ······ 238

红砂 *Reaumuria songarica* (Pall.) Maxim. ······ 238

柽柳属 *Tamarix* L. ······ 239

长穗柽柳 *Tamarix elongata* Ledeb. ······ 239
柽柳 *Tamarix chinensis* Lour. ······ 240
多花柽柳 *Tamarix hohenackeri* Bunge ······ 241
多枝柽柳 *Tamarix ramosissima* Ledeb. ······ 242
甘蒙柽柳 *Tamarix austromongolica* Nakai ······ 243
细穗柽柳 *Tamarix leptostachya* Bunge ······ 244
甘肃柽柳 *Tamarix gansuensis* H. Z. Zhang ······ 245
刚毛柽柳 *Tamarix hispida* Willd. ······ 246

水柏枝属 *Myricaria* Desv. ······ 247

宽苞水柏枝 *Myricaria bracteata* Royle ······ 247

胡颓子科 Elaeagnaceae — 248

沙棘属 *Hippophae* L. — 248

中国沙棘 *Hippophae rhamnoides* subsp. *sinensis* Rousi — 248

胡颓子属 *Elaeagnus* L. — 249

沙枣 *Elaeagnus angustifolia* L. — 249
牛奶子 *Elaeagnus umbellata* Thunb. — 250

野牛果属 *Shepherdia* Nutt. — 251

水牛果 *Shepherdia argentea* (Pursh) Nutt. — 251

五加科 Araliaceae — 252

刺楸属 *Kalopanax* Miq. — 252

刺楸 *Kalopanax septemlobus* (Thunb.) Koidz. — 252

楤木属 *Aralia* L. — 253

楤木 *Aralia elata* (Miq.) Seem. — 253

五加属 *Eleutherococcus* Maxim. — 254

刺五加 *Eleutherococcus senticosus* (Rupr. & Maxim.) Maxim. — 254

山茱萸科 Cornaceae — 255

山茱萸属 *Cornus* L. — 255

红瑞木 *Cornus alba* L. — 255
红椋子 *Cornus hemsleyi* C. K. Schneid. & Wangerin — 256
沙梾 *Cornus bretschneideri* L. Henry — 257

杜鹃花科 Ericaceae — 258

杜鹃花属 *Rhododendron* L. — 258

照山白 *Rhododendron micranthum* Turcz. — 258
兴安杜鹃 *Rhododendron dauricum* L. — 259
迎红杜鹃 *Rhododendron mucronulatum* Turcz. — 260
大字杜鹃 *Rhododendron schlippenbachii* Maxim. — 261

木樨科 Oleaceae — 262

雪柳属 *Fontanesia* Labill. — 262

雪柳 *Fontanesia fortunei* Carrière — 262

梣属 *Fraxinus* L. ··· 263

白蜡树 *Fraxinus chinensis* Roxb. ··· 263
花曲柳 *Fraxinus chinensis* subsp. *rhynchophylla* (Hance) A. E. Murray ··· 264
水曲柳 *Fraxinus mandshurica* Rupr. ··· 265
天山梣 *Fraxinus sogdiana* Bunge ··· 266
美国红梣 *Fraxinus pennsylvanica* Marshall ··· 267

连翘属 *Forsythia* Vahl ··· 268

东北连翘 *Forsythia mandschurica* Uyeki ··· 268
连翘 *Forsythia suspensa* (Thunb.) Vahl ··· 269
卵叶连翘 *Forsythia ovata* Nakai ··· 270

丁香属 *Syringa* L. ··· 271

暴马丁香 *Syringa reticulata* subsp. *amurensis* (Rupr.) P. S. Green & M. C. Chang ··· 271
北京丁香 *Syringa reticulata* subsp. *pekinensis* (Rupr.) P. S. Green & M. C. Chang ··· 272
红丁香 *Syringa villosa* Vahl ··· 273
紫丁香 *Syringa oblata* Lindl. ··· 274
罗兰紫丁香 *Syringa oblata* 'Lou Lan Zi' ··· 275
羽叶丁香 *Syringa pinnatifolia* Hemsl. ··· 276
欧丁香 *Syringa vulgaris* L. ··· 277
巧玲花 *Syringa pubescens* Turcz. ··· 278
小叶巧玲花 *Syringa pubescens* subsp. *microphylla* (Diels) M. C. Chang & X. L. Chen ··· 279
蓝丁香 *Syringa meyeri* C. K. Schneid. ··· 280
什锦丁香 *Syringa* × *chinensis* Willd. ··· 281
波斯丁香 *Syringa* × *persica* L. ··· 282

女贞属 *Ligustrum* L. ··· 283

小叶女贞 *Ligustrum quihoui* Carrière ··· 283

流苏树属 *Chionanthus* L. ··· 284

流苏树 *Chionanthus retusus* Lindl. & Paxton ··· 284

玄参科 Scrophulariaceae ··· 285

醉鱼草属 *Buddleja* L. ··· 285

互叶醉鱼草 *Buddleja alternifolia* Maxim. ··· 285

夹竹桃科 Apocynaceae ··· 286

罗布麻属 *Apocynum* L. ··· 286

罗布麻 *Apocynum venetum* L. ··· 286

杠柳属 *Periploca* L. ·· 287
杠柳 *Periploca sepium* Bunge ·· 287

木兰科 Magnoliaceae ·· 288
玉兰属 *Yulania* Spach ·· 288
玉兰 *Yulania denudata* (Desr.) D. L. Fu ·· 288
北美木兰属 *Magnolia* L. ·· 289
二乔玉兰 *Yulania* × *soulangeana* (Soul. -Bod.) D. L. Fu ··· 289

千屈菜科 Lythraceae ·· 290
紫薇属 *Lagerstroemia* L. ·· 290
紫薇 *Lagerstroemia indica* L. ·· 290

唇形科 Lamiaceae ··· 291
莸属 *Caryopteris* Bunge ·· 291
蒙古莸 *Caryopteris mongholica* Bunge ··· 291
牡荆属 *Vitex* L. ··· 292
荆条 *Vitex negundo* L. ··· 292

茄科 Solanaceae ·· 293
枸杞属 *Lycium* L. ·· 293
枸杞 *Lycium chinense* Mill. ··· 293
宁夏枸杞 *Lycium barbarum* L. ·· 294
黑果枸杞 *Lycium ruthenicum* Murray ··· 295

紫葳科 Bignoniaceae ·· 296
梓属 *Catalpa* Scop. ··· 296
梓 *Catalpa ovata* G. Don ··· 296

忍冬科 Caprifoliaceae ·· 297
忍冬属 *Lonicera* L. ··· 297
金银忍冬 *Lonicera maackii* (Rupr.) Maxim. ·· 297
蓝果忍冬 *Lonicera caerulea* L. ·· 298
新疆忍冬 *Lonicera tatarica* L. ··· 299
布朗忍冬 *Lonicera* × *brownii* (Regel) Carrière ·· 300
红花岩生忍冬 *Lonicera rupicola* var. *syringantha* (Maxim.) Zabel ································ 301

金花忍冬 *Lonicera chrysantha* Turcz. ·········· 302
下江忍冬 *Lonicera modesta* Rehder ·········· 303
唐古特忍冬 *Lonicera tangutica* Maxim. ·········· 304
华北忍冬 *Lonicera tatarinowii* Maxim. ·········· 305
小叶忍冬 *Lonicera microphylla* Willd. ex Roem. & Schult. ·········· 306
长白忍冬 *Lonicera ruprechtiana* Regel ·········· 307
葱皮忍冬 *Lonicera ferdinandi* Franch. ·········· 308
华西忍冬 *Lonicera webbiana* Wall. ·········· 309
忍冬 *Lonicera japonica* Thunb. ·········· 310
蓝叶忍冬 *Lonicera korolkowii* Stapf ·········· 311

锦带花属 *Weigela* Thunb. ·········· 312
锦带花 *Weigela florida* (Bunge) A. DC. ·········· 312
红王子锦带花 *Weigela* 'Red Prince' ·········· 313

猬实属 *Kolkwitzia* Graebn. ·········· 314
猬实 *Kolkwitzia amabilis* Graebn. ·········· 314

六道木属 *Zabelia* (Rehder) Makino ·········· 315
六道木 *Zabelia biflora* (Turcz.) Makino ·········· 315

毛核木属 *Symphoricarpos* Duhamel ·········· 316
毛核木 *Symphoricarpos sinensis* Rehder ·········· 316

荚蒾科 Viburnaceae ·········· 317

接骨木属 *Sambucus* L. ·········· 317
接骨木 *Sambucus williamsii* Hance ·········· 317

荚蒾属 *Viburnum* L. ·········· 318
蒙古荚蒾 *Viburnum mongolicum* (Pall.) Rehder ·········· 318
聚花荚蒾 *Viburnum glomeratum* Maxim. ·········· 319
鸡树条 *Viburnum opulus* subsp. *calvescens* (Rehder) Sugim. ·········· 320
香荚蒾 *Viburnum farreri* Stearn ·········· 321

参考文献 ·········· 322

中文名索引 ·········· 323

学名索引 ·········· 327

蒙文索引 ·········· 332

银杏科 Ginkgoaceae　银杏属 *Ginkgo* L.

银杏 *Ginkgo biloba* L.

俗名：白果树、公孙树

形态特征：落叶乔木。树皮灰褐色，纵裂。大枝斜展，一年生长枝淡褐黄色，二年生枝变为灰色；短枝黑灰色。叶扇形，上部宽 5~8cm，上缘有浅或深的波状缺刻，有时中部缺裂较深，基部楔形，有长柄；在短枝上 3~8 叶簇生。球花单性，雌雄异株；雄球花荑荑花序状，下垂；雌球花数个生于短枝叶丛中，淡绿色。种子具长梗，下垂，常为椭圆形或近圆球形，白色；种皮肉质，被白粉。

物候期：花期 4~5 月，种子 9~10 月成熟。

分布：为我国特有种，其野生种为国家一级保护植物，仅浙江天目山有野生状态的种群。银杏的栽培范围较广。在内蒙古地区呼和浩特市、赤峰市均有栽培。

用途：银杏为珍贵的用材树种，种子供食用(多食易中毒)及药用。银杏树形优美，春夏季叶色嫩绿，秋季变成黄色，可作庭园树及行道树。

本园引种栽培：20 世纪 80 年代初多次引入种子，播种育苗，当年生苗木高 10cm，覆土越冬保护，由于小苗枝条受冻害和干旱的危害，多成为灌丛状。1986 年从辽宁营口熊岳树木园引入 1m 高的大苗 5 株，前两年覆土越冬保护，以后露地越冬，均未发现小枝有冻害。在本园长势较好，能正常开花结实。

松科 Pinaceae　　云杉属 *Picea* A. Dietrich

青杆 *Picea wilsonii* Mast.

俗名：魏氏云杉、刺儿松、红毛杉

形态特征：常绿乔木。树皮淡黄灰或暗灰色，浅裂成不规则鳞状块片脱落。大枝斜展；冬芽多卵圆形，小枝茎部宿存芽鳞的先端紧贴小枝；无树脂。叶四棱状条形，直或微弯，先端尖，横切面四棱形或扁菱形，四面各有气孔线4~6条，无白粉（整体树冠表现为青色）。球果卵状圆柱形，顶端钝圆，长5~8cm，径2.5~4cm，熟前绿色，熟时黄褐色或淡褐色；中部种鳞倒卵形，种鳞上部圆形或急尖，背面无明显的条纹；种子倒卵圆形，长3~4mm，连翅长1.2~1.5cm。

物候期：花期5月，球果9~10月成熟。

分布：为我国特有树种，分布于我国河北北部、山西、陕西南部、甘肃南部、湖北西部、四川北部、内蒙古等地区；内蒙古地区主要分布在燕山北部、阴山、贺兰山。

用途：可作用材树种、庭院绿化树种和荒山造林树种。

本园引种栽培：1985年自四川炉霍林业局引入种子，播种育苗。在本园生长较好，能正常开花结实。

松科 Pinaceae 云杉属 Picea A. Dietrich

白杆 *Picea meyeri* Rehd. & E. H. Wilson

俗名：毛枝云杉、红杆

形态特征：常绿乔木。高达 30m，胸径 60cm；树皮灰褐色，裂成不规则薄块片脱落。一年生枝黄褐色，密被或疏被短毛，或无毛；冬芽圆锥形，间或侧芽卵状圆锥形，黄褐色或褐色，基部宿存芽鳞反曲；微有树脂。叶四棱状条形，微弯，先端钝尖或钝，横切面四棱形，四面有粉白色气孔线，上两面各有 6~7 条，下两面各有 4~5 条。球果长圆状圆柱形，长 6~9cm，径 2.5~3.5cm，熟前绿色，熟时褐黄色；中部种鳞倒卵形，上部圆形、截形或钝三角状；种子连翅长 1.3cm。

物候期：花期 4~5 月，球果 9~10 月成熟。

分布：为我国特有树种，主要分布于河北北部、山西、陕西和内蒙古；内蒙古地区主要分布在兴安南部、燕山北部、阴山。

用途：可作用材树种、庭院绿化树种和荒山造林树种。

本园引种栽培：1977 年从山西关帝山引入野生苗，夏季生长旺盛，枝叶繁茂。多年生态适应性观察记录显示，耐干冷、抗风、耐干旱。10 年以后生长加快。在本园长势较好，能正常开花结实。

松科 Pinaceae　　云杉属 *Picea* A. Dietrich

雪岭云杉 *Picea schrenkiana* Fisch. & C. A. Mey.

俗名：天山云杉、雪岭杉

形态特征：常绿乔木。树皮暗褐色，成块片状开裂；大枝短，近平展，树冠圆柱形或窄尖塔形。小枝下垂，一二年生时呈淡黄灰色或黄色，老枝呈暗灰色。叶四棱状条形，直伸或微弯，先端锐尖，横切面菱形，四面有气孔线，上两面各有 5~8 条，下两面各有 4~6 条。球果成熟前绿色或红色，椭圆状圆柱形，长 8~10cm，径 2.5~3.5cm；中部种鳞倒三角状卵形，先端圆，基部宽楔形；苞鳞倒卵状矩圆形，长约 3mm；种子斜卵圆形，种翅倒卵形，先端圆，宽约 6.5mm。

物候期：花期 5 月，球果 9~10 月成熟。

分布：在新疆天山地区广泛分布。

用途：可作用材树种、庭院绿化树种和荒山造林树种。

本园引种栽培：1979 年从新疆巩留、乌苏引入红果型雪岭云杉，播种育苗。苗期生长极为缓慢，小苗抗旱能力差，需覆土越冬。在遮阴的条件下，苗木生长良好，随着苗龄增大，喜光性增强。10 年以后生长加快。随着苗龄增大，抗旱能力增强。近 10 年的春季干旱并未影响雪岭云杉的生长，芽未见干瘪现象，能正常开花结实。

松科 Pinaceae　　云杉属 *Picea* A. Dietrich

紫果云杉 *Picea purpurea* Mast.

俗名：紫果杉

形态特征： 常绿乔木。高达50m，胸径1m；树皮深灰色，裂成不规则较薄的鳞状块片。小枝节间短，密生短毛，一年生枝黄或淡褐黄色，二至三年生枝黄灰色或灰色；冬芽圆锥形，基部宿存芽鳞反曲；有树脂。叶多为辐射伸展，或枝条上面之叶前伸，而下面之叶向两侧伸展；扁四棱状条形，直或微弯，先端微尖或微钝，下（背）面先端呈明显的斜方形，上两面各有4~6条气孔线，下两面无气孔线，稀有1~2条不完整的气孔线。球果圆柱状长卵形，长2.5~6cm，径1.7~3cm，成熟前后均为紫黑或淡红紫色；种鳞排列疏松，中部种鳞斜方状卵形，中上部渐窄成三角形，边缘波状。

物候期： 花期5月，球果9~10月成熟。

分布： 为我国特有树种，分布于四川北部、甘肃、青海等地。

用途： 可作用材树种、庭院绿化树种和的荒山造林树种。

本园引种栽培： 1978年从四川理县米亚罗镇、1980年从青海麦秀林场两次采种，盆播育苗，出苗很少，保存较困难。现保留4株，在树荫环境条件下生长良好，能正常开花结实。

松科 Pinaceae　云杉属 *Picea* A. Dietrich

红皮云杉 *Picea koraiensis* Nakai

俗名：溪云杉、丰山云杉、高丽云杉

形态特征：常绿乔木。高达 30m 以上，胸径 80cm；树皮灰褐色或淡红褐色，裂成不规则薄条片脱落，裂缝常为红褐色。一年生枝黄色、淡黄褐色或淡红褐色，无白粉；冬芽圆锥形，基部宿存芽鳞反曲；微有树脂。叶四棱状条形，先端急尖，横切面四棱形，四面有气孔线，上两面各有 5~8 条，下两面各有 3~5 条。球果卵状圆柱形，长 5~15cm，径 2.5~3.5cm，熟前绿色，熟时绿黄褐色至褐色；中部种鳞倒卵形，先端圆形或钝三角形，背面微有光泽，平滑，无明显条纹；种子倒卵圆形，长约 4mm，连翅长 1.3~1.6cm。

物候期：花期 5 月，球果 9~10 月成熟。

分布：分布于我国黑龙江、吉林东部、辽宁东部和内蒙古等地。内蒙古地区主要分布在兴安北部和赤峰地区。

用途：可作用材树种、庭院绿化树种和荒山造林树种。

本园引种栽培：1978 年从吉林长春引入种子，播种育苗，幼苗在遮阴条件下比本地青海云杉生长快。幼树在水分较好的条件下生长迅速，在土壤干燥瘠薄的环境条件下也能生长。多年生态适应性观察记录显示，适应性较强，耐寒冷，较耐干旱气候。近几年开花结实量少，出现生长衰退现象。

松科 Pinaceae　　云杉属 *Picea* A. Dietrich

新疆云杉 *Picea obovata* Ledeb.

俗名：西伯利亚云杉、沙松

形态特征：常绿乔木。高达35m，胸径60cm；树冠塔形；树皮深灰色，裂成不规则块片。一至三年生枝黄色或淡褐黄色，有较密的腺头短毛，或在较老的枝上因腺头脱落而变成短毛；老枝渐变为灰色或深灰色；冬芽圆锥形，有树脂，淡褐黄色，芽鳞排列较密，小枝基部宿存芽鳞反曲。叶四棱状条形，先端急尖，横切面四棱形或扁菱形，四面有气孔线，上两面各有5~7条，下两面各有4~5条。球果卵状圆柱形，幼时紫色或黑紫色，熟前黄绿色，常带紫色，熟时褐色，长5~11cm，径2~3cm；中部种鳞楔状倒卵形，上部圆形或截圆形，排列紧密，边缘微向内曲，基部宽楔形，鳞背露出部近平滑，间或微具条纹；苞鳞近披针形，长约3mm；种子黑褐色，倒三角状卵圆形，种翅褐色，倒卵状矩圆形。

物候期：花期5月，球果9~10月成熟。

分布：产于新疆阿尔泰山西北部及东南部，该种广布于俄罗斯和欧洲北部，与俄罗斯接壤的阿尔泰山是本种分布的最南界。

用途：可作用材树种、庭院绿化树种和荒山造林树种。

本园引种栽培：1988年从新疆哈巴河林场采种，播种育苗，幼苗生长极为缓慢，冬季覆土越冬。抗旱性与雪岭云杉相同，裸地越冬幼苗顶芽和幼枝未遭受干旱气候的危害。2021年第一次开花结实。

松科 Pinaceae 云杉属 *Picea* A. Dietrich

川西云杉 *Picea likiangensis* var. *rubescens* Rehd. & E. H. Wilson

俗名： 西康云杉、水平杉

形态特征： 常绿乔木。高达 50m，胸径 2.6m；树皮深灰色或暗褐灰色，深裂成不规则的厚块片。小枝较粗，有密毛，一年生枝淡黄色或淡褐黄色，基部宿存芽鳞反曲；冬芽多圆锥形，有树脂。叶四棱状条形，直或微弯，先端尖或钝尖，横切面菱形或微扁四棱形，上两面各有气孔线 4~7 条，下两面常有 3~4 条完整或不完整的气孔线。球果卵状矩圆形，成熟前种鳞红褐色或黑紫色，熟时褐色、淡红褐色、紫褐色或黑紫色，长 7~12cm，径 3.5~5cm；中部种鳞斜方状卵形或菱状卵形，中部或中下部宽，上部三角形或钝三角形，边缘有细缺齿，稀呈微波状，基部楔形；种子近卵圆形，连翅长约 1.4cm。

物候期： 花期 5 月，球果 9~10 月成熟。

分布： 产于四川西部和西南部、青海南部、西藏东部等地。

用途： 可作用材树种、庭院绿化树种和荒山造林树种。

本园引种栽培： 1979 年从四川引入种子，播种育苗，繁殖容易，一年生苗平均高 1.9cm，最高 3.1cm，个别一年生苗有二次生长，需覆土越冬。1993 年第一次开花，但未结实。目前能正常开花结实，但顶芽干瘪干枯现象时有发生。

松科 Pinaceae　　云杉属 Picea A. Dietrich

黄果云杉 *Picea likiangensis* var. *hirtella* (Rehd. & E. H. Wilson) W. C. Cheng

俗名：黄果杉

形态特征： 常绿乔木。树冠塔形，一年生枝淡黄色或淡褐色，有密毛，二至三年生枝灰色带黄色；叶下（背）面每边有3~4条完整或不完整的气孔线，上（腹）面每边有4~7条气孔线。冬芽圆锥形、卵状圆锥形、卵状球形或圆球形，有树脂，芽鳞褐色，排列紧密。球果圆柱形，成熟前绿黄色或黄色，熟时淡褐黄色。

物候期： 花期5月，球果9~10月成熟。

分布： 产于四川小金县巴朗山、康定市大炮南山、九龙县及西藏东北部类乌齐等地。生于海拔3000~4000m地带。

用途： 可作用材树种、庭院绿化树种和荒山造林树种。

本园引种栽培： 20世纪80年代初引入种子，播种育苗。在本园适应性一般，能正常开花结实，但顶芽干瘪、干枯现象时有发生。

松科 Pinaceae　云杉属 *Picea* A. Dietrich

塞尔维亚云杉 *Picea omorika* (Pancic) Purk.

俗名： 大森云杉

形态特征： 常绿乔木。树冠窄尖塔形，树皮淡棕褐色，树皮片状剥落。一年生枝淡棕褐色，有密生短柔毛，侧枝细，下垂。针叶下（背）面无气孔线，光绿色，上（腹）面每边有气孔线 5~6 条。球果卵状圆柱形，长 3.5~5.5cm；成熟前种鳞蓝黑色，成熟后暗褐色。

物候期： 花期 5 月，球果 9~10 月成熟。

分布： 原产塞尔维亚德里纳河西岸海拔 800~1600m 石灰岩山地，分布范围狭小，全世界仅此处有天然分布。

用途： 可作园林观赏树种，亦可作圣诞树；木材可供造纸用。

本园引种栽培： 1988 年由中国林科院从荷兰引入种子，播种育苗，获得少量苗木。1993 年移植苗圃，8 年生苗高达 25cm。在本园长势较好，但只见雄球花开放，未见雌球花。

松科 Pinaceae　　云杉属 *Picea* A. Dietrich

云杉 *Picea asperata* Mast.

俗名： 白松、大果云杉、大云杉

形态特征： 常绿乔木。高达 45m，胸径达 1m；树皮淡灰褐色或淡褐灰色，裂成稍厚的不规则鳞状块片脱落。小枝疏生或密被短毛，一年生枝淡黄褐色或淡红褐色，叶枕有明显或不明显的白粉，基部宿存芽鳞反曲；冬芽圆锥形，有树脂。叶四棱状条形，在小枝上面直展、微弯，先端微尖或急尖，横切面四棱形，四面有粉白色气孔线，上两面各有 4~8 条，下两面各有 4~6 条。球果圆柱状长圆形，长 5~16cm，径 2.5~3.5cm，上端渐窄，熟前绿色，熟时淡褐色或褐色；种子倒卵圆形，长约 4mm，连翅长约 1.5cm。

物候期： 花期 5 月，球果 9~10 月成熟。

分布： 为我国特有树种，产于陕西西南、甘肃东部及白龙江流域、洮河流域、四川岷江流域上游和大小金川流域。

用途： 材质优良，可作用材树种。适应性强，生长快，可作造林树种。

本园引种栽培： 1979 年从四川理县米亚罗夹壁沟采种，播种育苗。苗期生长缓慢，前五年需覆土越冬，以后未发现顶芽受冻或干旱的危害，生长节律正常，适应本地气候规律。在本园长势较好，能正常开花结实。

松科 Pinaceae　　云杉属 *Picea* A. Dietrich

欧洲云杉 *Picea abies* (L.) H. Karst.

俗名：枞树

形态特征：常绿乔木。在原产地高达60m，胸径4~6m；幼树树皮薄，老树树皮厚，裂成小块薄片。小枝常下垂，幼枝淡红褐色或橘红色，基部宿存芽鳞反曲；冬芽圆锥形。叶四棱状条形，直或弯，先端尖，横切面斜方形，四面有粉白色气孔线。球果圆柱形，长10~15cm，间或达18.5cm；种子长约4mm，翅长约1.6cm。

物候期：花期4~5月，球果9~10月成熟。

分布：原产欧洲北部及中部，为北欧主要造林树种之一；中国江西庐山及山东青岛等地引种栽培，生长良好。

用途：在北方山区可作速生用材树种发展，还可供城市、庭院作绿化树种栽植。

本园引种栽培：1978年从熊岳树木园采种，播种育苗。随着苗龄增大，抗寒能力增强，生长速度加快。本种比本地青海云杉、青杆生长快，能够正常开花结实，但春季经常出现干梢现象。

松科 Pinaceae 云杉属 *Picea* A. Dietrich

蓝叶云杉 *Picea pungens* Engelm.

俗名：蓝粉云杉、蓝云杉、美国蓝杉、北美云杉

形态特征：常绿乔木。树干通直，树冠塔形。一年生枝橘红色，二至三年生枝褐色或棕褐色，无毛。针叶颜色变化多样，常呈暗绿色、蓝绿色，被银白色白粉。球果圆柱形，顶端狭窄，长 5~10cm，成熟前绿色带淡红色，熟后淡褐色。

由于针叶色彩多样和植株大小、形状不一，欧美国家已培养出十多种人工变型和变种。

物候期：花期 5 月，球果 9~10 月成熟。

分布：原产北美落基山中部的犹他州和科罗拉多州，在亚利桑那州和新墨西哥州也有分布。

用途：珍稀名贵彩叶树种，可作园林绿化树种或造林树种。

本园引种栽培：1981 年从北京植物园（现国家植物园）引入索非亚（保加利亚首都）产的几粒种子，播种育苗，出苗 1 株。1988 年定植苗圃，对干旱气候具有较强的适应性。目前长势较好，但不能开花结实。2017 年从美国科罗拉多州引入种子，播种育苗，出苗整齐，覆土越冬两年后，能够自然越冬。

松科 Pinaceae   云杉属 *Picea* A. Dietrich

白云杉 *Picea glauca* (Moench) Voss

俗名： 灰色云杉

形态特征： 常绿乔木。树冠圆锥形，树皮灰色，鳞状剥裂。枝光滑无毛，一年生枝白色微带褐色。芽卵形，先端尖，褐色。叶针状四棱形，较细短，弯曲，先端钝尖。球果卵状长圆形，两端为圆形，绿褐色；种鳞广倒卵形，先端广圆形，有不整齐的牙齿或近全缘；种子倒卵形，褐色，有白点纹，翅长 1.3cm，椭圆形。

物候期： 花期 5 月，球果 9~10 月成熟。

分布： 广泛生长于加拿大与美国东北部的山区密林里，东起美国五大湖区各州及加拿大纽芬兰与魁北克，西至阿拉斯加。

用途： 优良的用材和绿化树种，本种适应多种土壤类型，在吉林长春生长较好，可在内蒙古东部山区引种推广。

本园引种栽培： 1985 年从加拿大引入种子，播种育苗，苗期生长较快，2 年生苗平均高 7~10cm，个别可达 20cm。5 年以后移植到苗圃，需覆土越冬，翌年露地越冬，个别植株顶芽和新梢抽干，部分针叶脱落。随着苗龄增大，抗旱能力增强，现能正常开花结实。

松科 Pinaceae　云杉属 *Picea* A. Dietrich

青海云杉 *Picea crassifolia* Kom.

俗名：杆树

形态特征： 常绿乔木。高达 23m，胸径 60cm。一年生枝初期淡绿黄色，后呈粉红黄色或粉红褐色，多少被毛，二年生枝被白粉或无；叶枕顶部白粉显著，基部宿存芽鳞反曲；冬芽宽圆锥形，通常无树脂。叶四棱状条形，微弯或直，先端钝，或具钝尖头；横切面四棱形，四面有粉白色气孔线，上两面各有 5~7 条，下两面各有 4~6 条。球果圆锥状圆柱形，下垂，长 7~11cm，径 2~3.5cm，熟前种鳞背面露出部分绿色，上部边缘紫红色，熟时褐色；中部种鳞倒卵形，上部圆形，全缘或呈波状，微内曲；种子斜倒卵圆形，长约 3.5mm，连翅长约 1.3cm。

物候期： 花期 4~5 月，球果 9~10 月成熟。

分布： 为我国特有树种，产于祁连山区、青海、甘肃、宁夏、内蒙古大青山。常在山谷与阴坡组成单纯林。

用途： 材质优良，抗旱性较强，为青海东部、甘肃北部山区和祁连山区的优良造林树种。

本园引种栽培： 1979 年从内蒙古大青山采种，播种育苗。在本园长势较好，能正常开花结实。

松科 Pinaceae　　云杉属 *Picea* A. Dietrich

鳞皮云杉 *Picea retroflexa* Mast.

俗名： 箭炉云杉、密毛杉

形态特征： 常绿乔木。高达 45m，胸径达 1m；树皮灰色，裂成不规则的块状薄片，脱落前四边翘离，脱落后露出褐色或深褐色内皮。一年生枝金黄色或淡褐黄色，稀微有白粉；冬芽圆锥形，基部芽鳞的背面有纵脊，小枝基部宿存芽鳞的先端斜展或微向外反曲；微有树脂。主枝之叶辐射伸展，侧生小枝上面之叶向上伸展，下面之叶向两侧伸展成两列状，四棱状条形，常多少弯曲，先端尖，横切面四棱形，四边有气孔线，上面每边 6~7 条，下面每边 4~5 条。球果圆柱状，幼时紫红色，成熟前种鳞上部边缘紫红色，背部绿色，熟时褐色或淡褐色，长 8~13cm，径 2.5~4cm；中部种鳞多倒卵形，上部圆形或三角状，先端不裂或微凹，或二浅裂；苞鳞窄三角状匙形，长约 5mm；种子斜卵圆形，种翅淡褐色，倒披针状矩圆形，种子连翅长 1.5~2cm。

物候期： 花期 5 月，球果 9~10 月成熟。

分布： 为我国特有树种，产于四川岷江支流杂谷脑河流域、大渡河流域上游和雅砻江流域及青海东南部（班玛县）。

用途： 材质优良，可作用材树种。适应性强，生长快，可作为分布区内的造林树种。

本园引种栽培： 1985 年从四川炉霍林业局引入种子，播种育苗。在本园长势较好，能正常开花结实，近几年长势开始衰退。

松科 Pinaceae　　冷杉属 *Abies* Mill.

臭冷杉 *Abies nephrolepis* (Trautv. ex Maxim.) Maxim.

俗名： 白枞、臭枞、华北冷杉

形态特征： 常绿乔木。高达 30m；树皮平滑或有浅裂纹，常具横列的疣状皮孔，灰色。一年生枝淡黄褐色或淡灰褐色，密被淡褐色短柔毛。叶长 1~3cm，宽约 1.5mm；营养枝之叶先端有凹缺或 2 裂，下面有 2 条白色气孔带，果枝之叶先端尖或有凹缺；树脂道 2，中生。球果卵状圆柱形或圆柱形，长 4.5~9.5cm，径 2~3cm，熟时紫褐色或紫黑色，无梗；中部种鳞肾形或扇状肾形，上部宽圆，较薄，边缘内曲，背面露出部分密被短毛；苞鳞较短；种子倒卵状三角形，种翅常较种子为短或近等长。

物候期： 花期 5 月，球果 10 月成熟。

分布： 产于我国东北小兴安岭南坡、长白山及张广才岭，河北小五台山、雾灵山、围场及山西五台山地区。

用途： 用材树种，也可作为城市庭院绿化树种。

本园引种栽培： 1979 年春秋从长春引入 5 株苗高 50cm 大苗，当年于温室内越冬，翌年春季移植到陆地，需覆土越冬，1994 年第一次开花结果。多年生态适应性观察记录显示，芽萌动较晚，在本园长势一般，针叶发黄，能正常开花结实。

松科 Pinaceae 冷杉属 *Abies* Mill.

杉松 *Abies holophylla* Maxim.

俗名：针枞、辽东冷杉

形态特征：常绿乔木。高达 30m，胸径 1m；幼树树皮淡褐色，不裂，老则灰褐色或暗褐色，浅纵裂成条片状。大枝平展；一年生枝淡黄灰色或淡黄褐色，无毛，有光泽；二至三年生枝灰色、灰黄色或灰褐色。叶长 2~4cm，宽 1.5~2.5mm，先端急尖或渐尖，无凹缺，果枝之叶上面中上部或近先端常有 2~5 条不整齐的气孔线；树脂道 2，中生。球果圆柱形，长 6~14cm，径 3.5~4cm，熟前绿色，熟时淡黄褐色或淡褐色，近无梗；中部种鳞近扇状四边形，上部宽圆，微厚，上部边缘内曲；苞鳞短，不露出；种子倒三角形，种翅宽大，较种子为长。

物候期：花期 4~5 月，球果 10 月成熟。

分布：产于我国东北牡丹江流域山区、长白山及辽河东部山区，俄罗斯远东地区、朝鲜也有分布。

用途：材质优良，是东北林区的用材树种之一，亦可作为城市庭院绿化树种。

本园引种栽培：1979 年秋季从长白山引入高 30cm 左右的一批野生苗，冬季假植冷窖，翌春栽植，经过几年越冬保护，现保存 6 株。1993 年第一次开花结果。多年生态适应性观察记录显示，生长节律适应本地气候，生长良好，能正常开花结实。

松科 Pinaceae   松属 *Pinus* L.

华山松 *Pinus armandii* Franch.

俗名：五叶松、五须松、白松

形态特征：常绿乔木。幼树树皮灰绿色或淡灰色，平滑，老则呈灰色，裂成方形或长方形厚块片固着于树干上，或脱落。枝条平展，形成圆锥形树冠；一年生枝绿色或灰绿色，无毛，微被白粉；冬芽近圆柱形，褐色，微具树脂。针叶 5 针一束，稀 6~7 针一束。雄球花黄色，多数集生于新枝下部成穗状。球果圆锥状长卵圆形，幼时绿色，成熟时黄色或褐黄色，果梗长 2~3cm；中部种鳞近斜方状倒卵形，鳞盾近斜方形，不具纵脊，先端钝圆或微尖，不反曲或微反曲，鳞脐不明显。

物候期：花期 4~5 月，球果翌年 9~10 月成熟。

分布：产于山西南部、河南西南部及嵩山、陕西南部秦岭、甘肃南部、四川、湖北西部、贵州中部及西北部、云南及西藏雅鲁藏布江下游，江西庐山、浙江杭州等地有栽培。

用途：很好的建筑及工业原料用材；可作薪炭林和水土保持林树种，也可作观赏树种。

本园引种栽培：1976 年从呼和浩特东南凉城县蛮汉山山地苗圃引种留床苗 20 株，1985 年第一次开花结实，种子饱满。

松科 Pinaceae　　松属 *Pinus* L.

北美短叶松 *Pinus banksiana* Lamb.

俗名：短叶松、斑克松

形态特征：常绿乔木。在原产地高达 25m，胸径 80cm，有时成灌木状；树皮暗褐色，裂成不规则鳞状薄片脱落。枝条每年生长 2~3 轮；一年生枝紫褐色或棕褐色；冬芽褐色，长圆状卵形，被树脂。针叶 2 针一束，短粗，常扭曲，全缘。球果窄圆锥状椭圆形，长 3~5cm，径 2~3cm，不对称，常弯曲，熟时淡绿黄色或淡褐黄色，宿存树上多年不落；种鳞很迟张开，鳞盾斜方形，成多角状，平或微隆起，横脊明显，鳞脐平或微凹，无刺；种子长 3~4mm，翅长约 1.2cm。

物候期：花期 4~5 月，球果翌年 9~10 月成熟。

分布：原产北美东北部；我国辽宁营口、抚顺，北京，山东青岛、蒙山东塔山，江苏南京，江西庐山及河南鸡公山等地均有引种培。

用途：优质用材树种；可作观赏树种，也是绿化、荒山造林的理想树种。

本园引种栽培：20 世纪 80 年代初本园多次引入种子，播种育苗，出苗容易，越冬保苗困难。幼苗对春季干旱气候适应性差，入秋后针叶变紫色，覆土越冬后，撤去防寒土，大多数苗木逐步干枯死亡。随着苗龄增大，适应性增强，针叶入秋不再变紫色，现保存 4 株。在本园生长缓慢，长势一般，能开花结实，但种子质量差。

松科 Pinaceae 松属 *Pinus* L.

白皮松 *Pinus bungeana* Zucc. ex Endl.

俗名：蟠龙松、虎皮松、三针松

形态特征：常绿乔木。有明显的主干，或从树干近基部分成数干；幼树树皮光滑，灰绿色，长大后树皮成不规则的薄块片脱落。枝较细长，斜展，形成宽塔形至伞形树冠；一年生枝灰绿色，无毛；冬芽红褐色，卵圆形，无树脂。针叶 3 针一束，粗硬，叶鞘脱落。球果通常单生，熟时淡黄褐色，卵圆形；种鳞矩圆状宽楔形，有横脊，鳞脐三角状，顶端有刺；种子灰褐色，近倒卵圆形。

物候期：花期 4~5 月，球果翌年 10~11 月成熟。

分布：为我国特有树种，产于山西、河南西部、陕西秦岭、甘肃南部及天水麦积山、四川北部江油观雾山及湖北西部等地；苏州、杭州、衡阳等地均有栽培。

用途：可作用材树种，也是优良的庭院绿化树种。

本园引种栽培：1976 年从北京西山卧佛寺山上引入高 1.5m 大苗，第一年栽植后，对春季干旱气候适应性差，针叶逐渐变黄脱落，第二年以后适应性增强，针叶全部保存。在本园长势较好，能正常开花结实，种子质量好。采种育苗，出苗整齐，生长缓慢，一年生苗高 3cm 左右，三年生苗高 10cm 左右。

扭叶松 *Pinus contorta* Douglas ex Loudon

俗名： 美国黑松、小干松

形态特征： 常绿乔木。高 21~24m；树干较细，树冠较小。小枝浅橙色至褐色。冬芽栗色，有树脂。针叶 2 针一束，长 5~8cm，坚硬而扭曲，浅黄绿色。花橙色，雄花球穗状；雌花球簇生，开花时多而密集、美观。球果无柄，倒卵形，可在树枝上宿存多年而种鳞不开放。

物候期： 花期 4~5 月，球果翌年 9~10 月成熟。

分布： 原产于北美西部，英格兰、苏格兰、丹麦、芬兰、冰岛、挪威、瑞典和中国等国均有引种栽培。

用途： 用材树种和纸浆材树种，也可作为园林绿化树种。

本园引种栽培： 20 世纪 80 年代引入种子，播种育苗。在本园长势不良，生长缓慢，适应性较差，能正常开花结实。

松科 Pinaceae   松属 *Pinus* L.

赤松 *Pinus densiflora* Siebold & Zucc.

俗名： 辽东赤松、短叶赤松

形态特征： 常绿乔木。高达 30m，胸径达 1.5m；树皮橘红色，裂成不规则鳞状薄片脱落。一年生枝橘黄色或红黄色，微被白粉，无毛；冬芽暗红褐色，长圆状卵圆形或圆柱形。针叶 2 针一束，两面有气孔线，边缘有细齿，树脂道 4~9，边生。球果宽卵圆形或卵状圆锥形，长 3~5.5cm，径 2.5~4.5cm，熟时暗褐黄色，有短梗，稀无刺；种子倒卵状椭圆形，连翅长 1.5~2cm，种翅有关节。

物候期： 花期 4 月，球果翌年 9 月下旬至 10 月成熟。

分布： 产于黑龙江东部、吉林长白山区、辽宁中部至辽东半岛、山东胶东地区及江苏东北部云台山区，南京等地有栽培；日本、朝鲜、俄罗斯远东地区也有分布。

用途： 抗风力较强，可作辽东半岛、山东胶东地区及江苏云台山区等沿海山地的造林树种，也可作庭院绿化树种和用材树种。

本园引种栽培： 1980 年从熊岳树木园引入 5 株苗木。多年生态适应性观察记录显示，不如本地油松生长快，不适应干燥气候，生长表现一般，能开花结实。

松科 Pinaceae 松属 *Pinus* L.

欧洲黑松 *Pinus nigra* J. F. Arnold

俗名：黑松

形态特征： 常绿乔木。树皮灰黑色。二年生枝上针叶基部的鳞叶逐渐脱落；芽褐色，卵形或矩圆状卵形，有树脂。针叶2针一束，刚硬，深绿色。球果熟时黄褐色，卵圆形，长5~8cm，辐射对称；种鳞的鳞盾先端圆，横脊强隆起，鳞脐红褐色，有短刺。

物候期： 花期4~5月，球果翌年9~10月成熟。

分布： 原产欧洲南部及小亚细亚半岛，我国南京等地引种栽培。

用途： 可作用材树种，也可作水土保持林和薪炭林树种、园林绿化树种。

本园引种栽培： 1977年从熊岳树木园采种，播种育苗，生长缓慢，抗干旱性差。在幼树阶段需覆土越冬，撤防寒土后仍有植株死亡。在本园生长一般，12~15年树龄可开花结实。

松科 Pinaceae　　松属 *Pinus* L.

日本五针松 *Pinus parviflora* Siebold & Zucc.

俗名：姬小松、五须松、五针松

形态特征： 常绿乔木。幼树树皮淡灰色，平滑，大树树皮暗灰色，裂成鳞状块片脱落。枝平展，树冠圆锥形；一年生枝幼嫩时绿色，后呈黄褐色，密生淡黄色柔毛；冬芽卵圆形，无树脂。针叶5针一束，微弯曲；叶鞘早落。球果卵圆形或卵状椭圆形，几无梗，熟时种鳞张开，中部种鳞宽倒卵状斜方形，鳞盾淡褐色或暗灰褐色，近斜方形，先端圆，鳞脐凹下，微内曲，边缘薄，两侧边向外弯，下部底边宽楔形；种子为不规则倒卵圆形，近褐色，具黑色斑纹。

物候期： 花期4~5月，球果翌年9~10月成熟。

分布： 原产日本，我国长江流域各大城市及山东青岛等地已普遍引种栽培。

用途： 材质优良，可作建筑、枕木及木纤维工业原料，也是珍贵的园林树种。

本园引种栽培： 20世纪80年代引入种子，播种育苗。在本园生长一般，未见结实。

西黄松 *Pinus ponderosa* Douglas ex C. Lawson

俗名： 美国长三叶松、美国黄松

形态特征： 常绿乔木。在原产地高达70m，胸径4m；树皮黄色或暗红褐色，裂成不规则鳞状大块片脱落。枝条每年生长一轮；一年生枝暗橙褐色，稀有白粉，老枝灰黑色；芽矩圆形或卵圆形，有树脂。针叶通常3针一束，稀2针至5针一束，深绿色，粗硬而扭曲。球果卵状圆锥形，种鳞的鳞盾红褐色或黄褐色，有光泽，沿横脊隆起，鳞脐有向后反的粗刺；种子长卵圆形，长7~10mm，翅长2.5~3cm。

物候期： 花期4~5月，球果翌年9月成熟。

分布： 原产北美，我国辽宁营口和大连、江苏南京及河南鸡公山等地引种栽植作庭园树。

用途： 在北美作建筑、枕木及板材等用；可作庭院树。

本园引种栽培： 1977年从熊岳树木园采种，播种育苗。两年生苗高11.2cm，地径5.2mm，针叶长17.1cm。1994年第一次开花结实，在本园表现出较好的适应性。

松科 Pinaceae 松属 *Pinus* L.

偃松 *Pinus pumila* (Pall.) Regel

俗名：千叠松、矮松、爬松

形态特征： 常绿灌木。树干通常伏卧状，基部多分枝；树皮灰褐色，裂成片状脱落。一年生枝褐色，密被柔毛，二三年生枝暗红褐色。针叶5针一束，较细短，硬直而微弯。雄球花椭圆形，黄色；雌球花及小球果单生或2~3个集生，卵圆形，紫色或红紫色。球果直立，圆锥状卵圆形或卵圆形，成熟时淡紫褐色或红褐色，种鳞近宽菱形或斜方状宽倒卵形，鳞盾宽三角形；种子生于种鳞腹面下部的凹槽中，不脱落，暗褐色，三角形倒卵圆形，微扁，无翅，仅周围有微隆起的棱脊。

物候期： 花期6~7月，球果翌年9月成熟。

分布： 产于大兴安岭北部，分布于我国黑龙江（小兴安岭）、吉林（老爷岭、长白山），俄罗斯、蒙古北部、朝鲜、日本也有分布。在土层浅薄、气候寒冷的高山上部之阴湿地带与西伯利亚刺柏混生，或在落叶松或黄花落叶松林下形成茂密的矮林。

用途： 对保持水土有积极的作用；树干矮小，木材仅供器具及薪炭用材；树脂多，木材及树根可提松节油；可作庭园或盆栽观赏树种；种子可食，也可榨油。

本园引种栽培： 2023年从阿尔山移植野生苗5株，生态适应性进一步观察中。

松科 Pinaceae　　松属 *Pinus* L.

新疆五针松 *Pinus sibirica* Du Tour

俗名：西伯利亚红松、西伯利亚五针松、兴安松

形态特征：常绿乔木。高达35m,胸径1.8m;树皮淡褐色或灰褐色。小枝粗壮,黄色或褐黄色,密被淡黄色长柔毛;冬芽红褐色,圆锥形。针叶5针一束,较粗硬,微弯曲,边缘具疏生细锯齿,背面无气孔线,腹面每侧有3~5条灰白色气孔线;横切面近三角形,树脂道3,中生,位于三个角部;叶鞘早落。球果圆锥状卵形,长5~8cm,径3~5.5cm,熟后种鳞不张开或微张开,鳞盾宽菱形或宽三角状半圆形,紫褐色,微内曲,密被平伏细长毛,鳞脐明显,黄褐色;种子倒卵圆形,黄褐色,无翅。

物候期：花期5月,球果翌年9~10月成熟。

分布：产于新疆阿尔泰山西北部之布尔津河上游的喀纳斯河和禾木河流域;俄罗斯也有分布。

用途：可作建筑、家具等用材;种子可食,也可榨油,供食用。

本园引种栽培：1979年从新疆阿尔泰山林业局采种,播种育苗,苗期生长极为缓慢,2年生苗高2.5cm,前7年需覆土越冬,现保存1株。10年以后生长速度加快,抗性增强。在本园生长较好,未见结实。

松科 Pinaceae　　松属 *Pinus* L.

北美乔松 *Pinus strobus* L.

俗名： 美国白松、美国五针松

形态特征： 常绿乔木。树皮厚，深裂，紫色。幼枝有柔毛，后渐脱落；冬芽卵圆形，渐尖，稍有树脂。针叶5针一束，细柔。球果熟时红褐色，窄圆柱形，稍弯曲，有梗，下垂，有树脂，种鳞边缘不反卷；种子有长翅。

物候期： 花期4~5月，球果翌年9~10月成熟。

分布： 原产北美，我国辽宁营口、大连及北京、南京等地有引种栽培。

用途： 可作建筑、器具等用材，也是观赏价值较高的园林绿化树种。

本园引种栽培： 20世纪80年代，从中国林科院引入美国种源种子，播种育苗，第三年移栽到苗圃，生长较为缓慢，5年以后生长速度加快。随着苗龄增大，抗性增强。多年生态适应性观察记录显示，较耐寒冷，耐干旱性差，特别是冬春之际，常出现顶芽干瘪、干枯现象。在本园生长一般，能正常开花结实。

松科 Pinaceae   松属 *Pinus* L.

欧洲赤松 *Pinus sylvestris* L.

俗名： 欧洲红松

形态特征： 常绿乔木。高达 30m，胸径 70cm；树皮厚，树干下部灰褐色或黑褐色，深裂成不规则的鳞状块片脱落，上部树皮及枝皮黄色或淡褐黄色，裂成薄片脱落。一年生枝淡黄褐色，无毛；冬芽褐色或淡黄褐色，长卵圆形，有树脂。针叶 2 针一束，粗硬，常扭转，两面均有气孔线，边缘有细齿，树脂道 6~11，边生。一年生小球果下垂；球果卵圆形或长卵圆形，长 3~6cm，径 2~3cm，熟时淡褐灰色；中部种鳞的鳞盾多呈斜方形，多角状肥厚隆起，向后反曲，纵脊、横脊显著，鳞脐小，疣状凸起，有易脱落的短刺；种子长卵圆形或倒卵圆形，连翅长 1.1~1.5cm。

物候期： 花期 4 月，球果翌年 9~10 月成熟。

分布： 原产欧洲，为分布区内常见的森林树种；我国东北有栽培。

用途： 材质较细，纹理直，可作用材树种；也可作庭园观赏树种。

本园引种栽培： 20 世纪 80 年代初从中国林科院引入国外种源种子，播种育苗。2013 年开始开花结实，在本园生长良好。

松科 Pinaceae　　松属 *Pinus* L.

樟子松 *Pinus sylvestris* var. *mongolica* Litv.

俗名：海拉尔松

形态特征：常绿乔木。大树树皮厚，树干下部灰褐色或黑褐色，深裂成不规则的鳞状块片脱落，上部树皮及枝皮黄色至褐黄色，内侧金黄色，裂成薄片脱落。枝斜展或平展，幼树树冠尖塔形，老则呈圆顶或平顶，树冠稀疏。一年生枝淡黄褐色。针叶2针一束，硬直，常扭曲，先端尖。当年生小球果下垂。球果卵圆形或长卵圆形，成熟前绿色，熟时淡褐灰色，熟后开始脱落；中部种鳞的鳞盾多呈斜方形，纵脊横脊显著，肥厚隆起，多反曲，鳞脐呈瘤状突起，有易脱落的短刺。

物候期：花期5~6月，球果翌年9~10月成熟。

分布：产于黑龙江大兴安岭山地及海拉尔以西、以南一带沙丘地区；蒙古也有分布。

用途：材质较细，纹理直，可作用材树种；也可作庭园观赏及绿化树种，东北大兴安岭山区及西部沙丘地区常作为造林树种。

本园引种栽培：20世纪60年代初引入樟子松苗，多年生态适应性观察记录显示，耐瘠薄、抗干旱能力强。在本园长势较好，能开花结实，但种子质量差（干瘪）。

长白松 *Pinus sylvestris* var. *sylvestriformis* (Taken.) W. C. Cheng & C. D. Chu

俗名： 长果赤松、美人松、长白赤松

形态特征： 常绿乔木。树干通直平滑，基部稍粗糙，棕褐色带黄，龟裂，下中部以上树皮棕黄色至金黄色，裂成鳞状薄片剥落。一年生枝淡褐色或淡黄褐色，无白粉，二至三年生枝淡灰褐色或灰褐色。针叶 2 枚一束，较粗硬。一年生小球果近球形，具短梗，弯曲下垂，种鳞具直伸的短刺。成熟的球果卵状圆锥形，种鳞张开后为椭圆状卵圆形或长卵圆形，鳞盾斜方形或不规则 4~5 角形，灰色或淡褐灰色，强隆起，很少微隆起或近平，球果基部种鳞之鳞盾隆起部分向下弯，横脊明显，纵脊不明显或微明显，鳞脐呈瘤状突起，具易脱落的短刺。种子长卵圆形或三角状卵圆形，种翅淡褐色。

物候期： 花期 4~5 月，球果翌年 9~10 月成熟。

分布： 产于吉林长白山北坡海拔 800~1600m 地带。

用途： 可作园林观赏树种，也可作建筑材料；松节和花粉可入药；树干可割取树脂、松香及松节油。

本园引种栽培： 1978 年从长白山二道白河林带引入二至三年生野生苗。在本园长势一般，树冠比较稀疏，能开花结实，但种子质量差。

松科 Pinaceae   松属 *Pinus* L.

油松 *Pinus tabuliformis* Carrière

俗名： 巨果油松、紫翅油松、东北黑松

形态特征： 常绿乔木。高达 25m，胸径可达 1m 以上；树皮灰褐色或褐灰色，裂成不规则较厚的鳞状块片，裂缝及上部树皮红褐色。一年生枝较粗，淡红褐色或淡灰黄色，无毛，幼时微被白粉；冬芽圆柱形，红褐色。针叶 2 针一束，粗硬。雄球花圆柱形，长 1.2~1.8cm，在新枝下部聚生成穗状。球果卵形或圆卵形，长 4~9cm，有短梗，向下弯垂，成熟前绿色，熟时淡黄色或淡褐黄色，常宿存树上近数年之久；中部种鳞近矩圆状倒卵形，鳞盾肥厚、隆起或微隆起，扁菱形，横脊显著，鳞脐凸起有尖刺；种子长卵圆形，淡褐色有斑纹，连翅长 1.5~1.8cm；子叶 8~12 枚。

物候期： 花期 4~5 月，球果翌年 10 月成熟。

分布： 为我国特有树种，产于吉林南部、辽宁、河北、河南、山东、山西、内蒙古、陕西、甘肃、宁夏、青海及四川等省区。

用途： 为内蒙古地区重要造林树种；材质较硬，可供建筑、电杆、矿柱、造船、器具、家具及木纤维工业等用材。

本园引种栽培： 1970 年播种育苗，在本园长势较好，能正常开花结实。

松科 Pinaceae   落叶松属 *Larix* Mill.

落叶松 *Larix gmelinii* (Rupr.) Kuzen.

俗名： 兴安落叶松、一齐松、意气松

形态特征： 落叶乔木。树皮灰色、暗灰色或灰褐色，纵裂成鳞片状剥离，剥落后内皮呈紫红色。枝斜展或近平展，一年生长枝较细，淡黄褐色或淡褐黄色。叶倒披针状条形，先端尖或钝尖，上面中脉不隆起，有时两侧各有1~2条气孔线，下面沿中脉两侧各有2~3条气孔线。球果幼时紫红色，成熟前卵圆形，成熟时上部的种鳞张开，种鳞约14~30枚；中部种鳞五角状卵形，先端截形、圆截形或微凹，鳞背无毛，有光泽。苞鳞较短，长为种鳞的1/3~1/2，近三角状长卵形或卵状披针形，先端具中肋延长的急尖头；种子斜卵圆形，灰白色，具淡褐色斑纹，连翅长约1cm，种翅中下部宽，上部斜三角形，先端钝圆；子叶4~7枚，针形。

物候期： 花期5~6月，球果9月成熟。

分布： 产于大、小兴安岭。

用途： 我国东北林区的主要造林树种；材质优良，可作车船、造纸和建筑用材等；树皮可用于制革和印染。

本园引种栽培： 20世纪80年代引入小苗，在本园适应性较差，生长缓慢，整体树势衰退。

松科 Pinaceae　　落叶松属 *Larix* Mill.

华北落叶松 *Larix gmelinii* var. *principis-rupprechtii* (Mayr) Pilg.

俗名：雾灵落叶松、落叶松

形态特征： 落叶乔木。树皮灰褐色或棕褐色，纵裂成不规则小块片脱落。树冠圆锥形。一年生长枝淡褐色或淡褐黄色，幼时有毛，后脱落，被白粉。短枝灰褐色或暗灰色，径3~4mm，顶端叶枕之间有黄褐色柔毛。叶窄条形，先端尖或钝。球果卵圆形或矩圆状卵形，长2~4cm，径约2cm，成熟时淡褐色，有光泽，种鳞26~45枚，背面光滑无毛，不反曲，中部种鳞近五角状卵形，先端截形或微凹，边缘有不规则细齿；苞鳞暗紫色，条状矩圆形，不露出。种子斜倒卵状椭圆形，灰白色。

物候期： 花期4~5月，球果9~10月成熟。

分布： 我国华北地区特有种，内蒙古产于赤峰市、锡林郭勒盟南部等地；分布于我国辽宁、河北、山西。

用途： 可作分布区内以及黄河流域高山地区、辽河上游高山地区的森林更新和荒山造林树种；木材可供建筑、桥梁、家具等用，或作为木纤维工业原料；树干可割取树脂；树皮可提取栲胶。

本园引种栽培： 1964年从山西引入苗木，多年来生态适应性强，生长正常，年年开花，结实量不多。

松科 Pinaceae 落叶松属 *Larix* Mill.

日本落叶松 *Larix kaempferi* (Lamb.) Carrière

俗名： 山奈落叶松

形态特征： 落叶乔木。树皮暗褐色，纵裂粗糙，成鳞片状脱落。枝平展，树冠塔形；幼枝有淡褐色柔毛，后渐脱落，一年生长枝淡黄色或淡红褐色，有白粉，顶端叶枕之间有疏生柔毛；冬芽紫褐色，顶芽近球形。叶倒披针状条形。雌球花紫红色，苞鳞反曲，有白粉，先端三裂，中裂急尖。球果卵圆形或圆柱状卵形，熟时黄褐色，上部边缘波状，显著地向外反曲，背面具褐色瘤状突起和短粗毛；苞鳞紫红色，窄矩圆形；种子倒卵圆形。

物候期： 花期 4~5 月，球果 10 月成熟。

分布： 原产日本，我国黑龙江、吉林、辽宁、河北、山东、河南（鸡公山）、江西等地引种栽培。

用途： 优良的园林绿化树种；木材可作为建筑材料和工业用材，还可提取松节油、酒精、纤维素等。

本园引种栽培： 1976 年从黑龙江引入两年生苗，多年生态适应性观察记录显示，适应干旱气候差，夏季高温季节针叶焦尖普遍。2015 年开始开花结实。

松科 Pinaceae　　黄杉属 *Pseudotsuga* Carrière

花旗松 *Pseudotsuga menziesii* (Mirb.) Franco

俗名： 北美黄杉

形态特征： 常绿乔木。幼树树皮平滑，老树树皮厚，深裂成鳞状。一年生枝淡黄色（干时红褐色），微被毛。叶条形，先端钝或微尖，无凹缺，上面深绿色，下面色较浅，有 2 条灰绿色气孔带。球果椭圆状卵圆形，褐色，有光泽；种鳞斜方形或近菱形，长宽相等或长大于宽；苞鳞直伸，长于种鳞，显著露出，中裂窄长渐尖，两侧裂片较宽而短，边缘有锯齿。

物候期： 花期 4~5 月，球果 10~11 月成熟。

分布： 原产美国太平洋沿岸，我国江西庐山引种栽培。

用途： 可作园林观赏树种；木材可作桥梁、车船、建筑、家具等用材。

本园引种栽培： 20 世纪 80 年代多次由中国林科院引入美国种源种子，播种育苗，出苗容易，生长速度快，但冬季寒冷和春季干燥对其生长影响较大。在每年覆土越冬保护下，生长良好。幼苗露地越冬易受冻害，树皮片状翘起。随着树龄增加，抗逆性增强，在本园长势一般，未见开花结实。

柏科 Cupressaceae   侧柏属 *Platycladus* Spach

侧柏 *Platycladus orientalis* (L.) Franco

俗名：香柯树、扁桧、香柏

形态特征： 常绿乔木。树皮薄，浅灰褐色，纵裂成条片。枝条向上伸展或斜展，幼树树冠卵状尖塔形，老树树冠则为广圆形；生鳞叶的小枝细，向上直展或斜展，扁平，排成一平面。鳞叶二型，交互对生，背面有腺点。雄球花黄色，卵圆形；雌球花近球形，蓝绿色，被白粉。球果近卵圆形，成熟前近肉质，蓝绿色，被白粉，成熟后木质，开裂，红褐色。

物候期： 花期 3~4 月，球果 10 月成熟。

分布： 中国柏科植物中分布最广的种，除新疆和青海外均有分布；朝鲜、韩国、日本也有分布。

用途： 可作园林绿化、荒山造林树种；木材可供建筑、器具、家具、农具及文具等用；叶可入药。

本园引种栽培： 1999 年从内蒙古林木种子站引入种子，播种育苗。抗旱性较强，在本园生长良好，能正常开花结实。

柏科 Cupressaceae　　刺柏属 *Juniperus* L.

圆柏 *Juniperus chinensis* L.

俗名：桧、桧柏

形态特征： 常绿乔木。树皮灰褐色，纵裂，裂成不规则的薄片脱落。幼树的枝条通常斜上伸展，形成尖塔形树冠，老则下部大枝平展，形成广圆形的树冠；小枝通常直或稍成弧状弯曲。叶二型，即刺叶及鳞叶；刺叶生于幼树之上，老龄树则全为鳞叶，壮龄树兼有刺叶与鳞叶；生于一年生小枝的一回分枝的鳞叶三叶轮生。雌雄异株，稀同株，雄球花黄色，椭圆形。球果近圆球形，两年成熟，熟时暗褐色，被白粉或白粉脱落。

物候期： 花期5月，球果翌年10月成熟。

分布： 产于我国华北、华东、华南及西南等地；朝鲜、日本也有分布。适生于中性土、钙质土及微酸性土，各地亦多栽培。

用途： 可作园林观赏树种；木材可作棺木、图板、家具、工艺品、铅笔和建筑等用材；树根、树干及枝叶可提取柏木脑及柏木油；种子可提取润滑油；枝、叶及树皮均可入药。

本园引种栽培： 适应性较强，在本园生长良好，能正常开花结实。

柏科 Cupressaceae　刺柏属 *Juniperus* L.

叉子圆柏 *Juniperus sabina* L.

俗名：沙地柏、臭柏、爬柏

形态特征：匍匐灌木，稀灌木或小乔木。枝密，斜上伸展，枝皮灰褐色，裂成薄片脱落；一年生枝的分枝皆为圆柱形。叶二型：刺叶常生于幼树上，稀在壮龄树上与鳞叶并存，常交互对生或兼有三叶交叉轮生，排列较密，向上斜展；鳞叶交互对生。雌雄异株，稀同株；雄球花椭圆形或矩圆形。球果生于向下弯曲的小枝顶端，熟前蓝绿色，熟时褐色至紫蓝色或黑色，多少有白粉。

物候期：花期5月，球果翌年10月成熟。

分布：产于新疆天山至阿尔泰山、宁夏贺兰山、内蒙古、青海东北部、甘肃祁连山北坡及古浪、景泰、靖远等地以及陕西北部榆林。

用途：优良的水土保持和固沙树种；枝叶和球果均可入药，还是重要木本饲料；枝干及根可用作化妆品、皂用香精的原料。

本园引种栽培：2000年从巴彦淖尔盟（今巴彦淖尔市）乌拉特中旗采穗，扦插育苗。适应性较强，在本园生长良好，能正常开花结实。

柏科 Cupressaceae　　刺柏属 *Juniperus* L.

兴安圆柏 *Juniperus sabina* var. *davurica* (Pall.) Farjon

俗名： 兴安桧

形态特征： 匍匐灌木。分枝多，枝皮紫褐色，裂成薄片剥落。小枝密集，直立或斜伸。叶二型，常同时出现在生殖枝上，刺叶交叉对生，常较细长，窄披针形或条状披针形，先端渐尖。鳞叶交叉对生，排列紧密，生于一回分枝者较大，生于二至三回分枝者则较小。雄球花卵圆形或近矩圆形，顶端圆。着生雌球花和球果的小枝弯曲，球果常呈不规则球形，熟时暗褐色至蓝紫色，被白粉。

物候期： 花期6月，球果翌年8月成熟。

分布： 产于大兴安岭海拔400~1400m地带；朝鲜、俄罗斯也有分布。喜生于多石山地或山峰岩缝中，或生于沙丘。

用途： 保土固沙树种，也可作庭园树；嫩枝和叶可提取芳香油；枝叶和球果可入药。

本园引种栽培： 1985年从大兴安岭金河采穗，扦插育苗后成活率较高。适应性强，耐干旱。在本园生长良好，能正常开花结实，但长势不如叉子圆柏。

柏科 Cupressaceae　　刺柏属 *Juniperus* L.

杜松 *Juniperus rigida* Siebold & Zucc.

俗名：崩松、刚桧

形态特征：常绿小乔木或灌木，树冠塔形或圆柱形。树皮褐灰色，纵裂成条片状脱落。小枝下垂或直立，幼枝三棱形，无毛。刺叶3叶轮生，条状刺形，上面凹下成深槽，白粉带位于凹槽之中，较绿色边带为窄，下面有明显的纵脊，横断面呈"V"形。雌雄异株，雄球花着生于一年生枝的叶腋，椭圆形，黄褐色；雌球花亦腋生于一年生枝的叶腋，球形，绿色或褐色。球果圆球形，成熟前紫褐色，成熟时淡褐黑色或蓝黑色，被白粉。

物候期：花期5月，球果翌年10月成熟。

分布：产于内蒙古、黑龙江、吉林、辽宁、河北北部、山西、陕西、甘肃及宁夏等地；朝鲜和日本也有分布。

用途：树姿优美，可作庭院绿化树种；木材可作工艺品、雕刻品、家具、器具及农具等用材；枝叶及球果可入药。

本园引种栽培：适应性较强，耐寒、耐旱，能正常开花结实。

柏科 Cupressaceae   刺柏属 *Juniperus* L.

刺柏 *Juniperus formosana* Hayata

俗名： 刺松、矮柏木、山刺柏

形态特征： 常绿乔木。树皮褐色，纵裂成长条薄片脱落。枝条斜展或直展，树冠塔形或圆柱形；小枝下垂，三棱形。三叶轮生，条状披针形或条状刺形，先端渐尖具锐尖头，上面稍凹，中脉微隆起，绿色，两侧各有 1 条白色气孔带，气孔带较绿色边带稍宽，在叶的先端汇合为 1 条。雄球花圆球形或椭圆形，长 4~6mm，药隔先端渐尖，背有纵脊。球果近球形或宽卵圆形，熟时淡红褐色，被白粉或白粉脱落，间或顶部微张开。

物候期： 花期 5 月，球果翌年 10 月成熟。

分布： 为我国特有树种，分布很广，产于台湾中央山脉、江苏南部、安徽南部、浙江、福建西部、江西、湖北西部、湖南南部、陕西南部、甘肃东部、青海东北部、西藏南部、四川、贵州和云南。

用途： 在长江流域各大城市多栽培作庭园树，也可作水土保持的造林树种。

本园引种栽培： 在本园生长一般，未开花结实。

单子圆柏 *Juniperus monosperma* (Engelm.) Sarg.

俗名：北美樱桃核桧、樱核圆柏

形态特征：常绿乔木。树皮呈淡黄色，为一缕一缕的细碎纤维状；树枝优美，树冠圆锥形。枝条上密被针状鳞叶，且短而紧密排列，成年的针叶除在顶部呈长短不一外，一般均以2~3对紧密排列在枝条上，叶色为淡灰蓝色或淡灰绿色，叶背含圆形腺点。花盛开时为淡灰蓝色、淡灰绿色或黑蓝色。球果卵圆形；种子通常1枚，偶有2~3枚。

分布：原产美国科罗拉多州西部、得克萨斯州、内华达州、犹他州、亚利桑那州和新墨西哥州等地。

用途：园林观赏树种。

本园引种栽培：1987年由中国林科院引入美国种源种子，播种育苗，1989年移植到苗圃，1992年撤除覆土后露地越冬栽植。在本园生长一般，经常出现抽梢现象。只见雄球花，未见雌球花，不能结实。

柏科 Cupressaceae   崖柏属 *Thuja* L.

北美香柏 *Thuja occidentalis* L.

俗名：黄心柏木、美国侧柏、香柏

形态特征：常绿乔木。树皮红褐色或橘红色，纵列成条状块片脱落。枝条开展，树冠塔形，当年生小枝扁，2~3 年后逐渐变为圆柱形。叶鳞形，先端尖，中央之叶菱形或斜方形，尖头下方有透明隆起圆形腺点。球果幼时直立，绿色，成熟时淡红褐色，向下弯垂；种子扁平，周围有狭翅。

物候期：花期 3~4 月，球果 10 月成熟。

分布：原产北美，我国青岛、庐山、南京、上海、浙江南部和杭州、武汉等地引种栽培。

用途：可作庭院绿化树种或绿篱；木材材质软，可用于电杆、枕木、建筑、车船等；叶可入药，也可提取香柏油。

本园引种栽培：采用容器育苗。在本园长势一般，抗寒性较差，经常出现抽梢现象。

矮紫杉 *Taxus cuspidata* var. *nana* Hort. ex Rehd.

俗名： 矮丛紫杉、枷罗木

形态特征： 常绿灌木，植株较矮。树皮赤褐色，呈片状剥裂。小枝带赤褐色，一年生枝平滑无毛，呈绿色；芽小，呈浅绿色或褐色，宿存于小枝基部。叶螺旋状着生，呈不规则两列，与小枝约成45°角斜展，条形，直或微弯，上面深绿色，有光泽，下面黄绿色，有两条灰绿色气孔带。雌雄异株，雄球花生于叶腋；雌球花上具1个卵形淡红色胚珠。种子坚果状，卵形，赤褐色，假种皮肉质鲜红色，杯形。

物候期： 花期5~6月，种子9~10月成熟。

分布： 原产日本；中国北京、吉林、辽宁、山东青岛、上海、浙江杭州等地有栽培。

用途： 为珍贵的观赏树种；同时具有较高的经济价值和药用价值。

本园引种栽培： 1980年从长春第一苗圃引入扦插苗5株。多年生态适应性观察记录显示，幼苗抗干旱能力较差，需覆土越冬，经3~5年保护后，随着苗龄增加，抗干旱能力增强，适应性增强。在本园生长良好，未见干梢现象发生，偶见开花结实。

麻黄科 Ephedraceae　　麻黄属 *Ephedra* L.

中麻黄 *Ephedra intermedia* Schrenk & C. A. Mey.

俗名：西藏中麻黄

形态特征：灌木。枝直立或匍匐斜上，粗壮，基部分枝多；绿色小枝常被白粉而呈灰绿色。叶3裂或2裂，下部约2/3合生成鞘状，上部裂片钝三角形或窄三角状披针形。雄球花通常无梗，数个密集于节上成团状，稀2~3个对生或轮生于节上；雌球花2~3个成簇，对生或轮生于节上，无梗或有短梗。成熟时肉质红色，椭圆形、卵圆形或矩圆状卵圆形。

物候期：花期5~6月，种子7~8月成熟。

分布：为我国分布最广的麻黄之一，产于辽宁、河北、山东、内蒙古、山西、陕西、甘肃、青海及新疆等省区，以西北各省区最为常见；阿富汗、伊朗和中亚各国也有分布。

用途：可作治沙造林树种；根茎可入药；肉质苞片可食；根和茎枝常作燃料。

本园引种栽培：1985年从新疆引入种子，播种育苗。在本园生长良好，能正常开花结实。

麻黄科 Ephedraceae　　麻黄属 *Ephedra* L.

膜果麻黄 *Ephedra przewalskii* Stapf

俗名： 喀什膜果麻黄

形态特征： 灌木。木质茎明显，茎皮灰黄色或灰白色，细纤维状；茎的上部具多数绿色分枝，假轮生状。叶通常 3 裂并有少数 2 裂混生。球花通常无梗，常多数密集成团状的复穗花序；雄球花淡褐色或褐黄色，近圆球形；苞片 3~4 轮，膜质，黄色或淡黄绿色；雌球花淡绿褐色或淡红褐色，近圆球形，干燥膜质。果成熟时苞片呈半透明的薄膜状，淡棕色；种子通常 3 粒。

物候期： 花期 5~6 月，球果 10 月成熟。

分布： 产于内蒙古、宁夏、甘肃北部、青海北部、新疆天山南北麓；蒙古也有分布。

用途： 有固沙作用；茎枝可供药用，亦可作燃料。

本园引种栽培： 2002 年从甘肃民勤沙生植物园采种，播种育苗。在本园出现生长衰退现象，能正常开花结实。

杨柳科 Salicaceae　　杨属 *Populus* L.

胡杨 *Populus euphratica* Olivier

俗名：幼发拉底杨

形态特征： 落叶乔木。树皮淡灰褐色，下部条裂。萌枝细，圆形，光滑或微有绒毛；成年树小枝泥黄色，有短绒毛或无毛；芽椭圆形，光滑，褐色。叶形多变，卵圆形、卵圆状披针形、三角状卵圆形或肾形，先端有粗齿牙，基部楔形、阔楔形、圆形或截形，有2腺点，两面同色；叶柄微扁，约与叶片等长。雄花序细圆柱形，花药紫红色。蒴果长卵圆形，2~3瓣裂。

物候期： 花期5月，果期7~8月。

分布： 产于内蒙古西部、甘肃、青海、新疆；蒙古、中亚各国、俄罗斯高加索地区、埃及、叙利亚、印度、伊朗、阿富汗、巴基斯坦等地也有分布。

用途： 重要的防风固沙树种，也是西北干旱盐碱地带的优良绿化树种；木材可供建筑、桥梁、农具、家具等用；叶、花均可入药。

本园引种栽培： 2002年从内蒙古乌海市乌达区胡杨岛引入野生苗，在本园生长良好，能正常开花结实。

杨柳科 Salicaceae　　杨属 *Populus* L.

银白杨 *Populus alba* L.

俗名： 新疆杨

形态特征： 落叶乔木。树冠宽阔；树皮白色至灰白色，平滑，下部常粗糙。小枝初被白色绒毛，萌条密被绒毛；芽卵圆形，密被白绒毛，后局部或全部脱落，棕褐色，有光泽。萌枝和长枝叶卵圆形，掌状 3~5 浅裂，中裂片远大于侧裂片，初时两面被白绒毛，后上面脱落；短枝叶较小，上面光滑，下面被白色绒毛，卵圆形或椭圆状卵形，先端钝尖，基部阔楔形、圆形，少微心形或平截，边缘有不规则且不对称的钝齿牙；叶柄短于或等于叶片，略侧扁，被白绒毛。蒴果细圆锥形，2 瓣裂，无毛。

物候期： 花期 4~5 月，果期 5 月。

分布： 产于新疆(额尔齐斯河流域)，辽宁南部、山东、河南、河北、山西、陕西、宁夏、甘肃、青海等地有栽培；欧洲、北非、亚洲西部和北部也有分布。

用途： 木材纹理直，结构细，质轻软，可供建筑、家具、造纸等用。

本园引种栽培： 在本园生长迅速，表现良好，能正常开花结实。

杨柳科 Salicaceae　　杨属 *Populus* L.

银新杨 *Populus alba*×*P. alba* var. *pyramidalis*

形态特征： 落叶乔木。树干通直，树皮灰白色，树干基部菱形皮孔密集，树干上部皮孔较小，稀疏。侧枝光滑，多呈 40° 斜伸。短枝叶较小，叶长 5~10cm，宽 4~9cm，叶基截形或宽楔形，叶缘波牙状，正面深绿色，革质，光滑，背面浅绿色，密被白色绒毛。叶柄侧向压扁，浅绿色，密被白色绒毛。萌生枝条灰绿色，密被白色绒毛，叶片掌状 3~5 裂，正面深绿色，光滑，背面灰绿色，叶背、叶柄及长枝梢部均着生白绒毛。蒴果圆锥形，无毛。

物候期： 花期 3~4 月，果熟期 5~6 月。

分布： 适宜在北方地区推广应用。

用途： 用材兼观赏树种，也作防护林树种。

本园引种栽培： 20 世纪 80 年代初，内蒙古林科院选取银白杨作母本、新疆杨作父本，通过温室水培花枝进行人工杂交育种，并将产生的子代银新杨播种，将获得的实生苗木进行扦插育苗，1986 年移栽在内蒙古林科院树木园的苗圃里。经过近 30 多年的观测与调查，发现该品种容易繁殖、树干通直、树型美观、生长迅速、抗逆性强，是白杨派杨树优良无性系。

杨柳科 Salicaceae　　杨属 *Populus* L.

新疆杨 *Populus alba* var. *pyramidalis* Bunge

形态特征： 落叶乔木。树冠窄圆柱形或尖塔形。树皮灰白色或青灰色，光滑少裂。萌条和长枝叶掌状深裂，基部平截；短枝叶圆形，有粗缺齿，侧齿近对称，基部平截，下面绿色，近无毛。仅见雄株。

分布： 我国北方各地常栽培，以新疆为普遍。分布于中亚、西亚、巴尔干、欧洲等地。

用途： 木材供建筑、家具等用；为优良的绿化和防护林树种。

本园引种栽培： 生长迅速，表现良好。

杨柳科 Salicaceae　　杨属 *Populus* L.

小叶杨 *Populus simonii* Carrière

俗名： 南京白杨、河南杨

形态特征： 落叶乔木。树皮幼时灰绿色，老时暗灰色，沟裂；树冠近圆形。幼树小枝及萌枝有明显棱脊，常为红褐色，后变黄褐色；老树小枝圆形，细长而密，无毛；芽细长，先端长渐尖，褐色，有黏质。叶菱状卵形、菱状椭圆形或菱状倒卵形，边缘平整，具细锯齿，上面淡绿色，下面灰绿色或微白，无毛；叶柄圆筒形，黄绿色或带红色。蒴果小，2~3瓣裂，无毛。

物候期： 花期3~5月，果期4~6月。

分布： 在我国分布广泛，东北、华北、华中、西北及西南各省份均产。

用途： 为防风固沙、护堤固土、绿化观赏树种，也是东北和西北防护林和用材林主要树种之一。

本园引种栽培： 在本园生长表现良好，能正常开花结实。

杨柳科 Salicaceae　　杨属 *Populus* L.

小胡杨 2 号 *Populus simonii×P. euphratica* 'Xiaohuyang2'

俗名：小 × 胡

形态特征：落叶乔木，树冠塔形。干形通直，树皮灰绿色或暗绿色；一年生树皮开始出现浅裂状，呈褐色，枝痕三角形或半圆形；小枝灰绿色，幼枝黄绿色，一年生枝条具有明显棱线三条。叶卵圆形、广椭圆形、椭圆形，全缘或 1/2 以上有稀锯齿。

物候期：花期 4~5 月，果期 6~7 月。

分布：2020 年被认定为国家良种，内蒙古、甘肃、宁夏均有引种栽培。

用途：可作造林树种及园林绿化树种。

本园引种栽培：2023 年春季由内蒙古巴彦淖尔市磴口县南大滩治沙林场引入三年生扦插苗。在本园生长迅速，表现出较好的适应性。

杨柳科 Salicaceae   杨属 *Populus* L.

小黑杨 *Populus×xiaohei* T. S. Hwang et Liang

形态特征：落叶乔木，树冠长卵形。老树干基部有浅裂，暗灰褐色。树皮光滑（老树树皮纵裂），灰绿色，皮孔条状，稀疏。侧枝较多，斜上，萌枝淡灰绿色，于叶痕下方有 3 条明显楞线。短枝圆，淡灰褐色或灰白色。长枝叶常为广卵形或菱状三角形，先端短渐尖或突尖，基部微心形或广楔形。叶柄短而扁，带红色。短枝叶菱状椭圆形或菱状卵形，长 5~8cm，宽 4~4.5cm，先端长尾状或长渐尖，边缘圆锯齿，近基部全缘，具极狭半透明边，上面亮绿色，下面淡绿色，光滑。雄花序长 4.5~5.5cm，雌花序长 5~7cm。蒴果较大，卵状椭圆形，具柄，2 瓣裂。

物候期：花期 4 月，果期 5 月。

分布：北起黑龙江省爱辉县，南到黄河流域各省区，均有栽植。

用途：为东北、华北和西北平原区绿化树种；可供建筑用材。

本园引种栽培：在本园生长表现良好，具有较强的抗旱性和抗寒性，能正常开花结实。

杨柳科 Salicaceae 杨属 *Populus* L.

少先队杨 *Populus×pioner*

形态特征：落叶乔木。树干端直，幼树皮浅灰白色，老树深灰白色，有浅纵裂；树冠狭小呈尖塔形。侧枝细，斜上。枝条灰白色，光滑，圆状。叶三角状卵形，短枝叶长 5~10cm，宽 4~7cm，先端渐尖，基部楔形，叶缘为波浪状钝锯齿，叶柄微扁，光滑，浅黄色，常具微红色。花序长 3~7cm，花梗绿色，无毛，子房绿黄色。蒴果较大，长可达 1cm 左右，果尖歪向一侧呈长桃形，着生较稀，果二裂。

物候期：花期 4 月，果期 5 月。

分布：松辽及三江平原、内蒙古高原、黄土高原等地区有栽培。

用途：优良城乡"四旁"绿化和防护林树种，可供建筑用材。

本园引种栽培：少先队杨是以钻天杨 × 欧洲黑杨育出的抗寒性强的品种，为雌株。在本园生长表现良好，未见开花结实。

杨柳科 Salicaceae   杨属 *Populus* L.

加杨 *Populus×canadensis* Moench

俗名：加拿大杨

形态特征：落叶大乔木。干直；树皮粗厚，深沟裂，下部暗灰色，上部褐灰色。大枝微向上斜伸，树冠卵形；小枝圆柱形，稍有棱角，无毛；芽大，先端反曲，褐绿色，富黏质。叶三角形或三角状卵形，叶柄侧扁而长，带红色（苗期特明显）。雄花序长 7~15cm，花序轴光滑，每花有雄蕊 15~25(40)；苞片淡绿褐色，丝状深裂，无毛，花盘淡黄绿色，全缘；雌花序有 45~50 花，柱头 4 裂。果序长达 27cm；蒴果长圆形，顶端尖，2~3 瓣裂。

物候期：花期 4 月，果期 5~6 月。

分布：我国除广东、云南、西藏外，各省份均有引种栽培。

用途：可作行道树、庭荫树及防护林树种等；木材可用来制作箱板、家具等；树皮含鞣质，可提制栲胶，也可作黄色染料；花可入药。

本园引种栽培：在本园生长表现良好，能正常开花结实。

杨柳科 Salicaceae   杨属 *Populus* L.

小钻杨 *Populus×xiaohei* var. *xiaozhuanica* (W. Y. Hsu & Y. Liang) C. Shang

俗名：赤峰杨

形态特征： 落叶乔木，树冠圆锥形或塔形。树干通直，尖削度小；幼树皮光滑，灰绿色、灰白色；老树主干基部浅裂，褐灰色，皮孔分布密集，呈菱状。侧枝与主干分枝角度小于45°，斜上生长；芽长椭圆状圆锥形，先端钝尖，赤褐色，有黏质。萌枝或长枝叶较大，菱状三角形，稀倒卵形，先端突尖，基部广楔形至圆形，短枝叶形多变化，菱状三角形、菱状椭圆形或广菱状卵圆形，边缘有腺锯齿，近基部全缘，有的有半透明的边。蒴果较大，卵圆形，2~3瓣裂。

物候期： 花期4月，果期5月。

分布： 产于辽宁、吉林、内蒙古东部、河南以及山东、江苏等地。

用途： 适于干旱地区、沙地、轻碱地或沿河两岸营造用材林或农田防护林，也是"四旁"绿化的优良树种。

本园引种栽培： 在本园生长表现良好，能正常开花结实。

杨柳科 Salicaceae   杨属 Populus L.

毛白杨 *Populus tomentosa* Carrière

形态特征： 落叶乔木。树皮幼时暗灰色，壮时灰绿色，渐变为灰白色；老时基部黑灰色，纵裂，粗糙，皮孔菱形散生；树冠圆锥形至卵圆形或圆形。侧枝开展，雄株斜上。长枝叶阔卵形或三角状卵形，边缘深齿牙缘或波状齿牙缘，上面暗绿色，光滑，下面密生毡毛，后渐脱落；短枝叶通常较小，卵形或三角状卵形，先端渐尖，上面暗绿色，有金属光泽，下面光滑，具深波状齿牙缘。蒴果圆锥形或长卵形，2瓣裂。

物候期： 花期3月，果期4月。

分布： 分布广泛，在辽宁、河北、山东、山西、陕西、甘肃、河南、安徽、江苏、浙江等省份均有分布，以黄河流域中下游为中心分布区。

用途： 城乡及工矿区优良的绿化及速生用材林、防护林树种；木材可供建筑、家具、箱板及造纸等用，也是人造纤维的原料；树皮可提制栲胶；树皮或嫩枝均可入药。

本园引种栽培： 1999年从新疆吐鲁番植物园采穗，扦插育苗。在本园生长表现良好，能正常开花结实。

杨柳科 Salicaceae 杨属 *Populus* L.

河北杨 *Populus×hopeiensis* Hu & L. D. Chow

俗名：椴杨、串杨

形态特征：落叶乔木。树皮黄绿色至灰白色，光滑，树冠圆大。小枝圆柱形，灰褐色，无毛，幼时黄褐色，有柔毛；芽长卵形或卵圆形，被柔毛，无黏质。叶卵形或近圆形，先端急尖或钝尖，基部截形、圆形或广楔形，边缘有弯曲或不弯曲波状粗齿，齿端锐尖，内曲，上面暗绿色，下面淡绿色，发叶时下面被绒毛；叶柄侧扁，初时被毛与叶片等长或较短。蒴果长卵形，2瓣裂，有短柄。

物候期：花期4月，果期5~6月。

分布：产于华北、西北各省份，为河北省山区常见杨树之一，各地有栽培。

用途：为华北、西北黄土丘陵峁顶、梁坡、沟谷及沙滩地的水土保持或用材林造林树种，也是庭院、行道优良绿化树种；木材可供建筑、农具、箱板等用，作蒸笼材更合适。

本园引种栽培：在本园生长表现良好，能正常开花结实。

杨柳科 Salicaceae 柳属 *Salix* L.

旱柳 *Salix matsudana* Koidz.

俗名： 河柳、白皮柳、羊角柳

形态特征： 落叶乔木。树冠广圆形；树皮暗灰黑色，有裂沟。大枝斜上，小枝细长，直立或斜展，浅褐黄色或带绿色，后变褐色，无毛，幼枝有毛。叶披针形，先端长渐尖，基部窄圆形或楔形，上面绿色，无毛，有光泽，下面苍白色或带白色，有细腺锯齿缘，幼叶有丝状柔毛。花序与叶同时开放；雄花序圆柱形，多少有花序梗，轴有长毛；雄蕊2，花丝基部有长毛；苞片卵形；腺体2；雌花序基部有3~5小叶生于短花序梗上，轴有长毛；子房近无柄，无毛，无花柱或很短，柱头卵形，近圆裂；苞片同雄花；腺体2，背生和腹生。果序长达2.5cm。

物候期： 花期4月，果期4~5月。

分布： 产于东北、华北平原、西北黄土高原，西至甘肃、青海，南至淮河流域以及浙江、江苏。

用途： 常用作庭荫树、行道树，也用作防护林营造；木材宜制作家具或用于雕刻；柳枝可用于编制柳筐、柳帽等用具和其他轻巧的工艺品；嫩叶或枝叶可入药。

本园引种栽培： 在本园生长表现良好，能正常开花结实。

杨柳科 Salicaceae　柳属 *Salix* L.

垂柳 *Salix babylonica* L.

俗名：柳树

形态特征： 落叶乔木。树冠开展而疏散；树皮灰黑色，不规则开裂。枝细，下垂，淡褐黄色、淡褐色或带紫色，无毛；芽线形，先端急尖。叶狭披针形或线状披针形，上面绿色，下面色较淡，锯齿缘。花序先叶开放或与叶同时开放；雄花序有短梗，花药红黄色；雌花柱头2~4深裂。蒴果，带绿黄褐色。

物候期： 花期3~4月，果期4~5月。

分布： 产于长江流域与黄河流域，其他各地均栽培；在亚洲、欧洲、美洲各国均有引种。耐水湿，也能生于干旱处。

用途： 优良的园林绿化树种；木材可供制家具；枝条可编筐；树皮可提制栲胶；叶可作羊饲料，也可入药。

本园引种栽培： 在本园生长表现良好，能正常开花结实。

杨柳科 Salicaceae　　柳属 *Salix* L.

金枝垂柳 *Salix×aureo-penduca*

俗名：美国金枝垂柳

形态特征：落叶乔木。枝条下垂,树姿优美;枝条颜色鲜艳,小枝生长季节呈黄绿色,休眠季节呈金黄色。叶披针形。

物候期：花期 4 月,果期 4~5 月。

分布：原产美国。

用途：为北方城市街道绿化树种。

本园引种栽培：1990 年扦插育苗。在本园生长良好,适应性强,抗寒、抗干旱,冬天枝条不干梢,能正常开花结实。

杨柳科 Salicaceae　　柳属 *Salix* L.

钻天柳 *Salix arbutifolia* Pall.

俗名： 顺河柳、红毛柳、红梢柳

形态特征： 落叶乔木。树皮褐灰色，树冠圆柱形。小枝无毛，黄色带红色或紫红色，有白粉。叶长圆状披针形至披针形，先端渐尖，基部楔形，两面无毛，上面灰绿色，下面苍白色，常有白粉，边缘稍有锯齿或近全缘。花序先叶开放；雄花序开放时下垂，细圆柱形，苞片宽倒卵形或近圆形，淡紫色，边缘具疏毛；雄蕊 5，花丝基部与苞片联合；无腺体；雌花序直立或斜展，基部具明显花序梗，梗上着生 1~2 枚小叶；子房有短柄，花柱 2，离生，柱头 2 裂。蒴果长 3~4mm，2 瓣裂；种子长椭圆形，无胚乳。

物候期： 花期 5 月，果期 6 月。

分布： 产于内蒙古、黑龙江、吉林、辽宁；朝鲜、日本、俄罗斯远东地区也有分布。

用途： 优良的观赏和绿化树种；木材可供建筑、家具及造纸等用。

本园引种栽培： 2023 年从内蒙古呼伦贝尔扎兰屯引入野生苗，在本园长势良好。

胡桃科 Juglandaceae   胡桃属 *Juglans* L.

胡桃楸 *Juglans mandshurica* Maxim.

俗名：山核桃、核桃楸、野核桃

形态特征：落叶乔木。树皮灰色，具浅纵裂。枝条扩展，树冠扁圆形；幼枝被短绒毛；叶痕猴脸状。奇数羽状复叶，叶柄基部膨大，叶柄及叶轴被短柔毛或星芒状毛。雄花具短花柄，雌性穗状花序，花序轴被绒毛。果实球状、卵状或椭圆状，顶端尖，密被腺质短柔毛；果核表面具8条纵棱，其中两条较显著，各棱间具不规则皱曲及凹穴，顶端具尖头。

物候期：花期5月，果期8~9月。

分布：产于黑龙江、吉林、辽宁、河北、山西；朝鲜北部也有分布。

用途：种子油供食用，种仁可食；可作枪托、车轮、建筑等重要材料。

本园引种栽培：在本园生长表现良好，能正常开花结实。

胡桃科 Juglandaceae   胡桃属 *Juglans* L.

黑胡桃 *Juglans nigra* L.

俗名： 黑核桃、美国黑核桃

形态特征： 落叶大乔木。树高可达 30m 以上，树冠圆形或圆柱形；树皮暗褐色或灰褐色，纵裂深。奇数羽状复叶，小叶多数。果实圆球形，浅绿色，表面有小突起，被柔毛；坚果圆形，稍扁，先端微尖，表面有不规则的深沟，壳坚厚，难开裂。

物候期： 花期 5 月，果期 9 月。

分布： 产于北美洲、北欧等地，自 2000 年在我国北方地区大面积种植，东南亚地区也有广泛种植。

用途： 城市绿化、农田防护等领域优良的生态树种；木材可广泛应用于胶合板、家具制作、工艺雕刻等行业；果仁风味浓香、营养丰富，可生食、烤食等；果核壳为重要的工业原料。

本园引种栽培： 1985 年从熊岳树木园采种，播种繁育。在本园生长良好，能正常开花结实。

桦木科 Betulaceae 桦木属 *Betula* L.

白桦 *Betula platyphylla* Sukaczev

俗名：粉桦、桦皮树、铁皮桦

形态特征：落叶乔木。树皮灰白色，成层剥裂。枝条暗灰色或暗褐色，无毛；小枝暗灰色或褐色，有时疏被毛和疏生树脂腺体。叶厚纸质，三角状卵形、三角状菱形或三角形，少有菱状卵形和宽卵形。果序单生，圆柱形或矩圆状圆柱形，通常下垂；小坚果狭矩圆形、矩圆形或卵形，膜质翅较果长 1/3，较少与果等长，与果等宽或较果稍宽。

物候期：花期 5~6 月，果期 8~9 月。

分布：产于东北、华北、河南、陕西、宁夏、甘肃、青海、四川、云南、西藏东南部。

用途：优良的绿化树种；木材可供建筑及制作器具之用；树皮可提取栲胶或作为人造纤维原料，也可入药；叶可作染料；还可提取具有保健功能的桦树汁。

本园引种栽培：1996 年从内蒙古阿里河林业局采种，播种育苗。在本园生长良好，能正常开花结实。

桦木科 Betulaceae　桦木属 Betula L.

黑桦 Betula dahurica Pall.

俗名：棘皮桦

形态特征：落叶乔木。树皮黑褐色，龟裂。枝条红褐色或暗褐色，光亮，无毛；小枝红褐色，疏被长柔毛，密生树脂腺体。叶厚纸质，通常为长卵形，间有宽卵形、卵形、菱状卵形或椭圆形。果序矩圆状圆柱形，单生，直立或微下垂；小坚果宽椭圆形，两面无毛，膜质翅宽约为果的 1/2。

物候期：花期 5~6 月，果期 6~9 月。

分布：产于黑龙江、辽宁北部、吉林东部、河北、山西、内蒙古。

用途：可作土地复垦或林区森林防火带的造林树种；木材可作火车车厢、车轴、车辕、胶合板、家具、枕木及建筑用材。

本园引种栽培：1985 年从黑龙江伊春引入种子，播种育苗。在本园生长良好，适应性较强，抗干旱能力强，能正常开花结实。

桦木科 Betulaceae　　桤木属 *Alnus* Mill.

辽东桤木 *Alnus hirsuta* (Spach) Rupr.

俗名：水冬瓜

形态特征： 落叶小乔木或乔木。树干不圆，有粗棱；树皮灰褐色，少剥裂。小枝密被黄色短柔毛，间有长柔毛；冬芽具有长柔毛的柄，卵形或矩圆形，先端钝。叶稍厚，纸质，近圆形，先端圆，基部圆形或宽楔形，边缘具浅波状缺刻，缺刻间具不规则的粗锯齿；上面深绿色，各脉下凹，疏被伏生长柔毛。果序 2~8 枚呈总状或圆锥状排列，近球形或矩圆形；果苞木质，顶端微圆，具 5 枚浅裂片；小坚果宽卵形，果翅厚纸质，极狭，宽及果的 1/4。

物候期： 花期 5 月中下旬，果期 8~9 月。

分布： 产于黑龙江、吉林、辽宁、山东。生于山坡林中、岸边或潮湿地，也有栽培。

用途： 木材坚实，可作家具或农具；亦可作园林绿化及护堤树种。

本园引种栽培： 2022 年从扎兰屯引入野生苗，在本园长势良好。

桦木科 Betulaceae　榛属 *Corylus* L.

毛榛 *Corylus sieboldiana* var. *mandshurica* Maxim. & Rupr.

俗名：毛榛子、火榛子

形态特征：落叶灌木。树皮暗灰色或灰褐色；枝条灰褐色，无毛；小枝黄褐色，被长柔毛，下部的毛较密。叶宽卵形、矩圆形或倒卵状矩圆形，顶端骤尖或尾状，基部心形，边缘具不规则的粗锯齿，中部以上具浅裂或缺刻，上面疏被毛或几无毛，下面疏被短柔毛，沿脉的毛较密。雄花序2~4枚排成总状；苞鳞密被白色短柔毛。果单生或2~6枚簇生；坚果近球形，顶端具小突尖，外面密被白色绒毛。

物候期：花期3~4月，果期8~9月。

分布：产于黑龙江、吉林、辽宁、河北、山西、山东、陕西、甘肃东部、四川东部和北部；朝鲜、俄罗斯远东地区、日本也有分布。

用途：果仁可生食或蒸煮吃，也可加工成粉后做糕点，熬制榛乳、榛脂等营养药品；种子可榨油供食用或制造蜡烛、肥皂等；叶可作饲料。

本园引种栽培：在本园长势一般，未见开花结实。

桦木科 Betulaceae 榛属 Corylus L.

榛 *Corylus heterophylla* Fisch. ex Trautv.

俗名：平榛

形态特征： 灌木或小乔木。树皮灰色；小枝黄褐色，密被短柔毛兼被疏生的长柔毛。叶轮廓为矩圆形或宽倒卵形，顶端凹缺或截形，中央具三角状突尖，基部心形，有时两侧不相等，边缘具不规则的重锯齿。雄花序单生。果单生或2~6枚簇生成头状；果苞钟状，外面具细条棱；坚果近球形，无毛或仅顶端疏被长柔毛。

物候期： 花期4~5月，果期9~10月。

分布： 产于黑龙江、吉林、辽宁、河北、山西、陕西、江苏有栽培；朝鲜、日本、俄罗斯东西伯利亚和远东地区、蒙古东部也有分布。

用途： 可作水土保持、水源涵养树种；榛仁可加工制成各种巧克力、糖果、糕点等，还可榨油；榛木坚硬致密，可用于制作手杖以及伞柄；树皮和果苞可提制栲胶；榛子和花可入药。

本园引种栽培： 在本园长势一般，未见开花结实。

壳斗科 Fagaceae　栎属 *Quercus* L.

蒙古栎 *Quercus mongolica* Fisch. ex Ledeb.

俗名：柞树、菜木

形态特征： 落叶乔木。树皮灰褐色，纵裂。幼枝紫褐色，有棱，无毛；顶芽长卵形，微有棱，芽鳞紫褐色，有缘毛。叶倒卵形至长倒卵形，叶缘 7~10 对钝齿或粗齿。雄花序生于新枝下部，雌花序生于新枝上端叶腋，有花 4~5 朵，通常只 1~2 朵发育。壳斗杯形，包着坚果 1/3~1/2，壳斗外壁小苞片三角状卵形，呈半球形瘤状突起，密被灰白色短绒毛，伸出口部边缘呈流苏状；坚果卵形至长卵形，无毛。

物候期： 花期 4~5 月，果期 9 月。

分布： 产于黑龙江、吉林、辽宁、内蒙古、河北、山东等省区；俄罗斯、朝鲜、日本也有分布。

用途： 可作园景树或行道树，也是营造防风林、水源涵养林及防火林的优良树种；木材可供车船、建筑、坑木等用；种子可酿酒或作饲料；树皮可入药。

本园引种栽培： 在本园长势较好，能正常开花结实，并产生天然更新苗。

壳斗科 Fagaceae　　栎属 *Quercus* L.

夏栎 *Quercus robur* L.

俗名： 橡树、夏橡、英国栎

形态特征： 落叶乔木。幼枝被毛，不久即脱落；小枝赭色，无毛，被灰色长圆形皮孔；冬芽卵形，芽鳞多数，紫红色，无毛。叶长倒卵形至椭圆形，顶端圆钝，基部为不甚平整的耳形，叶缘有 4~7 对深浅不等的圆钝锯齿，叶面淡绿色，叶背粉绿色；叶柄长 3~5mm。壳斗钟形，包着坚果基部约 1/5；坚果当年成熟，卵形或椭圆形，无毛，果脐内陷。

物候期： 花期 3~4 月，果期 9~10 月。

分布： 原产欧洲法国、意大利等地；我国新疆、北京、山东引种栽培。

用途： 是新疆地区有发展前途的造林树种。

本园引种栽培： 2019 年秋季，从新疆库尔勒地区一苗圃采种，播种育苗。在本园生长良好，2 年后可自然越冬。

榆科 Ulmaceae　　榆属 *Ulmus* L.

榆树 *Ulmus pumila* L.

俗名：家榆、榆、钻天榆

形态特征：落叶乔木。大树之皮暗灰色，不规则深纵裂，粗糙。小枝淡黄灰色、淡褐灰色或灰色。叶椭圆状卵形、长卵形、椭圆状披针形或卵状披针形，先端渐尖或长渐尖，基部偏斜或近对称，一侧楔形至圆，另一侧圆至半心脏形，叶面平滑无毛，边缘具重锯齿或单锯齿。花先叶开放，在二年生枝的叶腋成簇生状。翅果近圆形，稀倒卵状圆形。

物候期：花果期3~6月。

分布：分布于东北、华北、西北及西南各省份；朝鲜、俄罗斯、蒙古也有分布。

用途：城乡"四旁"绿化常见树种；可作荒山、沙地和滨海盐碱地的造林树种；木材可供家具、车辆、农具、器具、桥梁、建筑等用；枝皮纤维坚韧，可供制人造棉或作为造纸原料；树皮、叶及翅果均可药用。

本园引种栽培：在本园适应性强，耐干旱气候和干燥土壤，萌蘖性强，能正常开花结实。

榆科 Ulmaceae　　榆属 *Ulmus* L.

垂枝榆 *Ulmus pumila* 'Tenue' S. Y. Wang

形态特征：
落叶乔木，树干上部的主干不明显，分枝较多，树冠伞形；树皮灰白色，较光滑；一至三年生枝下垂而不卷曲或扭曲。

物候期： 花果期 3~6 月。

分布： 内蒙古、河南、河北、辽宁及北京等地栽培。

用途： 可作为城市绿化行道树种。

本园引种栽培： 在本园生长良好，能正常开花结实。

欧洲白榆 *Ulmus laevis* Pall.

俗名：大叶榆、新疆大叶榆

形态特征：落叶乔木。树皮淡褐灰色，幼时平滑，后成鳞状，老则不规则纵裂。当年生枝被毛或几无毛。叶倒卵状宽椭圆形或椭圆形，中上部较宽，先端凸尖，基部明显偏斜，一边楔形，一边半心脏形，边缘具重锯齿，齿端内曲。花常自花芽抽出，短聚伞花序。翅果卵形或卵状椭圆形，边缘具睫毛，两面无毛，顶端缺口常微封闭，果核部分位于翅果近中部，上端微接近缺口。

物候期：花果期4~5月。

分布：原产欧洲；我国东北、新疆、北京、山东、江苏及安徽引种栽培，在新疆生长良好。

用途：是牧区和盐碱地造林的重要树种，也是营造防护林较理想的树种。

本园引种栽培：1980年从新疆引入种子，播种育苗，苗期抽梢现象严重，随着苗龄增大，抽梢现象有所好转，5年以后抽梢基本不再发生。在本园生长良好，能正常开花结实。

榆科 Ulmaceae 榆属 *Ulmus* L.

旱榆 *Ulmus glaucescens* Franch.

俗名：灰榆

形态特征：落叶乔木或灌木。树皮浅纵裂。幼枝多少被毛，当年生枝无毛或有毛，二年生枝淡灰黄色、淡黄灰色或黄褐色。叶卵形、菱状卵形、椭圆形、长卵形或椭圆状披针形，先端渐尖至尾状渐尖，基部偏斜，楔形或圆形，两面光滑无毛，边缘具钝而整齐的单锯齿。花自混合芽抽出。翅果椭圆形或宽椭圆形，除顶端缺口柱头面有毛外，余处无毛。

物候期：花果期 3~5 月。

分布：产于辽宁、河北、山东、河南、山西、内蒙古、陕西、甘肃及宁夏等省区。

用途：西北地区荒山造林树种；木材坚实、耐用，可制器具、农具、家具等。

本园引种栽培：在本园长势一般，开花结实特别少，生长速度慢，干形不好。

榆科 Ulmaceae　　榆属 *Ulmus* L.

裂叶榆 *Ulmus laciniata* (Herder) Mayr ex Schwapp.

俗名：青榆、大叶榆、粘榆

形态特征：落叶乔木。树皮淡灰褐色或灰色，浅纵裂，裂片较短，常翘起，表面常呈薄片状剥落。一年生枝幼时被毛，二年生枝淡褐灰色、淡灰褐色或淡红褐色，小枝无木栓翅。叶倒卵形、倒三角状或倒卵状长圆形，先端通常3~7裂，裂片三角形，渐尖或尾状，不裂之叶先端具或长或短的尾状尖头，基部明显偏斜，叶面密生硬毛，粗糙，叶背被柔毛。花在二年生枝上排成簇状聚伞花序。翅果椭圆形或长圆状椭圆形，除顶端凹缺柱头面被毛外，余处无毛。

物候期：花果期4~5月。

分布：产于黑龙江、吉林、辽宁、内蒙古、河北、陕西、山西及河南；俄罗斯、朝鲜、日本也有分布。

用途：优良的绿化树种，可孤植或丛植，作庭荫树；材质好，可供家具、车辆、器具、车船及室内装修等用；树皮还能提取纤维；果实在民间可用于杀虫。

本园引种栽培：1978年从熊岳树木园采种，播种育苗。在本园长势良好，生长速度快，能正常开花结实。

榆科 Ulmaceae　　榆属 *Ulmus* L.

黑榆 *Ulmus davidiana* Planch.

形态特征： 落叶乔木或灌木状。高达15m；树皮浅灰色或灰色，纵裂成不规则条状。幼枝被柔毛，萌芽枝及幼树小枝具膨大而不规则纵裂木栓层；冬芽芽鳞下部被毛。叶倒卵形或倒卵状椭圆形，先端尾状渐尖或渐尖，基部歪斜，一边楔形或圆形，一边近圆形至耳状，叶面常留有圆形毛迹，不粗糙，边缘具重锯齿。花在二年生枝成簇状聚伞花序。翅果倒卵形或近倒卵形，果核常被密毛，位于翅果中上部或上部，上端接近缺口。

物候期： 花果期4~5月。

分布： 产于辽宁、河北、山西、河南及陕西等省份。

用途： 可作庭荫树或行道树，也可作造林树种；木材可制作家具、器具、地板等；枝皮可代麻制绳；枝条可编筐。

本园引种栽培： 1978年从熊岳树木园采种，播种育苗。适应性较强，耐寒，但耐干旱性较差，长势不良，干形低矮，能正常开花结实。

榆科 Ulmaceae　　榆属 *Ulmus* L.

春榆 *Ulmus davidiana* var. *japonica* (Rehder) Nakai

俗名： 白皮榆、栓皮春榆、沙榆

形态特征： 落叶乔木或呈灌木状，树冠卵圆形。树皮浅灰色，不规则条状开裂。叶倒卵形或倒卵状椭圆形，先端尾状渐尖或渐尖，基部歪斜，一边楔形或圆形，一边近圆形至耳状，叶面常留有圆形毛迹，不粗糙，边缘具重锯齿。翅果倒卵形或近倒卵形，果核无毛，深褐色，位于翅果中上部或上部，上端接近缺口。

物候期： 花期 4~5 月，果期 5~6 月。

分布： 产于黑龙江、吉林、辽宁、内蒙古、河北、山东、浙江、山西、安徽、河南、湖北、陕西、甘肃及青海等省区；朝鲜、俄罗斯、日本也有分布。

用途： 可作家具、器具、室内装修、车辆、造船、地板等用材；枝皮可代麻制绳，枝条可编筐；可选作造林树种。

本园引种栽培： 在本园生长良好，能正常开花结实。

榆科 Ulmaceae　　榆属 *Ulmus* L.

脱皮榆 *Ulmus lamellosa* Z. Wang & S. L. Chang

俗名：沙包榆、太行山榆

形态特征：落叶小乔木。树皮灰色或灰白色，不断裂成不规则薄片脱落，内（新）皮初为淡黄绿色，后变为灰白色或灰色，不久又翘裂脱落。幼枝密生伸展的腺状毛或柔毛，小枝上无扁平而对生的木栓翅。叶倒卵形，先端尾尖或骤凸，基部楔形或圆形，稍偏斜，叶面粗糙，密生硬毛或有毛迹，叶背微粗糙，边缘兼有单锯齿与重锯齿。花常自混合芽抽出，春季与叶同时开放。翅果常散生于新枝近基部，圆形至近圆形，两面及边缘有密毛，顶端凹，缺裂先端内曲，果核位于翅果的中部。

物候期：花果期4~5月。

分布：产于河北东陵、涞水、涿鹿、河南济源、辉县、山西沁水、内蒙古大青山九峰山区段等地；辽宁熊岳及北京有栽培。

用途：园林绿化树种；树木坚硬，可供工业用材；根、皮、嫩叶均可入药；茎皮纤维强韧，可制绳索和人造纤维。

本园引种栽培：2002年从中国科学院植物研究所北京植物园（现国家植物园）采种，播种育苗。在本园长势一般，开花结实特别少，生长速度慢，干形不好，能正常开花结实。

榆科 Ulmaceae　　榆属 *Ulmus* L.

大果榆 *Ulmus macrocarpa* Hance

俗名：黄榆、山榆、芜荑

形态特征：落叶乔木或灌木。树皮暗灰色或灰黑色，纵裂，粗糙。小枝有时（尤以萌发枝及幼树的小枝）两侧具对生而扁平的木栓翅；幼枝有疏毛，一二年生枝淡褐黄色或淡黄褐色。叶宽倒卵形、倒卵状圆形、倒卵状菱形或倒卵形，稀椭圆形，厚革质，大小变异很大，先端短尾状，两面粗糙，叶面密生硬毛或有凸起的毛迹。花自花芽或混合芽抽出，在二年生枝上排成簇状聚伞花序或散生于新枝的基部。翅果宽倒卵状圆形、近圆形或宽椭圆形，果核位于翅果中部，果梗长 2~4mm，被短毛。

物候期：花果期 4~5 月。

分布：产于黑龙江、吉林、辽宁、内蒙古、河北、山东、江苏北部等地；朝鲜及俄罗斯也有分布。阳性树种，耐干旱，能适应碱性、中性及微酸性土壤。

用途：干旱半干旱地区防护林树种；也是优良的用材树种，木材坚硬致密，适用于车辆、枕木、建筑、农具等；种子可榨油供食用或工业用，还可酿酒、制酱油，也可入药；树皮、根皮可编织、造纸用，也可提取栲胶。

本园引种栽培：2023 年从赤峰市阿鲁科尔沁旗罕山林场引入野生苗，在本园生长迅速。

榆科 Ulmaceae   刺榆属 *Hemiptelea* Planch.

刺榆 *Hemiptelea davidii* (Hance) Planch.

俗名：钉枝榆

形态特征：小乔木。树皮深灰色或褐灰色，不规则条状深裂。小枝灰褐色或紫褐色，被灰白色短柔毛，具粗而硬的棘刺。叶椭圆形或椭圆状矩圆形，稀倒卵状椭圆形，先端急尖或钝圆，基部浅心形或圆形，边缘有整齐的粗锯齿，叶面绿色；叶柄短。花杂性，具梗，与叶同放，单生或2~4朵簇生叶腋；花被杯状，4~5裂，雄蕊与花被片同数，花柱短，柱头2，线形，子房侧扁，1室，倒生胚珠1；花被宿存。小坚果黄绿色，斜卵圆形，两侧扁，在背侧具窄翅，形似鸡头，翅端渐狭呈喙状，果梗纤细。

物候期：花期4~5月，果期9~10月。

分布：产于中国东北、华北、华东、华中和西北等地区；朝鲜也有分布，欧洲及北美有栽培。

用途：可作固沙树种，也可作绿篱；木材可供制农具及器具用；树皮纤维可作人造棉、绳索、麻袋的原料；种子可榨油。

本园引种栽培：1977年从熊岳树木园引入苗木，在本园适应性强。耐干旱气候和干燥土壤，萌蘖性强，能正常开花结实。

大麻科 Cannabaceae 朴属 *Celtis* L.

大叶朴 *Celtis koraiensis* Nakai

俗名：朝鲜朴

形态特征：落叶乔木。树皮灰色或暗灰色，浅微裂。当年生小枝老后褐色至深褐色，散生小而微凸、椭圆形的皮孔；冬芽深褐色，内部鳞片具棕色柔毛。叶椭圆形至倒卵状椭圆形，基部稍不对称，宽楔形至近圆形或微心形，先端具尾状长尖，长尖常由平截状先端伸出，边缘具粗锯齿。果单生叶腋，近球形至球状椭圆形，成熟时橙黄色至深褐色，核球状椭圆形。

物候期：花期4~5月，果期9~10月。

分布：产于辽宁（沈阳以南）、河北、山东、安徽北部、山西南部、河南西部、陕西南部和甘肃东部；朝鲜也有分布。

用途：可作庭园风景树、观赏树、行道树；木材坚硬，可作工业用材，或用来制作家具等；茎皮纤维可制绳索或作人造纤维的原材料；果实可以制润滑油；叶可入药。

本园引种栽培：1979年从熊岳树木园引入幼苗5株，在本园适应性强，耐寒冷、耐干旱气候，生长良好，能正常开花结实。

大麻科 Cannabaceae   朴属 Celtis L.

黑弹树 *Celtis bungeana* Blume

俗名： 小叶朴、黑弹朴

形态特征： 落叶乔木。树皮灰色或暗灰色；当年生小枝淡棕色，老后色较深，无毛，散生椭圆形皮孔，二年生小枝灰褐色。叶厚纸质，狭卵形、长圆形、卵状椭圆形至卵形。果单生叶腋，果柄较细软，无毛，果成熟时蓝黑色，近球形。

物候期： 花期4~5月，果期10~11月。

分布： 产于辽宁南部和西部、河北、山东、山西、内蒙古、甘肃、宁夏、青海（循化）、陕西、河南、安徽、江苏、浙江、湖南（沅陵）、江西（庐山）、湖北、四川、云南东南部、西藏东部。

用途： 城乡绿化的良好树种，也是河岸防风固堤树种，还可制作树桩盆景；木材坚硬，可供工业用材；茎皮为造纸和人造棉原料；果实榨油作润滑油；树皮、根皮可入药。

本园引种栽培： 1979年从熊岳树木园引入幼苗3株，在本园生长较好，生长速度不如大叶朴快，能正常开花结实。

桑科 Moraceae　　桑属 *Morus* L.

桑 *Morus alba* L.

俗名： 桑树、家桑、蚕桑

形态特征： 落叶乔木或为灌木。树皮厚，灰色，具不规则浅纵裂。小枝有细毛；冬芽红褐色，卵形，芽鳞覆瓦状排列，灰褐色，有细毛。叶卵形或广卵形，先端急尖、渐尖或圆钝，基部圆形至浅心形，边缘锯齿粗钝。雌雄异株，雄花序下垂，长 2~3.5cm，密被白色柔毛，花被椭圆形，淡绿色；雌花序长 1~2cm，被毛，花序梗长 0.5~1cm，被柔毛，雌花无梗，花被倒卵形，外面边缘被毛，包围子房，无花柱，柱头 2 裂，内侧具乳头状突起。聚花果卵状椭圆形，成熟时红色或暗紫色。

物候期： 花期 4~5 月，果期 5~8 月。

分布： 本种原产我国中部和北部，现由东北至西南各地，以及西北直至新疆均有栽培；朝鲜、日本、蒙古、中亚各国、欧洲等地以及印度、越南也有栽培。

用途： 树皮纤维柔细，可作纺织原料、造纸原料；根皮、果实及枝条可入药；叶为养蚕的主要饲料，亦作药用，并可作土农药；木材坚硬，可制家具、乐器等，也作雕刻用；桑椹可以酿酒，称桑子酒。

本园引种栽培： 在本园生长良好，能正常开花结实。

桑科 Moraceae   桑属 *Morus* L.

蒙桑 *Morus mongolica* (Bureau) C. K. Schneid.

俗名：蒙桑、岩桑、山桑

形态特征：落叶小乔木或灌木。树皮灰褐色，纵裂。小枝暗红色，老枝灰黑色；冬芽卵圆形，灰褐色。叶长椭圆状卵形，先端尾尖，基部心形，边缘具三角形单锯齿，齿尖有长刺芒，两面无毛。雄花序长3cm，雄花花被暗黄色，外面及边缘被长柔毛；雌花序短圆柱状，长1~1.5cm，花序梗纤细；花柱明显，柱头2裂，内侧密生乳头状突起。聚花果成熟时红色至紫黑色。

物候期：花期3~4月，果期4~5月。

分布：产于黑龙江、吉林、辽宁、内蒙古、新疆、青海、河北、山西、河南、山东、陕西、安徽、江苏、湖北、四川、贵州、云南等地；蒙古和朝鲜也有分布。

用途：韧皮纤维系高级造纸原料，脱胶后可作纺织原料；根皮可入药。

本园引种栽培：1983年从大青山引入野生苗，在本园长势一般，生长速度慢，但抗性较强，能正常开花结实。

马兜铃科 Aristolochiaceae 关木通属 *Isotrema* Raf.

关木通 *Isotrema manshuriense* (Kom.) H. Huber

俗名：木通马兜铃

形态特征：落叶木质藤本。茎皮灰色，表面散生淡褐色长圆形皮孔，具纵皱纹或老茎具增厚、长条状纵裂的木栓层。嫩枝深紫色，密生白色长柔毛。叶革质，心形或卵状心形，顶端钝圆或短尖，基部心形至深心形，全缘。花1~2朵腋生；花梗长1.5~3cm；小苞片卵状心形或心形，绿色，近无柄；花被筒中部马蹄形弯曲，下部管状；檐部盘状，上面暗紫色，疏被黑色乳点，3裂；喉部圆形，具领状环；花药长圆形，合蕊柱3裂。蒴果长圆柱形，暗褐色，有6棱。

物候期：花期6~7月，果期8~9月。

分布：产于辽宁、吉林(延边)、黑龙江、山西(阳城、运城)、陕西(太白山、西安)、甘肃、四川(青山)、重庆(城口)和湖北(神农架)；朝鲜北部和俄罗斯远东地区也有分布。

用途：可作垂直绿化树种；果实和根可药用。

本园引种栽培：1984年从熊岳树木园采种，播种育苗。在本园棚架下栽植多年，比较耐干燥气候，个别年份新梢部分干枯，生长一般，未见开花结实。

蓼科 Polygonaceae　　沙拐枣属 Calligonum L.

阿拉善沙拐枣 *Calligonum alaschanicum* Losinsk.

俗名： 曲枝沙拐枣

形态特征： 灌木。高达 3m；小枝灰绿色，老枝灰色或黄灰色；节间长 1~3.5cm。叶披针形，先端锐尖，长 2~4mm。花淡红色，2~3 朵簇生于叶腋；花梗细，花被片宽卵形或近球形。瘦果宽卵形，黄褐色，向右或向左扭曲，具明显的棱和沟槽，每肋具 2~3 行刺，刺较长，中部或中下部呈叉状二至三回分叉，顶枝开展，交织或伸直，基部微扁稍宽，分离或少数稍连合。

物候期： 花果期 6~8 月。

分布： 产于库布其沙漠、腾格里沙漠；分布于我国甘肃民勤县，为东阿拉善荒漠分布种。沙生强旱生灌木，生于典型荒漠区的流动、半流动沙地和覆沙戈壁。

用途： 耐夏季地表沙面高温，抗风蚀沙埋能力强，抗干旱能力极强，是良好的固沙植物；也是荒漠区优良的饲用灌木。

本园引种栽培： 2023 年从甘肃民勤引种一年生扦插苗，在本园生长旺盛。

蓼科 Polygonaceae　　沙拐枣属 *Calligonum* L.

沙拐枣 *Calligonum mongolicum* Turcz.

俗名： 甘肃沙拐枣、戈壁沙拐枣、蒙古沙拐枣

形态特征： 灌木，高 25~150cm。当年生幼枝草质，灰绿色，老枝灰白色或淡黄灰色；节间长 0.6~3cm。叶线形，长 2~4mm。花白色或淡红色，通常 2~3 朵，簇生于叶腋；花梗细弱，花被片卵圆形，长约 2mm，果时水平伸展。果实（包括刺）宽椭圆形；瘦果条形、窄椭圆形至宽椭圆形；果肋突起或突起不明显，沟槽稍宽或狭窄，每肋有刺 2~3 行，刺细弱，毛发状，质脆，易折断，基部不扩大或稍扩大，中部二回分叉。

物候期： 花期 5~7 月，果期 8 月。

分布： 产于内蒙古中西部、甘肃西部及新疆东部。生于流动沙丘、半固定沙丘、固定沙丘、沙地、沙砾质荒漠和砾质荒漠的粗沙积聚处。

用途： 可作先锋固沙树种。

本园引种栽培： 2023 年从甘肃民勤引种一年生扦插苗，在本园生长旺盛。

蓼科 Polygonaceae 木蓼属 *Atraphaxis* L.

沙木蓼 *Atraphaxis bracteata* Losinsk.

形态特征： 直立灌木。主干粗壮,淡褐色,具肋棱多分枝。枝褐色,斜升或成钝角叉开,平滑无毛,顶端具叶或花。托叶鞘圆筒状,膜质；叶革质,长圆形或椭圆形,当年生枝上者披针形,边缘微波状,下卷,两面均无毛。总状花序,顶生,苞片披针形,内具2~3花；花被片5,绿白色或粉红色。瘦果卵形,具三棱形。

物候期： 花果期6~9月。

分布： 产于内蒙古(鄂尔多斯市乌审旗及达拉特旗)、宁夏(灵武及中卫)、甘肃(肃南)、青海(海西)及陕西(神木)。生于流动沙丘低地及半固定沙丘。

用途： 良好的蜜源植物和固沙树种。

本园引种栽培： 2022年从鄂尔多斯达拉特旗引入野生苗2株,在本园长势良好,能正常开花结实。

蓼科 Polygonaceae　　藤蓼属 *Fallopia* Adans.

木藤蓼 *Fallopia aubertii* (L. Henry) Holub

俗名：木藤首乌

形态特征： 半灌木藤本。茎缠绕，灰褐色，无毛。叶簇生，稀互生，叶片长卵形或卵形，近革质，顶端急尖，基部近心形，两面均无毛；托叶鞘膜质，偏斜，褐色，易破裂。花序圆锥状，少分枝，稀疏，腋生或顶生；花被5深裂，淡绿色或白色，花被片外面3片较大，背部具翅，果时增大，基部下延。瘦果卵形，具3棱，包于宿存花被内。

物候期： 花期7~8月，果期8~9月。

分布： 产于内蒙古（贺兰山、乌兰察布）、山西、河南、陕西、甘肃、宁夏、青海、湖北、四川、贵州、云南及西藏（察隅）。

用途： 是绿篱花墙、遮阴凉棚、假山斜坡等立体绿化快速见效的极好树种；块根可入药。

本园引种栽培： 在本园生长良好，能正常开花结实。

苋科 Amaranthaceae　　盐爪爪属 *Kalidium* Moq.

盐爪爪 *Kalidium foliatum* (Pall.) Moq.

俗名：着叶盐爪爪、碱柴、灰碱柴

形态特征：落叶小灌木。茎直立或平卧，多分枝。枝灰褐色，小枝上部近于草质，黄绿色。叶片圆柱状，伸展或稍弯，灰绿色，基部下延，半抱茎。花序穗状，无柄，每3朵花生于一鳞状苞片内；花被合生，上部扁平成盾状，盾片宽五角形，周围有狭窄的翅状边缘。种子直立，近圆形，直径约1mm，密生乳头状小突起。

物候期：花果期7~8月。

分布：产于黑龙江、内蒙古、河北北部、甘肃北部、宁夏、青海、新疆；蒙古、俄罗斯西伯利亚及中亚地区、欧洲东南部也有分布。生于盐碱滩、盐湖边。

用途：为中等饲用植物，冬季马、羊喜食，也是骆驼的主要饲草；种子可磨成粉，人可食用，也可用于饲喂牲畜。

本园引种栽培：2023年从甘肃引种一年生小苗，在本园长势良好。

苋科 Amaranthaceae 驼绒藜属 *Krascheninnikovia* Gueldenst.

华北驼绒藜 *Krascheninnikovia ceratoides* (L.) Gueldenst.

俗名：驼绒蒿、华北优若藜

形态特征：落叶灌木。株高 1~2m，分枝多集中于上部，较长，通常长 35~80cm。叶具短柄；披针形或长圆状披针形，长 2~7cm，宽 0.7~1.5cm，先端尖或钝，基部宽楔形或近圆形，主脉及侧脉在背面突出，下面密生星状毛。雄花序细瘦，长达 8cm；雌花筒倒卵形，长约 3mm，离生部分为筒长 1/4~1/5，顶端钝，稍外弯，4 束长柔毛着生筒的中上部。胞果窄倒卵形，有毛。

物候期：花果期 7~9 月。

分布：我国特有植物，产于吉林、辽宁、河北、内蒙古、山西、陕西、甘肃（南部）和四川（松潘）。生于固定沙丘、沙地、荒地或山坡上。

用途：干旱地区水土保持、防风固沙的重要树种；花可入药；枝叶繁茂，营养丰富，是优良的饲用植物；可作山区薪柴和有机肥。

本园引种栽培：2023 年从赤峰引入野生苗，在本园长势良好。

苋科 Amaranthaceae　　沙冰藜属 Bassia All.

木地肤 *Bassia prostrata* (L.) Beck

俗名： 平卧地肤

形态特征： 亚灌木。高达 80cm；木质茎高不及 10cm，黄褐色或带黑褐色。当年生枝淡黄褐色或带淡紫红色，常密生柔毛，分枝疏。叶线形，稍扁平，常数个簇生于短枝，长 0.8~1cm，宽 1~1.5mm，基部稍窄，无柄，脉不明显。花两性兼有雌性，常 2~3 朵簇生于叶腋，于当年枝上部集成穗状花序；花被球形，有毛，花被裂片卵形或长圆形，先端钝，内弯；翅状附属物扇形或倒卵形，膜质，具紫红色或黑褐色细脉，并具不整齐圆锯齿或为啮蚀状；柱头 2，丝状，紫褐色。胞果扁球形，果皮厚膜质，灰褐色；种子近圆形，径约 1.5mm。

物候期： 花果期 7~9 月。

分布： 产于黑龙江、辽宁、内蒙古、河北、山西、陕西、宁夏、甘肃西部、新疆、西藏；欧洲至中亚也有分布。生于山坡、沙地、荒漠等处。

用途： 为中等饲用植物。

本园引种栽培： 2023 年从赤峰引入野生苗，在本园长势良好。

苋科 Amaranthaceae　　滨藜属 *Atriplex* L.

四翅滨藜 *Atriplex canescens* (Pursh) Nutt.

俗名：四翼滨藜、灰毛滨藜

形态特征：落叶灌木。无明显主干，分枝多，树冠团状。枝干灰黄色；嫩枝灰绿色；半木质化枝白色，有白色膜质层剥落；老枝白色或灰白色，表面有裂纹。叶互生，条形或披针形。叶正面绿色，稍有白色粉粒；叶背面灰绿色或绿红色，粉粒较多。雌雄同株或异株，花单性或两性；雄花数个成簇，在枝端集成穗状花序，花被5裂，雄蕊5；雌花数个着生于叶腋，无花被；两性花着生于叶腋，无花被。

物候期：花果期6~9月。

分布：原产于美国中西部地区。

用途：可应用于荒漠、滩涂、盐碱地治理，也可用于饲料生产。

本园引种栽培：2023年从甘肃民勤引种一年生苗木，在本园长势良好。

芍药科 Paeoniaceae 芍药属 *Paeonia* L.

牡丹 *Paeonia × suffruticosa* Andrews

俗名：木芍药、洛阳花、富贵花

形态特征：落叶灌木。茎高达 2m；分枝短而粗。叶通常为二回三出复叶，偶尔近枝顶的叶为 3 小叶；顶生小叶宽卵形，3 裂至中部，裂片不裂或 2~3 浅裂，表面绿色，无毛，背面淡绿色，有时具白粉。花单生枝顶，花瓣 5，或为重瓣，玫瑰色、红紫色、粉红色至白色，通常变异很大，倒卵形。蓇葖长圆形，密生黄褐色硬毛。

物候期：花果期 5~6 月。

分布：目前全国栽培甚广，并早已引种国外。

用途：观赏植物；根皮供药用，称"丹皮"，为镇痉药，能凉血散瘀，治中风、腹痛等症。

本园引种栽培：2022 年从陕西引种 1 株，在本园长势一般，冬季需采取防寒措施。

毛茛科 Ranunculaceae　　铁线莲属 *Clematis* L.

灌木铁线莲 *Clematis fruticosa* Turcz.

形态特征： 直立落叶小灌木。枝有棱，紫褐色，有短柔毛，后变无毛。单叶对生或数叶簇生，叶片绿色，薄革质，狭三角形或狭披针形、披针形，顶端锐尖，边缘疏生锯齿状牙齿，有时1~2个，下半部常呈羽状深裂以至全裂，裂片有小牙齿或小裂片，或为全缘。花单生，或聚伞花序有3花，腋生或顶生；花冠斜上展呈钟状，黄色，长椭圆状卵形至椭圆形，顶端尖，外面边缘密生绒毛。瘦果扁卵形至卵圆形，密生长柔毛。

物候期： 花期7~8月，果期10月。

分布： 产于甘肃南部和东部、陕西北部、山西、内蒙古及河北北部。

用途： 可用于花境及假山绿化，是护城固土的好材料。

本园引种栽培： 2022年从大青山引入野生苗，在本园长势良好，能正常开花结实。

毛茛科 Ranunculaceae　　铁线莲属 *Clematis* L.

长瓣铁线莲 *Clematis macropetala* Ledeb.

俗名：大瓣铁线莲、大花铁线莲

形态特征：木质藤本。枝无毛，或疏被毛，具 4~6 纵棱；芽鳞三角形，长 0.2~1.8cm。二回三出复叶；小叶纸质，窄卵形、披针形或卵形，长 2~5cm，先端渐尖，基部宽楔形或圆形，具锯齿，不裂或 2~3 裂，两面疏被毛；叶柄长 3~5.5cm。花单生于当年生枝顶端，花萼钟状，萼片 4 枚，蓝色或淡紫色，狭卵形或卵状披针形；雄蕊花丝线形，花药黄色。瘦果倒卵形，被灰白色长柔毛；宿存花柱长 3.5~4cm，羽毛状。

物候期：花期 7 月，果期 8 月。

分布：产于青海、甘肃、陕西南部、宁夏、山西、河北、内蒙古；蒙古东部、俄罗斯远东地区也有分布。生于林下或岩石缝中。

用途：可作垂直绿化树种；根可入药；种子含油，榨油可供油漆之用。

本园引种栽培：2022 年从赤峰市阿鲁科尔沁旗罕山林场引入野生苗，在本园长势良好，未见开花结实。

毛茛科 Ranunculaceae 铁线莲属 Clematis L.

短尾铁线莲 *Clematis brevicaudata* DC.

俗名：连架拐、石通、林地铁线莲

形态特征：木质藤本。枝有棱，小枝疏生短柔毛或近无毛。一至二回羽状复叶或二回三出复叶，有 5~15 小叶，有时茎上部为三出叶。圆锥状聚伞花序腋生或顶生，常比叶短；花梗长 1~1.5cm，有短柔毛；花白色，狭倒卵形，两面均有短柔毛。瘦果卵形，密生柔毛，宿存花柱长 1.5~3cm。

物候期：花期 7~9 月，果期 9~10 月。

分布：产于我国西藏东部、云南、四川、甘肃、青海东部、宁夏、陕西、河南、湖南、浙江、江苏、山西、河北、内蒙古和东北地区；朝鲜、蒙古、俄罗斯远东地区及日本也有分布。

用途：可作园林观赏树种；藤茎可入药；嫩茎叶适宜作蔬菜。

本园引种栽培：1996 年从青海西宁植物园采种，播种育苗。在本园生长旺盛，抗逆性强，现为园内侵害性植物，能正常开花结实。

毛茛科 Ranunculaceae　　铁线莲属 *Clematis* L.

黄花铁线莲 *Clematis intricata* Bunge

俗名：透骨草、蓼吊秧

形态特征：木质藤本。茎纤细，多分枝，有细棱，近无毛或疏生短毛。一至二回羽状复叶；小叶有柄，2~3 全裂或深裂。聚伞花序腋生，通常为 3 花，有时单花；中间花梗无小苞片，侧生花梗下部有 2 片对生的小苞片，苞片叶状，较大，全缘或 2~3 浅裂至全裂；萼片 4，黄色。瘦果卵形至椭圆状卵形，扁，边缘增厚，被柔毛；宿存花柱长 2.5~4cm，羽毛状。

物候期：花期 6~7 月，果期 8~9 月。

分布：产于青海东部、甘肃南部、陕西、山西、河北、辽宁（凌源）、内蒙古西部和南部。生于山坡、路旁或灌丛中。

用途：可作城市绿化树种，用于坡面绿化；全草入药，治慢性风湿性关节炎等症。

本园引种栽培：1996 年从西宁植物园采种，播种育苗。在本园生长旺盛，抗逆性强，现为园内侵害性植物，能正常开花结实。

毛茛科 Ranunculaceae　　铁线莲属 *Clematis* L.

半钟铁线莲 *Clematis sibirica* var. *ochotensis* (Pall.) S. H. Li & Y. Hui Huang

形态特征： 木质藤本。茎圆柱形，光滑无毛，幼时浅黄绿色，老后淡棕色至紫红色，当年生枝基部及叶腋有宿存芽鳞，鳞片披针形，长5~7mm，宽2~3mm，顶端有尖头，表面密被白色柔毛，后脱落无毛，内面无毛。三出复叶至二回三出复叶；小叶片3~9枚，窄卵状披针形至卵状椭圆形，顶端钝尖，基部楔形至近圆形，常全缘，上部边缘有粗牙齿，侧生小叶常偏斜，主脉上微被柔毛，其余无毛；小叶柄短；叶柄被稀疏曲柔毛。花单生于当年生枝顶，钟状；萼片4枚，淡蓝色，长方椭圆形至狭倒卵形，两面近无毛，外面边缘密被白色绒毛；退化雄蕊呈匙状条形，长约为萼片之半或更短，顶端圆形，外面边缘被白色绒毛，内面无毛；雄蕊短于退化雄蕊，花丝线形而中部较宽，边缘被毛，花药内向着生；心皮30~50枚，被柔毛。瘦果倒卵形，棕红色，微被淡黄色短柔毛，宿存花柱长达4~4.5cm。

物候期： 花期5~6月，果期7~8月。

分布： 产于山西北部、河北北部、吉林东部及黑龙江省；日本、俄罗斯远东地区也有分布。生于山谷、林边及灌丛中。

用途： 可作园林观赏植物。

本园引种栽培： 2023年从赤峰市阿鲁科尔沁旗罕山林场引入野生苗，在本园长势良好。

小檗科 Berberidaceae　　小檗属 *Berberis* L.

黄芦木 *Berberis amurensis* Rupr.

俗名： 大叶小檗、三棵针、狗奶子

形态特征： 落叶灌木。老枝淡黄色或灰色，稍具棱槽，无疣点；茎刺三分叉，稀单一。叶纸质，倒卵状椭圆形、椭圆形或卵形，叶缘平展，每边具40~60细刺齿；总状花序具10~25朵花，花黄色；萼片2轮，花瓣椭圆形。浆果长圆形，红色，顶端不具宿存花柱，不被白粉或仅基部微被霜粉。

物候期： 花期4~5月，果期8~9月。

分布： 产于黑龙江、吉林、辽宁、河北、内蒙古、山东、河南、山西、陕西、甘肃；日本、朝鲜、俄罗斯也有分布。

用途： 可作园林观赏树种；根皮和茎皮可入药；树皮和木材可提取黄色染料；木质坚韧，可作雕刻材料。

本园引种栽培： 在本园生长良好，抗旱性、抗寒性较强，能正常开花结实。

细叶小檗 *Berberis poiretii* C. K. Schneid

俗名：针雀、泡小檗、波士小檗

形态特征：落叶灌木。老枝灰黄色，幼枝紫褐色，生黑色疣点，具条棱；茎刺缺如或单一，有时三分叉。叶纸质，倒披针形至狭倒披针形，偶披针状匙形，先端渐尖或急尖，具小尖头，叶缘平展，全缘，偶中上部边缘具数枚细小刺齿，近无柄。穗状总状花序，常下垂；花黄色，萼片2轮，外萼片椭圆形或长圆状卵形。浆果长圆形，红色，顶端无宿存花柱，不被白粉。

物候期：花期5~6月，果期7~9月。

分布：产于吉林、辽宁、内蒙古、青海、陕西、山西、河北；朝鲜、蒙古、俄罗斯远东地区也有分布。

用途：可作园林观赏树种；根皮和茎皮可入药；树皮可提取黄色染料。

本园引种栽培：1985年从内蒙古锡林郭勒盟引入野生苗，播种育苗。在本园适应性较好，抗旱、抗寒性较强，能正常开花结实。

小檗科 Berberidaceae　　小檗属 *Berberis* L.

匙叶小檗 *Berberis vernae* C. K. Schneid.

俗名：西北小檗

形态特征： 落叶灌木。老枝暗灰色，细弱，具条棱，无毛，散生黑色疣点；幼枝常带紫红色；茎刺粗壮，单生，淡黄色，长1~3cm。叶纸质，倒披针形或匙状倒披针形，先端圆钝，基部渐狭，上面亮暗绿色，秋季部分叶变亮红色，中脉扁平，叶缘平展，全缘，偶具1~3刺齿。穗状总状花序具15~35朵花，花瓣倒卵状椭圆形。浆果长圆形，淡红色，顶端不具宿存花柱，不被白粉。

物候期： 花期5~6月，果期8~9月。

分布： 产于甘肃、青海、四川。

用途： 可作园林观赏树种；根皮和茎皮可入药。

本园引种栽培： 1960年从宁夏银川植物园采种，播种育苗。在本园抗旱、抗寒性较强，能正常开花结实。

小檗科 Berberidaceae   小檗属 *Berberis* L.

日本小檗 *Berberis thunbergii* DC.

俗名：浙小檗

形态特征：落叶灌木，多分枝。枝条开展，具细条棱，幼枝淡红色带绿色，无毛，老枝暗红色；茎刺单一，偶三分叉。叶薄纸质，倒卵形、匙形或菱状卵形，长 1~2cm，宽 5~12mm，先端骤尖或钝圆，基部狭而呈楔形，全缘，上面绿色，背面灰绿色，中脉微隆起，两面网脉不显，无毛；叶柄长 2~8mm。花 2~5 朵组成具总梗的伞形花序或近簇生的伞形花序或无总梗而呈簇生状；小苞片卵状披针形，长约 2mm，带红色；花黄色，花瓣长圆状倒卵形。浆果椭圆形，亮鲜红色，无宿存花柱。

物候期：花期 4~6 月，果期 7~10 月。

分布：本种原产日本，是小檗属中栽培最广泛的种之一。

用途：可作园林观赏树种，也可栽作刺篱；根皮和茎皮可入药；树皮可提取黄色染料。

本园引种栽培：2000 年从中国科学院植物研究所北京植物园采种，播种育苗。在本园生长良好，适应性较强，能正常开花结实。

小檗科 Berberidaceae　小檗属 Berberis L.

紫叶小檗 Berberis thunbergii 'Atropurpurea'

俗名： 红叶小檗、紫叶女贞、紫叶日本小檗

形态特征： 落叶灌木。幼枝淡红带绿色，无毛；老枝暗红色，具条棱；节间长 1~1.5cm。叶菱状卵形，先端钝，基部下延成短柄，全缘，表面黄绿色，背面带灰白色，具细乳突，两面均无毛。花 2~5 朵成具短总梗并近簇生的伞形花序，花被黄色，小苞片带红色；外轮萼片卵形，先端近钝，内轮萼片稍大于外轮萼片；花瓣长圆状倒卵形，长 5.5~6mm，宽约 3.5mm，先端微缺。浆果红色，椭圆形，长约 10mm，稍具光泽，含种子 1~2 颗。

物候期： 花期 5 月，果期 9 月。

分布： 原产日本；我国各地广泛栽培，东北及华北各城市基本都有栽植。

用途： 紫叶小檗春季开黄花，秋天缀红果，叶色常年多变，是花、果、叶皆美的观赏花木，现已广泛应用于公园、街道、庭园等处的绿化和盆景植物栽培之中；叶和果皮可提取天然色素，稳定性较好。

本园引种栽培： 2003 年引入人工苗。在本园抗逆性较强，生长良好，能正常开花结实。

小檗科 Berberidaceae　小檗属 *Berberis* L.

甘肃小檗 *Berberis kansuensis* C. K. Schneid

形态特征： 落叶灌木。老枝淡褐色，幼枝带红色，具条棱；茎刺弱，单生或三分叉，与枝同色，腹面具槽。叶厚纸质，叶片近圆形或阔椭圆形，先端圆形，基部渐狭成柄，微被白粉，叶缘平展，每边具 15~30 刺齿。总状花序具 10~30 朵花，花黄色，小苞片带红色；花瓣长圆状椭圆形，先端缺裂，裂片急尖，基部缢缩成短爪，具 2 枚分离倒卵形腺体。浆果长圆状倒卵形，红色，顶端不具宿存花柱，不被白粉。

物候期： 花期 5~6 月，果期 7~8 月。

分布： 产于甘肃、青海、内蒙古、陕西、宁夏、四川。

用途： 我国大部分省区，特别是各大城市常栽培于庭园中或路旁作绿篱用。

本园引种栽培： 1990 年从贺兰山采种，播种育苗。在本园抗旱、抗寒性较强，能正常开花结实。

五味子科 Schisandraceae 五味子属 *Schisandra* Michx.

五味子 *Schisandra chinensis* (Turcz.) Baill.

俗名： 北五味子、辽五味子、山花椒秧

形态特征： 落叶木质藤本。幼枝红褐色，老枝灰褐色，常起皱纹，片状剥落。叶膜质，宽椭圆形，卵形、倒卵形或宽倒卵形，先端急尖，基部楔形。雄花花梗长 5~25mm，花被片粉白色或粉红色；雌花花梗长 17~38mm，子房卵圆形或卵状椭圆体形，柱头鸡冠状。聚合果长 1.5~8.5cm，聚合果柄长 1.5~6.5cm；小浆果红色，近球形或倒卵圆形，果皮具不明显腺点。

物候期： 花期 5~7 月，果期 7~10 月。

分布： 产于黑龙江、吉林、辽宁、内蒙古、河北、山西、宁夏、甘肃、山东；朝鲜和日本也有分布。

用途： 为著名中药；其叶、果实可提取芳香油；种仁含有脂肪油，榨油可作工业原料、润滑油；茎皮纤维柔韧，可供制绳索；优良的观果植物，常用作垂直绿化。

本园引种栽培： 2023 年从扎兰屯引入野生苗。在本园生长良好。

美丽茶藨子 *Ribes pulchellum* Turcz.

俗名： 小叶茶藨、碟花茶藨子

形态特征： 落叶灌木。小枝灰褐色，皮稍纵向条裂，嫩枝褐色或红褐色，有光泽，被短柔毛，老时毛脱落，在叶下部的节上常具1对小刺，节间无刺或小枝上散生少数细刺。叶宽卵圆形，基部近截形至浅心脏形，掌状3裂，有时5裂，边缘具粗锐或微钝单锯齿。花单性，雌雄异株，总状花序；雄花序具8~20花，疏散；雌花序具8~10花，密集；花序轴和花梗具柔毛，常疏生腺毛，果时渐脱落；花梗较短；苞片披针形或窄长圆形；花萼浅绿黄色或浅红褐色，近无毛，萼筒碟形，萼片宽卵圆形；花瓣鳞片状；雌花子房无毛，花柱顶端2裂。果实球形，红色，无毛。

物候期： 花期5~6月，果期8~9月。

分布： 产于内蒙古、北京、河北、山西、陕西、宁夏、甘肃、青海；蒙古、俄罗斯西伯利亚也有分布。

用途： 园林观赏树种；果实可供食用；木材可制作手杖等。

本园引种栽培： 在本园生长良好，抗旱、抗寒性较强，能正常开花结实。

茶藨子科 Grossulariaceae　　茶藨子属 *Ribes* L.

楔叶茶藨子 *Ribes diacantha* Pall.

俗名： 西伯利亚醋栗

形态特征： 落叶、常绿或半常绿灌木。枝平滑无刺或有刺，皮剥落或不剥落；芽具数片干膜质或草质鳞片。叶具柄，单叶互生，常3~5掌状分裂。花两性或单性而雌雄异株；总状花序，有时花数朵组成伞房花序或几无总梗的伞形花序；萼片常呈花瓣状，花瓣5，有时退化为鳞片状，稀缺花瓣。果实为多汁的浆果，顶端具宿存花萼，成熟时从果梗脱落；种子多数。

物候期： 花期6月，果期8~9月。

分布： 产于黑龙江、吉林、内蒙古；蒙古、朝鲜、俄罗斯西伯利亚也有分布。

用途： 常作园林观赏树种；果实营养价值丰富，可食用，也可药用。

本园引种栽培： 在本园生长良好，抗旱、抗寒性较强，能正常开花结实。

香茶藨子 *Ribes odoratum* H. L. Wendl.

俗名：丁香醋栗

形态特征：落叶灌木。小枝圆柱形，灰褐色，皮稍条状纵裂或不剥裂，嫩枝灰褐色或灰棕色，具短柔毛，老时毛脱落，无刺。叶圆状肾形至倒卵圆形，宽与长相近，基部楔形，稀近圆形或截形，幼时两面均具短柔毛，掌状3~5深裂，被短柔毛。花两性，芳香；总状花序常下垂，花萼黄色，或仅萼筒黄色而微带浅绿色晕；花瓣近匙形或近宽倒卵形，先端圆钝或浅缺刻状，浅红色，无毛。果实球形或宽椭圆形，熟时黑色，无毛。

物候期：花期5月，果期7~8月。

分布：原产北美洲，生于山地河流沿岸；我国辽宁和黑龙江等地公园及植物园中均有栽植。

用途：集观叶、观花、观果为一体，是具有较高抗逆性的优良园林绿化树种，宜丛植于草坪、林缘、坡地、角隅、岩石旁，也可作花篱栽植；花芳香，是很好的蜜源植物；果实富含丰富的酚类物质和有机酸类物质，不仅可鲜食，且加工性能好，是制作果汁果酒的重要原料。

本园引种栽培：在本园生长良好，抗旱、抗寒性较强，能正常开花结实。

茶藨子科 Grossulariaceae 茶藨子属 Ribes L.

长白茶藨子 *Ribes komarovii* Pojark.

形态特征： 落叶灌木。小枝暗灰色或灰色，皮条状剥离，幼枝棕褐色至红褐色，无毛，无刺。叶宽卵圆形或近圆形，基部近圆形至截形，两面无毛，稀疏生腺毛，常掌状 3 浅裂，顶生裂片比侧生裂片长得多，先端急尖，侧生裂片较小，先端圆钝，具不整齐圆钝粗锯齿。花单性，雌雄异株，短总状花序直立；雄花序具 10 余朵花；雌花序具 5~10 朵花；花序轴和花梗具腺毛；花梗较短；苞片椭圆形，花萼绿色，无毛；萼筒杯形，萼片卵圆形或长卵圆形，直立；花瓣倒卵圆形或近扇形；雌花的雄蕊短小；子房无毛，花柱顶端 2 浅裂；雄花的子房不发育。果实球形或倒卵球形，未熟时黄绿色，熟时红色，无毛。

物候期： 花期 5~6 月，果期 8~9 月。

分布： 产于黑龙江、吉林、辽宁、河北、山西、陕西、甘肃、河南；俄罗斯远东地区和朝鲜北部也有分布。

用途： 城乡绿化、美化的优良树种；其浆果味道鲜美、多汁，富含维生素 C 及多种微量元素，是野果中的上品，且加工性能好，可酿制果酒和制作果汁、果糖、果酱等；叶子含单宁，可提取栲胶；种子含油率高，可榨油。

本园引种栽培： 在本园生长一般，未见开花结实。

绣球花科 Hydrangeaceae　　山梅花属 *Philadelphus* L.

东北山梅花 *Philadelphus schrenkii* Rupr.

俗名：辽东山梅花、石氏山梅花

形态特征：落叶灌木。二年生小枝灰棕色或灰色，表皮开裂后脱落，无毛；当年生小枝暗褐色，被长柔毛。叶卵形或椭圆状卵形，生于无花枝上叶较大，花枝上叶较小，基部楔形或阔楔形，边全缘或具锯齿，上面无毛。总状花序有花 5~7 朵，花瓣 4，白色，倒卵或长圆状倒卵形。蒴果椭圆形，种子具短尾。

物候期：花期 6~7 月，果期 8~9 月。

分布：产于辽宁、吉林和黑龙江；朝鲜和俄罗斯远东地区也有分布。

用途：常作园林观赏树种；木材可制作手杖、伞柄等。

本园引种栽培：1980 年从熊岳树木园引入小苗。在本园生长良好，适应性强。

绣球花科 Hydrangeaceae　山梅花属 *Philadelphus* L.

薄叶山梅花 *Philadelphus tenuifolius* Rupr. & Maxim.

俗名：堇叶山梅花

形态特征： 落叶灌木。枝具白色髓心，树皮栗褐色或带灰褐色，剥裂，小枝无毛或近无毛。叶对生，质薄，叶片卵形或卵状披针形。花序总状，花微芳香，通常5朵，稀3朵或7朵；花梗有短柔毛；花瓣4，白色，有时基部带紫色；雄蕊多数，与花柱近等长；花柱中上部分离。蒴果倒圆锥形，成熟时4裂；种子小，具短尾。

物候期： 花期7~8月，果期8~9月。

分布： 产于辽宁、吉林和黑龙江；俄罗斯远东地区和朝鲜也有分布；欧美各国常有栽培。

用途： 常作园林观赏树种；果实及根可入药。

本园引种栽培： 1996年从内蒙古包头市园林科研所采种，播种育苗。在本园生长良好，适应性强，具有一定的抗旱、抗寒性，能正常开花结实。

绣球花科 Hydrangeaceae　　绣球属 *Hydrangea* L.

圆锥绣球'烛光' *Hydrangea paniculata* 'Candleligh'

俗名：水亚木、栎叶绣球、轮叶绣球

形态特征：落叶灌木或小乔木。枝暗红褐色或灰褐色，具凹条纹和圆形浅色皮孔。叶纸质，2~3片对生或轮生，卵形或椭圆形，先端渐尖或急尖，具短尖头。圆锥状聚伞花序尖塔形，花序轴及分枝密被短柔毛；夏季初开为白色，随温度下降渐变为粉红色至深红色；花瓣卵形。蒴果椭圆形，顶端突出部分圆锥形，与萼筒近等长；种子褐色，纺锤形，两端有窄长翅。

物候期：花期7~8月，果期10~11月。

分布：产于西北（甘肃）、华东、华中、华南、西南等地区。

用途：园林观赏树种。

本园引种栽培：2021年从河北引入人工苗。在本园能够自然越冬，可开花，但不结种，总体长势不好，生长缓慢。

绣球花科 Hydrangeaceae 绣球属 *Hydrangea* L.

东陵绣球 *Hydrangea bretschneideri* Dippel

俗名：东陵八仙花

形态特征： 落叶灌木。一年生小枝近无毛，二年生小枝无皮孔，茎皮薄片状剥落。叶薄纸质，卵形、长椭圆形或倒长卵形，长 7~16cm，先端渐尖，具短尖头；基部宽楔形或近圆形，有小锯齿，上面无毛或疏被柔毛，下面密被灰白色卷曲长柔毛或后脱落近无毛；侧脉 7~8 对；叶柄初被柔毛。伞房状聚伞花序较短小，分枝 3。蒴果近球形，顶端突出部分圆柱形；种子窄椭圆形或长圆形，两端有长翅。

物候期： 花期 7~8 月，果期 9~10 月。

分布： 产于河北、山西、内蒙古、陕西、宁夏、甘肃、青海、河南等省区。生于山谷溪边或山坡密林或疏林中。

用途： 白色绣球般的聚伞花序，如同雪花压树，俏丽动人，常作园林观赏树种，也适于植为花篱、花境，还宜盆植；木质致密坚硬，可作细木工、家具及小农具用材。

本园引种栽培： 2023 年从赤峰喀喇沁旗引入野生小苗，目前在本园生长良好。

绣球花科 Hydrangeaceae　　溲疏属 *Deutzia* Thunb.

小花溲疏 *Deutzia parviflora* Bunge

俗名：唐溲疏

形态特征：落叶灌木。老枝灰褐色或灰色，表皮片状脱落。叶纸质，卵形、椭圆状卵形或卵状披针形，先端急尖或短渐尖，基部阔楔形或圆形，边缘具细锯齿，上面疏被 5~6 辐线星状毛，下面被 6~12 辐线星状毛。伞房花序，多花，花蕾球形或倒卵形，花瓣白色，阔倒卵形或近圆形。蒴果球形，径 2~3mm。

物候期：花期 5~6 月，果期 8~10 月。

分布：产于吉林、辽宁、内蒙古、河北、山西、陕西、甘肃、河南、湖北；朝鲜和俄罗斯也有分布。生于山谷林缘。

用途：花色淡雅素丽，花虽小但繁密，是园林绿化的好材料，可用作自然式花篱，或丛植点缀于林缘、草坪，也可片植，其鲜花枝还可供瓶插观赏；茎皮可入药。

本园引种栽培：2023 年春季从赤峰大黑山林场引入野生苗，在本园生长迅速，长势较好。

蔷薇科 Rosaceae　　绣线菊属 *Spiraea* L.

土庄绣线菊 *Spiraea ouensanensis* H. Lév.

俗名： 蚂蚱腿、石蒡子、土庄花

形态特征： 落叶灌木。小枝开展,稍弯曲,嫩时被短柔毛,褐黄色,老时无毛,灰褐色。叶片菱状卵形至椭圆形,先端急尖,基部宽楔形,边缘自中部以上有深刻锯齿,有时3裂,上面有稀疏柔毛,下面被灰色短柔毛。伞形花序具总梗,有花15~20朵;花梗无毛;苞片线形,被短柔毛;花直径5~7mm;萼筒钟状,外面无毛,内面有灰白色短柔毛;萼片卵状三角形,先端急尖,内面疏生短柔毛;花瓣卵形、宽倒卵形或近圆形,先端圆钝或微凹,白色;雄蕊约与花瓣等长。蓇葖果开张,仅在腹缝微被短柔毛,多数具直立萼片。

物候期： 花期5~6月,果期7~8月。

分布： 产于黑龙江、吉林、辽宁、内蒙古、河北、河南、山西、陕西、甘肃、山东、湖北、安徽;蒙古、俄罗斯和朝鲜也有分布。

用途： 花朵繁茂,素雅而密集,且花期长久,适于在城镇园林绿化中应用,栽于庭园、公园作观赏花灌木,也可作绿篱;嫩叶可作牲畜饲料;枝髓可入药。

本园引种栽培： 在本园生长良好,抗旱、抗寒性较强,能正常开花结实。

蔷薇科 Rosaceae　　绣线菊属 *Spiraea* L.

三裂绣线菊 *Spiraea trilobata* L.

俗名： 团叶绣球、三桠绣球、石棒子

形态特征： 落叶灌木。小枝细瘦，开展，稍呈"之"字形弯曲。叶片近圆形，先端钝，常 3 裂，基部圆形、楔形或亚心形，基部具显著 3~5 脉。伞形花序具花序梗，无毛；花梗无毛；苞片线形或倒披针形，上部深裂成细裂片；花径 6~8mm；花萼无毛，萼片三角形；花瓣宽倒卵形，先端常微凹，雄蕊比花瓣短。蓇葖果开张，仅沿腹缝微具短柔毛或无毛，宿存花柱顶生，宿存萼片直立。

物候期： 花期 5~6 月，果期 7~8 月。

分布： 产于黑龙江、辽宁、内蒙古、山东、山西、河北、河南、安徽、陕西、甘肃；俄罗斯西伯利亚也有分布。生于多岩石向阳坡地或灌木丛中。

用途： 花朵小巧密集，宛如积雪，是园林绿化中优良的观花观叶树种；茎、叶可作饲料。

本园引种栽培： 在本园生长良好，抗旱、抗寒性较强，能正常开花结实。

蔷薇科 Rosaceae　　绣线菊属 *Spiraea* L.

毛果绣线菊 *Spiraea trichocarpa* Nakai

俗名：朝鲜绣线菊

形态特征：落叶灌木。小枝有棱角，灰褐色至暗红褐色。叶长圆形、卵状长圆形或倒卵状长圆形，先端急尖或稍钝，基部楔形，全缘或不孕枝上的叶片先端有数个锯齿，两面无毛。复伞房花序着生在侧生小枝顶端，多花，密被短柔毛；花瓣白色，宽倒卵形或近圆形，先端微凹或圆钝，宽几与长相等。蓇葖果直立，合拢成圆筒状，密被短柔毛，宿存花柱顶生于背部，向外倾斜开展，常具直立萼片。

物候期：花期 5~6 月，果期 7~9 月。

分布：产于辽宁、内蒙古；朝鲜也有分布。常生于溪流附近的杂木林中。

用途：花朵繁密，常作园林观赏树种，也是优良蜜源植物。

本园引种栽培：20 世纪 80 年代中期多次从熊岳树木园引种，播种育苗。在本园长势良好，适应性强，耐寒、耐干旱，能正常开花结实。

粉花绣线菊 *Spiraea japonica* L. f.

俗名： 狭叶绣球菊、日本绣线菊

形态特征： 落叶直立灌木。枝条细长，开展，小枝近圆柱形，无毛或幼时被短柔毛。叶卵形至卵状椭圆形，先端急尖至短渐尖，基部楔形，边缘有缺刻状重锯齿或单锯齿。复伞房花序生于当年生的直立新枝顶端，花朵密集，密被短柔毛；花瓣卵形至圆形，粉红色。蓇葖果半开张，无毛或沿腹缝有疏柔毛，宿存花柱顶生，稍倾斜开展，宿存萼片常直立。

物候期： 花期 6~7 月，果期 8~9 月。

分布： 原产日本、朝鲜，我国各地栽培供观赏。

用途： 花小巧而繁密，花色艳丽，常作园林观赏树种，也是蜜源植物。

本园引种栽培： 20 世纪 80 年代初多次从熊岳树木园引入小苗，盆播育苗。在本园长势不好，适应性差，不耐干旱和寒冷，地上部分枝条在冬季全部干枯死亡，能开花，未见结实。

蔷薇科 Rosaceae　绣线菊属 *Spiraea* L.

绣线菊 *Spiraea salicifolia* L.

俗名： 空心柳、珍珠梅、柳叶绣线菊

形态特征： 落叶直立灌木。枝条密集，小枝稍有棱角，黄褐色。叶长圆披针形至披针形，基部楔形，边缘密生锐锯齿，有时为重锯齿，两面无毛。花序为长圆形或金字塔形的圆锥花序，花朵密集；花瓣卵形，粉红色。蓇葖果直立，无毛或沿腹缝有短柔毛，宿存花柱顶生，倾斜开展，宿存萼片反折。

物候期： 花期 6~8 月，果期 8~9 月。

分布： 产于黑龙江、吉林、辽宁、内蒙古、河北；蒙古、日本、朝鲜、俄罗斯西伯利亚以及欧洲东南部均有分布。

用途： 花枝长，花粉红可爱，常作园林观赏树种，也是很好的蜜源植物；嫩枝叶可作饲料；根、树皮、叶可入药。

本园引种栽培： 1990 年从延安树木园采种，播种育苗。在本园长势一般，新枝条上端略有干梢。

石蚕叶绣线菊 *Spiraea chamaedryfolia* L.

俗名：大叶绣线菊

形态特征：落叶灌木。小枝细弱，稍有棱角，褐色，有时呈"之"字形弯曲。叶宽卵形，先端急尖，基部圆形或宽楔形，边缘有细锐单锯齿和重锯齿。伞形总状花序有 5~12 花；花梗无毛；花径 6~9mm；花萼外面无毛，萼片卵状三角形，先端急尖；花瓣宽卵形或近圆形，白色；雄蕊长于花瓣。蓇葖果直立，具伏生短柔毛，花柱直立在蓇葖果腹面先端，萼片常反折。

物候期：花期 5~6 月，果期 7~9 月。

分布：产于河北、黑龙江、吉林、辽宁、新疆；俄罗斯、朝鲜、日本也有分布。生于山坡杂木林内或林间隙地。

用途：栽培供观赏，也为蜜源植物。

本园引种栽培：2023 年春季从赤峰大黑山林场引入野生苗，在本内长势良好，能正常开花结实。

蔷薇科 Rosaceae　　绣线菊属 *Spiraea* L.

华北绣线菊 *Spiraea fritschiana* C. K. Schneid.

俗名： 弗氏绣线菊

形态特征： 落叶灌木。枝条粗壮，小枝具明显棱角，有光泽，嫩枝无毛或具稀疏短柔毛，紫褐色至浅褐色。叶卵形、椭圆状卵形或椭圆状长圆形，先端急尖或渐尖，基部宽楔形，边缘有不整齐重锯齿或单锯齿，上面深绿色，无毛，稀沿叶脉有稀疏短柔毛，下面浅绿色，具短柔毛。复伞房花序顶生于当年生直立新枝，多花，无毛；花梗无毛；苞片披针形或线形，微被短柔毛；花径 5~6mm；花萼无毛，萼筒钟状，萼片三角形；花瓣卵形，先端钝圆，白色；雄蕊长于花瓣。果穗径 7~11cm；蓇葖果近直立，开张，无毛或沿腹缝有柔毛，宿存花柱顶生，宿存萼片反折。

物候期： 花期 6 月，果期 7~8 月。

分布： 产于河北、内蒙古、辽宁、河南、陕西、山东、江苏、浙江；朝鲜也有分布。生于岩石坡地、山谷丛林间。

用途： 花朵繁茂，是优质的园林绿化植物，可丛植于山坡、水岸、湖旁、石边、草坪、园角等地点缀或映衬，也可作花境或绿篱；根可入药。

本园引种栽培： 2023 年春季从赤峰大黑山林场引入野生苗，在本园长势良好，能正常开花结实。

蔷薇科 Rosaceae　　绣线菊属 *Spiraea* L.

耧斗菜叶绣线菊 *Spiraea aquilegiifolia* Pall.

俗名：耧斗叶绣线菊

形态特征：落叶灌木。枝幼时密被短柔毛，老时几无毛；冬芽有数枚鳞片。花枝上的叶倒卵形或扇形，先端钝圆，全缘或先端3浅圆裂；不孕枝上的叶常扇形，先端3~5浅圆裂，基部窄楔形，上面无毛或疏生极短柔毛，下面密被短柔毛，基部具不显著3脉；叶柄有细短柔毛。伞形花序无总梗，花梗无毛；花径4~5mm；花萼无毛，萼片三角形；花瓣近圆形，白色；雄蕊几与花瓣等长。蓇葖果上半部或沿腹缝有短柔毛，宿存花柱顶生背部，宿存萼片直立或反折。

物候期：花期5~6月，果期7~8月。

分布：产于内蒙古、黑龙江、山西、陕西、甘肃；蒙古、俄罗斯也有分布。生于多石砾坡地或干草地中。

用途：园林绿化树种，适于干旱、半干旱区植被恢复。

本园引种栽培：2023年春季从赤峰巴林右旗引入野生苗，在本园长势良好，能正常开花结实。

蔷薇科 Rosaceae　　绣线菊属 *Spiraea* L.

乌拉绣线菊 *Spiraea uratensis* Franch.

俗名：蒙古绣线菊

形态特征：落叶灌木，高达 1.5m。小枝圆或稍有棱角，无毛；冬芽有 2 枚外露鳞片。叶长圆状卵形、长圆状披针形或长圆状倒披针形，长 1~3cm，先端钝圆，基部楔形，全缘，两面无毛；叶柄长 0.2~1cm，无毛。复伞形花序着生于侧生小枝顶端，无毛；苞片披针形或长圆形；花径 4~6mm；萼筒钟状或近钟状，萼片三角形，外面无毛，内面具稀疏短柔毛；花瓣近圆形，白色；雄蕊长于花瓣。蓇葖果直立开张，微被柔毛，宿存花柱多着生于背部顶端，宿存萼片直立。

物候期：花期 5~7 月，果期 7~8 月。

分布：产于内蒙古、陕西、甘肃。生于山沟、山坡或悬崖上。

用途：园林绿化树种。

本园引种栽培：2023 年春季从内蒙古乌兰察布丰镇市引入野生苗，在本园长势良好。

蔷薇科 Rosaceae   鲜卑花属 *Sibiraea* Maxim.

鲜卑花 *Sibiraea laevigata* (L.) Maxim.

俗名： 阿尔泰鲜卑花

形态特征： 落叶灌木。小枝粗壮，圆柱形，光滑无毛，幼时紫红色，老时黑褐色。叶在当年生枝条多互生，在老枝上丛生，叶片线状披针形、宽披针形或长圆状倒披针形，全缘，上下两面无毛。顶生穗状圆锥花序，花梗和花序梗均无毛；花瓣白色，倒卵形；雄花具雄蕊20~25，花丝细长，花药黄色，约与花瓣近等长或稍长，退化雌蕊3~5；雌花具退化雄蕊，花丝极短；花盘环状，具10裂片；雌蕊5，花柱稍偏斜，柱头肥厚，子房无毛。蓇葖果5，并立，具直立稀开展的宿萼；果柄长5~8mm。

物候期： 花期7月，果期8~9月。

分布： 产于青海、甘肃、西藏；俄罗斯西伯利亚南部也有分布。生于高山、溪边或草甸灌丛中。

用途： 园林绿化树种。

本园引种栽培： 在本园生长良好，抗旱、抗寒性较强，能正常开花结实。

蔷薇科 Rosaceae   珍珠梅属 *Sorbaria* (Ser.) A. Braun

华北珍珠梅 *Sorbaria kirilowii* (Regel) Maxim.

俗名： 珍珠梅、吉氏珍珠梅

形态特征： 落叶灌木。枝条开展；小枝圆柱形，稍有弯曲，光滑无毛，幼时绿色，老时红褐色。羽状复叶，小叶片对生，披针形至长圆披针形，先端渐尖，稀尾尖，基部圆形至宽楔形，边缘有尖锐重锯齿。圆锥花序顶生、密集、无毛，微被白粉；苞片线状披针形，全缘；花径 5~7mm；萼片长圆形，无毛；花瓣白色，倒卵形或宽卵形；雄蕊与花瓣等长或稍短。蓇葖果长圆柱形，无毛，宿存花柱稍侧生，宿存萼片反折，稀开展；果柄直立。

物候期： 花期 6~7 月，果期 9~10 月。

分布： 产于河北、河南、山东、山西、陕西、甘肃、青海、内蒙古。生于山坡阳处杂木林中。

用途： 观赏价值高，花蕾密集，犹如大小珍珠缀满枝头，是优良的观花灌木；对烟尘、二氧化硫、硫化氢等有害气体有不同程度的抵抗能力以及吸收能力，还具有非常强且稳定的杀菌作用，非常适合种植在医院、养老院以及化工厂区等地；茎皮、枝条、果穗可入药。

本园引种栽培： 在本园生长良好，抗旱、抗寒性较强，能正常开花结实。

蔷薇科 Rosaceae　　风箱果属 *Physocarpus* (Cambess.) Raf.

风箱果 *Physocarpus amurensis* (Maxim.) Maxim.

俗名：托盘幌、阿穆尔风箱果

形态特征：落叶灌木。小枝圆柱形，稍弯曲，无毛或近于无毛，幼时紫红色，老时灰褐色，树皮成纵向剥裂。叶三角状卵形至倒卵形，先端急尖或渐尖，基部近心形，稀截形，常3裂，有重锯齿，下面微被星状柔毛，沿叶脉较密；叶柄较长，托叶线状披针形，有不规则尖锐锯齿，近无毛，早落。花序伞形总状；花序梗与花梗均密被星状柔毛；苞片披针形，微被星状毛，早落；花径0.8~1.3cm；被丝托杯状，外面被星状绒毛；花瓣白色，倒卵形，长约4mm。蓇葖果膨大，卵形，长渐尖头，熟时沿背腹两缝开裂。

物候期：花期6月，果期7~8月。

分布：产于黑龙江、河北；朝鲜北部及俄罗斯远东地区也有分布。生于山沟中阔叶林边，常丛生。

用途：花色素雅，花序密集，果实初秋时呈红色，常作园林观赏树种和蜜源树种；种子可榨油。

本园引种栽培：2002年从中国科学院植物研究所北京植物园采种，播种育苗。在本园初期生长旺盛，几年以后生长缓慢，遇到春季干旱年份，整株枝条干枯，但能正常开花结实。

蔷薇科 Rosaceae　　白鹃梅属 *Exochorda* Lindl.

齿叶白鹃梅 *Exochorda serratifolia* S. Moore

俗名： 锐齿白鹃梅、榆叶白鹃梅

形态特征： 落叶灌木。小枝无毛,幼时紫红色,老时暗褐色。叶椭圆形或长圆状倒卵形,中部以上有锐锯齿,下部全缘。总状花序,有花4~7朵,花瓣白色,先端微凹。蒴果倒圆锥形,具5脊,无毛。

物候期： 花期5~6月,果期7~8月。

分布： 产辽宁(鞍山千山)、河北(雾灵山);朝鲜也有分布。生于山坡、河边、灌木丛中。

用途： 常作园林观赏树种,亦可作树桩盆景。

本园引种栽培： 在本园生长良好,抗旱、抗寒性较强,能正常开花结实。

蔷薇科 Rosaceae 枸子属 Cotoneaster Medik.

水枸子 *Cotoneaster multiflorus* Bunge

俗名：香李、多花枸子、枸子木

形态特征：落叶灌木；高达 4m。枝条细瘦，常呈弓形弯曲，小枝圆柱形，红褐色或棕褐色。叶卵形或宽卵形，先端急尖或圆钝，基部宽楔形或圆形，上面无毛，下面幼时稍有绒毛，后渐脱落。花多数，5~21 朵，成疏松的聚伞花序，总花梗和花梗无毛；花瓣平展，近圆形，白色。果近球形或倒卵圆形，径 7~8mm，成熟时红色，由 2 心皮合生成 1 小核。

物候期：花期 5~6 月，果期 8~9 月。

分布：产于黑龙江、辽宁、内蒙古、河北、山西、河南、陕西、甘肃、青海、新疆、四川、云南、西藏；俄罗斯高加索、西伯利亚以及亚洲中部和西部均有分布。

用途：为观花、观果灌木，常作园林观赏树种，也可作苹果矮化砧木。

本园引种栽培：1986 年从甘肃祁连山采种，播种繁育。在本园生长旺盛，适应性强，耐寒、耐干旱，能正常开花结实。

蔷薇科 Rosaceae   栒子属 *Cotoneaster* Medik.

毛叶水栒子 *Cotoneaster submultiflorus* Popov

形态特征： 落叶直立灌木。小枝细，圆柱形，棕褐色或灰褐色。叶卵形、菱状卵形至椭圆形，先端急尖或圆钝，全缘，上面无毛或幼时微具柔毛，下面具短柔毛，无白霜。花多数，成聚伞花序，总花梗和花梗具长柔毛；花瓣平展，卵形或近圆形，白色。果实近球形，亮红色。

物候期： 花期 5~6 月，果期 9 月。

分布： 产于内蒙古、山西、陕西、甘肃、宁夏、青海、新疆；亚洲中部也有分布。

用途： 为观花、观果灌木，常作园林观赏树种。

本园引种栽培： 2003 年从中国科学院植物研究所北京植物园引入小苗。在本园生长旺盛，适应性强，耐寒、耐干旱，能正常开花结实。

蔷薇科 Rosaceae 枸子属 *Cotoneaster* Medik.

准噶尔枸子 *Cotoneaster soongoricus* (Regel & Herder) Popov

俗名： 准噶尔总花枸子、西藏枸子、札尤路枸子

形态特征： 落叶灌木。枝条开张，小枝细瘦，圆柱形，灰褐色。叶广椭圆形、近圆形或卵形，上面无毛或具稀疏柔毛，下面被白色绒毛。花 3~12 朵成聚伞花序，花瓣平展，白色。果实卵形至椭圆形，红色，具 1~2 小核。

物候期： 花期 5~6 月，果期 9~10 月。

分布： 产于内蒙古、甘肃、宁夏、新疆、四川、西藏。

用途： 为观花、观果灌木，常作园林观赏树种。

本园引种栽培： 在本园生长旺盛，适应性强，耐寒、耐干旱，能正常开花结实。

蔷薇科 Rosaceae　　栒子属 Cotoneaster Medik.

灰栒子 *Cotoneaster acutifolius* Turcz.

俗名：北京栒子、河北栒子

形态特征：落叶灌木。枝条开张，小枝细瘦，圆柱形，棕褐色或红褐色。叶椭圆卵形至长圆状卵形，先端急尖，全缘，幼时两面均被长柔毛，下面较密，老时逐渐脱落，最后常近无毛。花2~5朵成聚伞花序，花瓣直立，先端圆钝，粉红色。果实椭圆形，稀倒卵形，黑色，内有小核2~3个。

物候期：花期5~6月，果期9~10月。

分布：产于内蒙古、河北、山西、河南、湖北、陕西、甘肃、青海、西藏；蒙古也有分布。

用途：为观花、观果灌木，常作园林观赏树种；果实可入药。

本园引种栽培：在本园生长旺盛，适应性强，耐寒、耐干旱，能正常开花结实。

蔷薇科 Rosaceae 山楂属 Crataegus L.

山楂 *Crataegus pinnatifida* Bunge

俗名： 山里红、红果、酸楂

形态特征： 落叶乔木。树皮粗糙，暗灰色或灰褐色；刺长 1~2cm，有时无刺。小枝圆柱形，当年生枝紫褐色，老枝灰褐色。叶宽卵形或三角状卵形，通常两侧各有 3~5 羽状深裂片。伞房花序具多花，总花梗和花梗均被柔毛，花后脱落；花瓣倒卵形或近圆形，白色；雄蕊 20，短于花瓣，花药粉红色。果实近球形或梨形，深红色，有浅色斑点；小核 3~5，外面稍具棱。

物候期： 花期 5~6 月，果期 9~10 月。

分布： 产于黑龙江、吉林、辽宁、内蒙古、河北、河南、山东、山西、陕西、江苏；朝鲜和俄罗斯西伯利亚也有分布。

用途： 花朵雅致，果实鲜艳，常作园林观赏树种；果实可鲜食，也可制成果脯、饮料、果丹皮、山楂酱、山楂片、冰糖葫芦等食品，应用十分广泛；果干制后入药，有健胃、消积化滞、舒气散瘀之效，所以山楂是我国北方重要的经济林树种；木材坚硬，纹理紧密，可用于制作工具手柄、木槌和其他小物品；幼苗可作嫁接山里红或苹果等的砧木。

本园引种栽培： 在本园生长旺盛，适应性强，耐寒、耐干旱，能正常开花结实。

蔷薇科 Rosaceae 山楂属 Crataegus L.

毛山楂 *Crataegus maximowiczii* C. K. Schneid.

俗名：阿穆尔山楂

形态特征： 落叶灌木或小乔木，无刺或有刺。小枝粗壮，圆柱形，嫩时密被灰白色柔毛，二年生枝无毛，紫褐色。叶宽卵形或菱状卵形，先端急尖，基部楔形，边缘每侧各有 3~5 浅裂和疏生重锯齿，上面散生短柔毛，下面密被灰白色长柔毛。复伞房花序，多花，总花梗和花梗均被灰白色柔毛；花瓣近圆形，白色。果实球形，红色，幼时被柔毛，以后脱落无毛。

物候期： 花期 5~6 月，果期 8~9 月。

分布： 产于黑龙江、吉林、辽宁、内蒙古；俄罗斯西伯利亚东部到萨哈林岛、朝鲜及日本也有分布。

用途： 常作园林观赏树种；果实可食；木材可制作家具等。

本园引种栽培： 在本园生长旺盛，适应性强，耐寒、耐干旱，能正常开花结实。

蔷薇科 Rosaceae   山楂属 Crataegus L.

辽宁山楂 *Crataegus sanguinea* Pall.

俗名：红果山楂

形态特征：落叶灌木，稀小乔木。高达 4m；刺短粗，长约 1cm，亦常无刺。枝幼枝散生柔毛；冬芽三角状卵圆形，无毛。叶宽卵形或菱状卵形，先端尖，基部楔形，常有 3~5 对浅裂片和重锯齿，裂片宽卵形，两面疏被柔毛，上面较密，下面脉上毛多；叶柄近无毛，托叶草质，镰刀形或不规则心形，边有粗齿，无毛。伞房花序有多花，密集；花序梗和花梗均无毛或近无毛；苞片线形，早落；花径约 8mm；被丝托钟状，外面无毛，萼片三角形，全缘，稀有 1~2 对锯齿，无毛或内面先端微具柔毛；花瓣白色，长圆形。果实近球形，径约 1cm，血红色，宿存萼片反折；小核 3，两侧有凹痕。

物候期：花期 5~6 月，果期 7~8 月。

分布：产于辽宁、吉林、黑龙江、河北、内蒙古、新疆；俄罗斯西伯利亚以及蒙古北部也有分布。生于山坡或河沟旁杂木林中。

用途：常作园林观赏树种，也可栽培作绿篱；果实可食。

本园引种栽培：2023 年自赤峰市巴林右旗引入野生小苗，在本园生长良好，能正常开花结实。

蔷薇科 Rosaceae　　花楸属 Sorbus L.

北欧花楸 *Sorbus aucuparia* L.

俗名： 欧洲花楸树、欧洲马加木

形态特征： 落叶乔木。小枝粗壮，圆柱形，灰褐色，具灰白色细小皮孔；冬芽长圆卵形，先端渐尖，外面密被灰白色绒毛。奇数羽状复叶，基部或中部以下近于全缘，上面具稀疏绒毛或近于无毛，小叶片下面具较密柔毛；托叶膜质，容易脱落。复伞房花序具多数密集花朵，花瓣宽卵形或近圆形，白色。果实近球形，红色或橘红色，具宿存闭合萼片。

物候期： 花期6月，果期9~10月。

分布： 原产欧洲和亚洲西部。我国河北南部、山东北部、山西中部、陕西、甘肃中部、青海中部、新疆北部等地可引种栽培。

用途： 为观花、观果乔木，常作园林观赏树种。

本园引种栽培： 1983年从联邦德国（西德）采种，播种育苗。现保存1株，地上部分上半部干枯死亡，从下半部萌发枝条代替主干，生长良好，近几年未发生干梢现象，已经开花结实。

蔷薇科 Rosaceae 花楸属 *Sorbus* L.

花楸树 *Sorbus pohuashanensis* (Hance) Hedl.

俗名：马加木、百花山花楸

形态特征：落叶乔木。小枝紫褐色或灰褐色，有灰白色皮孔；冬芽长卵形，有数枚红褐色鳞片。奇数羽状复叶，小叶下面淡绿色，被稀疏柔毛，沿叶脉稍密。聚伞圆锥花序呈伞房状，花多密集，花瓣宽卵形或近圆形，白色。果实近球形，橘红色，萼片宿存。

物候期：花期6月，果期9~10月。

分布：产于黑龙江、吉林、辽宁、内蒙古、河北、山西、甘肃、山东等地。常生于山坡或山谷杂木林内。

用途：花叶美丽，入秋红果累累，常作园林观赏树种；果可制酱、酿酒及入药；果实、茎及茎皮可入药；木材可制作家具。

本园引种栽培：2023年从赤峰市巴林右旗引入野生小苗，在本园长势良好。

蔷薇科 Rosaceae 梨属 *Pyrus* L.

秋子梨 *Pyrus ussuriensis* Maxim.

俗名：酸梨、野梨、山梨

形态特征：落叶乔木，树冠宽广。小枝无毛或微具毛；老枝黄褐色，疏生皮孔。叶卵形至宽卵形，先端短渐尖，基部圆形或近心形，稀宽楔形，边缘具有带刺芒状尖锐锯齿。花序密集，有花5~7朵，花梗较长；花瓣倒卵形或广卵形，先端圆钝，基部具短爪，白色；雄蕊短于花瓣，花药紫色。果实近球形，黄色，萼片宿存，基部微下陷，具短果梗。

物候期：花期5月，果期8~10月。

分布：产于黑龙江、吉林、辽宁、内蒙古、河北、山东、山西、陕西、甘肃；俄罗斯远东地区、朝鲜等地亦有分布。

用途：花洁白素雅，气味芳香，果实色泽艳丽，挂果期长，可用做园景树和庭荫树；实生苗在果园中常用作梨的抗寒砧木；果实可食用，也可酿酒或制作果酱、果酒、果糕、果脯及罐头等；果实和叶均可入药，具有清热化痰，止泻，消肿等功效。

本园引种栽培：在本园生长良好，抗旱、抗寒性较强，能正常开花结实。

蔷薇科 Rosaceae　　梨属 *Pyrus* L.

杜梨 *Pyrus betulifolia* Bunge

俗名： 灰梨、野梨子、棠梨

形态特征： 落叶乔木。高达10m，树冠开展，枝常具刺。小枝嫩时密被灰白色绒毛，二年生枝条具稀疏绒毛或近于无毛，紫褐色；冬芽卵形，先端渐尖，外被灰白色绒毛。叶菱状卵形至长圆状卵形，先端渐尖，基部宽楔形，稀近圆形，边缘有粗锐锯齿。伞形总状花序，有花10~15朵，总花梗和花梗均被灰白色绒毛；花瓣宽卵形，白色；花药紫色，长约花瓣之半。果实近球形，褐色，有淡色斑点，萼片脱落，基部具带绒毛果梗。

物候期： 花期4月，果期8~9月。

分布： 产于辽宁、河北、河南、山东、山西、陕西、甘肃、湖北、江苏、安徽、江西。生于平原或山坡阳处。

用途： 盐碱化土壤上梨树的优良砧木；也可作园林观赏树种；果实可食，也可入药；树皮可作黄色染料。

本园引种栽培： 在本园生长良好，抗旱、抗寒性较强，能正常开花结实。

蔷薇科 Rosaceae　苹果属 *Malus* Mill.

山荆子 *Malus baccata* (L.) Borkh.

俗名： 山定子、林荆子、山丁子

形态特征： 落叶乔木。高达 14m，树冠广圆形。幼枝细弱，微屈曲，圆柱形，无毛，红褐色；老枝暗褐色；冬芽卵形，先端渐尖，鳞片边缘微具绒毛，红褐色。叶椭圆形或卵形，先端渐尖，稀尾状渐尖，基部楔形或圆形，边缘有细锐锯齿；叶柄较长，幼时有短柔毛及少数腺体，不久即脱落；托叶膜质，披针形，早落。伞形花序，具花 4~6 朵，无总梗，集生在小枝顶端；花瓣倒卵形，先端圆钝，基部有短爪，白色。果实近球形，红色或黄色，柄洼及萼洼稍微陷入，萼片脱落。

物候期： 花期 4~6 月，果期 9~10 月。

分布： 产于辽宁、吉林、黑龙江、内蒙古、河北、山西、山东、陕西、甘肃；蒙古、朝鲜、俄罗斯西伯利亚等地也有分布。

用途： 我国东北、华北各地用作苹果和花红的砧木；可作庭园观赏树种；果实可食。

本园引种栽培： 在本园生长良好，抗旱、抗寒性较强，能正常开花结实。

蔷薇科 Rosaceae　苹果属 *Malus* Mill.

西府海棠 *Malus×micromalus* Makino

俗名： 子母海棠、小果海棠、海红

形态特征： 落叶小乔木。高达 2.5~5m，树枝直立性强。小枝细弱，圆柱形，具稀疏皮孔；冬芽卵形，暗紫色。叶长椭圆形或椭圆形，先端急尖或渐尖，基部楔形，稀近圆形，边缘有尖锐锯齿。伞形总状花序，有花 4~7 朵，集生于小枝顶端，嫩时被长柔毛，逐渐脱落；苞片膜质，线状披针形，早落；花直径约 4cm；萼筒外面密被白色长绒毛；萼片多三角状卵形，先端急尖或渐尖，全缘，内面被白色绒毛，外面较稀疏，萼片与萼筒等长或稍长；花瓣近圆形或长椭圆形，基部有短爪，粉红色；雄蕊比花瓣稍短。果实近球形，红色，萼洼、梗洼均下陷，萼片多数脱落，少数宿存。

物候期： 花期 4~5 月，果期 8~9 月。

分布： 产于辽宁、河北、山西、山东、陕西、甘肃、云南。

用途： 可作庭院观赏树种；有些地区用作苹果或花红的砧木。

本园引种栽培： 2014 年从天津引入人工苗。在本园生长良好，抗旱、抗寒性较强，能正常开花结实。

蔷薇科 Rosaceae　　苹果属 *Malus* Mill.

红宝石海棠 *Malus×micromalus* 'Ruby'

形态特征： 本种新生叶鲜红色，后由红变绿；花蕾粉红色，花瓣呈粉红色至玫瑰红色，半重瓣或者重瓣，花瓣较小，初开皱缩；果实宿存。

物候期： 花期 4~5 月，果期 8~9 月。

分布： 栽培品种，主要种植于中国北方地区。

用途： 为观叶、观花、观果小乔木，常作园林观赏树种；果实可食。

本园引种栽培： 2012 年从天津蓟县（今蓟州区）引入人工苗。在本园生长良好，抗旱、抗寒性较强，能正常开花结实。

蔷薇科 Rosaceae　苹果属 Malus Mill.

陇东海棠 *Malus kansuensis* (Batalin) C. K. Schneid.

俗名：甘肃海棠、大石枣

形态特征：灌木至小乔木，高达 5m。小枝粗壮，圆柱形，老时紫褐色或暗褐色；冬芽卵圆形，鳞片边缘具绒毛。叶卵形或宽卵形，先端急尖或渐尖，基部圆形或截形，边缘有细锐重锯齿，常 3 浅裂，稀不规则分裂或不裂，裂片三角形，下面被稀疏短柔毛；叶柄疏生柔毛，托叶草质，线状披针形，早落。伞形总状花序有 4~10 花，花序梗和花梗嫩时被稀疏柔毛，后脱落；花径 1.5~2cm，萼片三角状卵形至三角状披针形，外面无毛；与被丝托近等长或稍长；花瓣白色，宽倒卵形，基部有短爪，内面上部被稀疏长柔毛。果实椭圆形或倒卵形，直径 1~1.5cm，黄红色，果梗长 2~3.5cm。

物候期：花期 5~6 月，果期 7~8 月。

分布：产于甘肃、河南、陕西、四川。

用途：为观叶、观花、观果小乔木，常作园林观赏树种。

本园引种栽培：在本园生长良好，抗旱、抗寒性较强，能正常开花结实。

蔷薇科 Rosaceae　苹果属 Malus Mill.

楸子 *Malus prunifolia* (Willd.) Borkh.

俗名：海棠果、海红

形态特征：落叶小乔木。枝嫩枝密被短柔毛，老枝灰紫色或灰褐色，无毛。叶卵形或椭圆形，先端渐尖或急尖，基部宽楔形，边缘有细锐锯齿。花 4~10 朵组成近似伞形花序，花梗被短柔毛；苞片线状披针形，微被柔毛，早落；花径 4~5cm；萼片披针形或三角状披针形，两面均被柔毛，萼片比被丝托长；花瓣倒卵形或椭圆形，基部有短爪，白色，含苞未放时粉红色；雄蕊长约为花瓣的 1/3。果实卵形，红色，先端渐尖，稍具隆起，萼洼微突，宿存萼片肥厚，果梗细长。

物候期：花期 4~5 月，果期 8~9 月。

分布：产于河北、山东、山西、河南、陕西、甘肃、辽宁、内蒙古等省区，野生或栽培。

用途：苹果的优良砧木；可作庭园观赏树种；果实可食。

本园引种栽培：2014 年从河北引入人工苗。在本园生长良好，抗旱、抗寒性较强，能正常开花结实。

蔷薇科 Rosaceae　苹果属 *Malus* Mill.

花红 *Malus asiatica* Nakai

俗名：沙果、文林朗果、林檎

形态特征：小乔木。小枝粗壮，圆柱形，密被柔毛，老枝暗紫褐色，无毛；冬芽初密被柔毛，渐脱落。叶卵形或椭圆形，先端急尖或渐尖，基部圆形或宽楔形，边缘有细锐锯齿，下面密被短柔毛。伞房花序，具花4~7朵，集生在小枝顶端；花瓣倒卵形或长圆状倒卵形，淡粉色。果实卵形或近球形，黄色或红色；宿存萼片肥厚，隆起。

物候期：花期4~5月，果期8~9月。

分布：产于内蒙古、辽宁、河北、河南、山东、山西、陕西、甘肃、湖北、四川、贵州、云南、新疆。适生于山坡阳处、平原沙地。

用途：果实供鲜食，并可制果干、果丹皮及酿果酒；也可作园林观赏树种。

本园引种栽培：2014年从河北引入人工苗。在本园生长良好，抗旱、抗寒性较强，能正常开花结实。

蔷薇科 Rosaceae　苹果属 *Malus* Mill.

新疆野苹果 *Malus domestica* (Suckow) Borkh.

俗名： 塞威氏苹果

形态特征： 落叶乔木。树冠宽阔，常有多数主干。小枝短粗，圆柱形，二年生枝微屈曲，暗灰红色，具疏生长圆形皮孔。叶卵形或宽椭圆形，先端急尖，基部楔形，稀圆，具圆钝锯齿；幼叶下面密被长柔毛，老叶毛较少，上面沿叶脉有疏生柔毛，侧脉 4~7 对；叶柄疏生柔毛；托叶披针形，边缘有白色柔毛，早落。花序近伞形，具 3~6 花；花梗密被白色绒毛；花径 3~3.5cm；萼筒钟状，外面密被绒毛，萼片宽披针形或三角状披针形，两面均被绒毛，稍长于萼筒；花瓣倒卵形，基部有短爪，粉色；雄蕊长约花瓣之半。果实大，球形或扁球形，黄绿色，有红晕，萼洼下陷，萼片宿存，反折；果柄长 3.5~4cm，微被柔毛。

物候期： 花期 5 月，果期 8~10 月。

分布： 产于新疆西部；中亚也有分布。生于山顶、山坡或河谷地带。

用途： 陕西、甘肃、新疆等地用作苹果砧木；也可作园林观赏树种；果实可以加工成果丹皮、果酒、果酱和果汁等。

本园引种栽培： 在本园生长良好，抗旱、抗寒性较强，能正常开花结实。

蔷薇科 Rosaceae　　木瓜海棠属 *Chaenomeles* Lindl.

贴梗海棠 *Chaenomeles speciosa* (Sweet) Nakai

俗名：贴梗木瓜、皱皮木瓜、木瓜

形态特征：落叶灌木。枝条直立开展，有刺；小枝圆柱形，微屈曲，有疏生浅褐色皮孔。叶卵形至椭圆形，先端急尖，稀圆钝，边缘具有尖锐锯齿；托叶大形，草质，肾形或半圆形，有尖锐重锯齿，无毛。花先叶开放，3~5簇生于二年生老枝；花梗短粗或近无柄；花径3~5cm；被丝托钟状，外面无毛，萼片直立，半圆形，全缘或有波状齿和黄褐色睫毛；花瓣猩红色，稀淡红或白色，倒卵形或近圆形，基部下延成短爪；雄蕊多数。果实球形或卵球形，黄色或带黄绿色，有稀疏不显明斑点，味芳香；萼片脱落，果梗短或近于无梗。

物候期：花期3~5月，果期9~10月。

分布：产于陕西、甘肃、四川、贵州、云南、广东；缅甸亦有分布。

用途：各地习见栽培，花色大红、粉红、乳白，且有重瓣及半重瓣品种；枝密多刺，可作绿篱。

本园引种栽培：2018年从甘肃小龙山引种实生苗。在本园适应性一般，2019年出现抽梢现象，随着苗龄增大，抗性增强，目前能正常开花结实。

蔷薇科 Rosaceae　　蔷薇属 *Rosa* L.

玫瑰 *Rosa rugosa* Thunb.

俗名：滨茄子、滨梨、刺玫

形态特征：直立灌木。高达 2m；粗壮，丛生。小枝密被绒毛，并有针刺和腺毛，有皮刺，皮刺直立或弯曲，淡黄色，被绒毛。奇数羽状复叶，小叶 5~9，椭圆形或椭圆状倒卵形，边缘有尖锐锯齿，上面深绿色，无毛，叶脉下陷，有褶皱；下面灰绿色，中脉突起，网脉明显，密被绒毛和腺毛；叶柄和叶轴密被绒毛和腺毛。花单生叶腋或数朵簇生；苞片卵形，边缘有腺毛，外被绒毛；花梗密被绒毛和腺毛；萼片卵状披针形，常有羽状裂片而成叶状，上面有稀疏柔毛，下面密被柔毛和腺毛；花瓣紫红色至白色，芳香，半重瓣至重瓣，倒卵形。蔷薇果扁球形，砖红色，肉质，平滑，萼片宿存。

物候期：花期 5~6 月，果期 8~9 月。

分布：原产我国华北以及日本和朝鲜，我国各地均有栽培。

用途：常作园林观赏树种，或栽作树篱；鲜花可以蒸制芳香油，供食用及化妆品用；花瓣可以制饼馅、玫瑰酒、玫瑰糖浆，干制后可以泡茶；花蕾入药。

本园引种栽培：1985 年从延安树木园引入种子，播种育苗。在本园生长旺盛，抗旱、抗寒性较强，能正常开花结实。

蔷薇科 Rosaceae　蔷薇属 *Rosa* L.

月季花 *Rosa chinensis* Jacq.

俗名：月月花、月月红、月季

形态特征：直立灌木。小枝粗壮，圆柱形，有短粗的钩状皮刺。奇数羽状复叶，小叶 3~5，边缘有锐锯齿，顶生小叶片有柄，侧生小叶片近无柄，总叶柄较长，有散生皮刺和腺毛；托叶大部贴生叶柄，顶端分离部分耳状，边缘常有腺毛。花数朵集生，稀单生；萼片卵形，先端尾状渐尖，有时呈叶状，边缘常有羽状裂片；花瓣重瓣至半重瓣，红色、粉红色至白色，倒卵形，先端有凹缺，基部楔形。蔷薇果卵圆形或梨形，熟时红色，萼片脱落。

物候期：花期 4~9 月，果期 6~11 月。

分布：原产中国，各地普遍栽培。

用途：常作园林观赏树种；花可提取芳香油；花蕾、根、叶均可入药。

本园引种栽培：2019 年从长春一苗圃引进实生苗。在本园生长良好，抗旱、抗寒性较强，能正常开花结实。

蔷薇科 Rosaceae   蔷薇属 *Rosa* L.

黄刺玫 *Rosa xanthina* Lindl.

俗名： 黄刺莓、黄刺梅

形态特征： 落叶直立灌木。枝粗壮，密集，披散；小枝无毛，有散生皮刺，无针刺。奇数羽状复叶，小叶7~13，小叶片先端圆钝，基部宽楔形或近圆形，边缘有圆钝锯齿；叶轴、叶柄有稀疏柔毛和小皮刺；托叶带状披针形。花单生于叶腋；花萼外面无毛，萼片披针形，全缘，内面有稀疏柔毛；花瓣宽倒卵形，先端微凹，单瓣、重瓣或半重瓣，黄色，径3~5cm，无苞片；花柱离生，被长柔毛，微伸出萼筒。蔷薇果近球形或倒卵圆形，紫褐色或黑褐色，无毛，花后萼片反折。

物候期： 花期4~6月，果期7~8月。

分布： 东北、华北各地庭园习见栽培。

用途： 东北、华北各地庭园习见栽培，早春繁花满枝，颇为美观，也可作水土保持树种；茎皮、叶可作造纸或纤维板材料；花可提取芳香油，也可入药；果实可加工制作果酱或酿酒。

本园引种栽培： 在本园生长良好，抗旱、抗寒性较强，能正常开花结实。

龙首山蔷薇 *Rosa longshoushanica* L. Q. Zhao & Y. Z. Zhao

形态特征： 落叶灌木。枝条光滑无毛，有成对弯曲的刺，有时在老枝上有弯曲或细直的刺叶。奇数羽状复叶，小叶椭圆形、卵形、倒卵形，两面被柔毛；叶轴有时具皮刺。花单生或2~3朵簇生，花瓣5，粉红色，倒卵形，先端微凹。蔷薇果长圆形，光滑无毛，红色，具有光泽，颈部与花萼一同脱落。

物候期： 花期6~7月，果期7~10月。

分布： 产于内蒙古阿拉善右旗桃花山、龙首山，分布于我国甘肃、青海。

用途： 可作园林观赏树种；花可提取芳香油。

本园引种栽培： 在本园生长良好，抗旱、抗寒性较强，能正常开花结实。

蔷薇科 Rosaceae　　蔷薇属 *Rosa* L.

疏花蔷薇 *Rosa laxa* Retz.

形态特征： 落叶灌木。小枝圆柱形，无毛，有成对或散生的镰刀状浅黄色皮刺。奇数羽状复叶，小叶 7~9，小叶片椭圆形、长圆形或卵形，先端急尖或圆钝，边缘有单锯齿；叶轴上面有散生皮刺、腺毛和短柔毛。花常 3~6 朵组成伞房状，有时单生；苞片卵形，先端渐尖，有柔毛和腺毛；萼筒无毛或有腺毛；花瓣白色，先端凹凸不平。蔷薇果长圆形或卵球形，顶端有短颈，红色，萼片直立宿存。

物候期： 花期 6~8 月，果期 8~9 月。

分布： 产于我国新疆阿尔泰山区域；俄罗斯西伯利亚中部也有分布。多生于灌丛中、干沟边或河谷旁。

用途： 可作园林观赏树种，也可栽作绿篱；果实、根、叶可入药。

本园引种栽培： 在本园生长良好，抗旱、抗寒性较强，能正常开花结实。

蔷薇科 Rosaceae　　蔷薇属 *Rosa* L.

刺蔷薇 *Rosa acicularis* Lindl.

俗名： 大叶蔷薇

形态特征： 落叶灌木。小枝圆柱形，稍微弯曲，红褐色或紫褐色，无毛；有细直皮刺，常密生针刺，有时无刺。奇数羽状复叶，小叶 3~7，小叶片宽椭圆形或长圆形，边缘有单锯齿或不明显重锯齿，上面深绿色，下面淡绿色；叶柄和叶轴有柔毛、腺毛和稀疏皮刺；托叶大部贴生于叶柄，离生部分宽卵形，边缘有腺齿，下面被柔毛。花单生或 2~3 朵集生，花瓣粉红色，芳香，倒卵形，先端微凹，基部宽楔形。蔷薇果梨形、长椭圆形或倒卵球形，有明显颈部，红色，有光泽，有腺或无腺。

物候期： 花期 6~7 月，果期 7~9 月。

分布： 产于黑龙江、吉林、辽宁、内蒙古、河北、山西、陕西、甘肃、新疆等省区；北欧、北亚、日本、朝鲜、蒙古以至北美也有分布。

用途： 可作庭院观赏植物，也可栽作绿篱。

本园引种栽培： 2023 年从赤峰市阿鲁科尔沁旗罕山林场引入野生苗，在本园苗圃内长势良好，能正常开花结实。

蔷薇科 Rosaceae　　蔷薇属 *Rosa* L.

山刺玫 *Rosa davurica* Pall.

俗名：刺玫果、刺玫蔷薇

形态特征：直立落叶小灌木。小枝无毛，有黄色皮刺，皮刺基部膨大，稍弯曲，常成对生于小叶或叶柄基部。奇数羽状复叶，小叶 7~9，长圆形或宽披针形，有单锯齿或重锯齿，上面无毛，中脉和侧脉下陷，下面灰绿色，有腺点和稀疏短毛；叶柄和叶轴有柔毛、腺毛和稀疏皮刺；托叶大部贴生于叶柄，离生部分卵形，边缘有带腺锯齿，下面被柔毛。花单生叶腋或 2~3 朵簇生；苞片卵形，有腺齿，下面有柔毛和腺点；萼筒近圆形，无毛，萼片披针形，先端叶状，边缘有不整齐锯齿和腺毛，下面有稀疏柔毛和腺毛，上面被柔毛，边缘较密；花瓣粉红色，倒卵形，先端不平整。蔷薇果近球形或卵圆形，径 1~1.5cm，熟时红色，平滑，宿萼直立。

物候期：花期 6~7 月，果期 8~9 月。

分布：产于黑龙江、吉林、辽宁、内蒙古、河北、山西等省区；朝鲜、俄罗斯西伯利亚东部、蒙古南部也有分布。多生于山坡阳处或杂木林边、丘陵草地。

用途：常作园林观赏树种，也是很好的水土保持树种；果实营养丰富，既可生食，也可酿果酒，或加工制作饮料和果酱等食品；种子可榨玫瑰精油，花可提取芳香油，供制香水、香皂和化妆品等；花瓣还可制作糖果、糕点、蜜饯等，也可酿制玫瑰酒、熏烤玫瑰茶、调制玫瑰酱等产品；花蕾、根、叶可入药。

本园引种栽培：2023 年从赤峰市阿鲁科尔沁旗罕山林场引入野生苗，在本园苗圃内长势良好，能正常开花结实。

蔷薇科 Rosaceae   蔷薇属 *Rosa* L.

美蔷薇 *Rosa bella* Rehder & E. H. Wilson

俗名：油瓶子

形态特征： 落叶灌木，高 1~3m。小枝散生直立且基部稍膨大的皮刺，老枝常密被针刺。奇数羽状复叶，小叶 7~9；小叶椭圆形、卵形或长圆形，有单锯齿；小叶柄和叶轴有散生腺毛和小皮刺；托叶大部贴生于叶柄，离生部分卵形，边缘有腺齿，无毛。花单生或 2~3 朵集生，径 4~5cm；苞片卵状披针形，边缘有腺齿，无毛；花梗与萼筒均被腺毛；萼片卵状披针形，全缘，外面有腺毛，短于雄蕊。蔷薇果椭圆状卵圆形，径 1~1.5cm，顶端有短颈，熟时猩红色，有腺毛，宿萼直立；果柄长达 1.8cm。

物候期： 花期 5~7 月，果期 8~10 月。

分布： 产于吉林、内蒙古、河北、山西、河南等省区。多生于灌丛中、山脚下或河沟旁等处。

用途： 防风固沙、水土保持、绿化美化树种；花可提取芳香油；果实可酿制果酒，还可提取天然色素；花、果可入药。

本园引种栽培： 2023 年从乌兰察布市凉城县引入野生苗，在本园苗圃内长势良好，能正常开花结实。

蔷薇科 Rosaceae　　金露梅属 *Dasiphora* Raf.

金露梅 *Dasiphora fruticosa* (L.) Rydb.

俗名： 药王茶、金蜡梅、金老梅

形态特征： 落叶灌木。高达 2m，多分枝，树皮纵向剥落。小枝红褐色，幼时被长柔毛。羽状复叶，有小叶 2 对；叶柄被绢毛或疏柔毛；小叶片长圆形、倒卵状长圆形或卵状披针形，疏被绢毛或柔毛，或脱落近于无毛；托叶薄膜质，宽大，外面被长柔毛或脱落。单花或数朵生于枝顶；花梗密被长柔毛或绢毛；花径 2.2~3cm；萼片卵形，先端急尖至短渐尖，副萼片披针形至倒卵状披针形，先端渐尖至急尖，与萼片近等长，外面疏被绢毛；花瓣黄色，宽倒卵形。瘦果近卵圆形，熟时褐棕色，长约 1.5mm，外被长柔毛。

物候期： 花期 6~8 月，果期 8~10 月。

分布： 产于黑龙江、吉林、辽宁、内蒙古、河北、山西、陕西、甘肃、新疆、四川、云南、西藏。生于山坡草地、砾石坡、灌丛及林缘。

用途： 本种枝叶茂密，黄花鲜艳，适宜作庭园观赏灌木，或作矮篱也很美观；叶与果含鞣质，可提制栲胶；嫩叶可代茶叶饮用；花、叶入药，有健脾、化湿、清暑、调经之效；在内蒙古山区为中等饲用植物，骆驼最爱吃；藏民广泛用作建筑材料，填充在屋檐下或门窗上下。

本园引种栽培： 在本园生长良好，抗旱、抗寒性较强，能正常开花结实。

蔷薇科 Rosaceae　　金露梅属 *Dasiphora* Raf.

银露梅 *Dasiphora glabrata* (Willd. ex Schltdl.) Soják

俗名： 银老梅、长瓣银露梅

形态特征： 落叶灌木。高达 2~3m，树皮纵向剥落。小枝灰褐色或紫褐色，被稀疏柔毛。为羽状复叶，有小叶 2 对，稀 3 小叶，上面一对小叶基部下延与轴汇合；小叶片椭圆形、倒卵状椭圆形或卵状椭圆形，边缘平坦或微向下反卷，全缘，两面绿色，被疏柔毛或几无毛。顶生单花或数朵，花梗细长，疏被柔毛；花径 1.5~2.5cm；萼片卵形，先端急尖或短渐尖，副萼片披针形、倒卵状披针形或卵形，比萼片短或近等长，外面疏被柔毛；花瓣白色，倒卵形。瘦果表面被毛。

物候期： 花期 6~8 月，果期 8~10 月。

分布： 产于内蒙古、河北、山西、陕西、甘肃、青海、安徽、湖北、四川、云南；朝鲜、俄罗斯、蒙古也有分布。生于山坡草地、河谷岩石缝中、灌丛及林中。

用途： 适宜作庭园观赏灌木，或作矮篱；花、叶可入药。

本园引种栽培： 2023 年春从阿尔山引入野生小苗，在本园长势良好。

薔薇科 Rosaceae   扁核木属 *Prinsepia* Royle

东北扁核木 *Prinsepia sinensis* (Oliv.) Oliv. ex Bean

俗名： 东北蕤核、辽东扁核木

形态特征： 落叶小灌木。高达 2m，多分枝；干皮片状剥落。枝条灰绿色或紫褐色，无毛；小枝红褐色，无毛，有棱条；枝刺直立或弯曲，刺长 6~10mm，通常不生叶；冬芽小，卵圆形，先端急尖，紫红色，外面有毛。叶互生，叶片卵状披针形或披针形。花 1~4 朵簇生于叶腋，花梗无毛；花径约 1.5cm；萼筒钟状；萼片三角状卵形，全缘，萼筒和萼片外面无毛，边缘有睫毛；花瓣黄色，倒卵形。核果近球形或长圆形，红紫色或紫褐色，光滑无毛，萼片宿存；核坚硬，卵球形，微扁，有皱纹。

物候期： 花期 4 月，果期 8 月。

分布： 产于黑龙江、吉林、辽宁。生于杂木林中或阴坡的林间，或山坡开阔处以及河岸旁。

用途： 果肉质，有浆汁及香味，可食；可作北方地区园林绿化树种。

本园引种栽培： 在本园生长良好，抗旱、抗寒性较强，能正常开花结实。

蔷薇科 Rosaceae　扁核木属 *Prinsepia* Royle

蕤核 *Prinsepia uniflora* Batalin

俗名：茹茹、马茹、山桃、单花扁核木、扁核木、蕤李子、马茹刺

形态特征：落叶小灌木。高达2m，多分枝；干皮片状剥落。老枝紫褐色，树皮光滑；小枝灰绿色或灰褐色，无毛或有极短柔毛；枝刺钻形，长0.5~1cm，无毛，刺上不生叶；冬芽卵圆形，有多数鳞片。叶互生或丛生，叶片长圆状披针形或狭长圆形。花单生或2~3朵簇生于叶腋；花梗无毛；花直径8~10mm；萼筒陀螺状；萼片短三角状卵形或半圆形，全缘；花瓣白色，有紫色脉纹，倒卵形，先端啮蚀状。核果球形，红褐色或黑褐色，直径8~12mm，光滑无毛；萼片宿存，反折；核呈左右压扁的卵球形，有沟纹。

物候期：花期4月，果期8月。

分布：产于河南、山西、陕西、内蒙古、甘肃和四川等省区。生于海拔900~1100m的山坡阳处或山脚下。

用途：果实可酿酒、制醋或食用，种子可入药；可作北方地区园林绿化树种。

本园引种栽培：2022年从鄂尔多斯市乌审旗引入种子，播种育苗，在本园生长良好，能正常开花结实。

蔷薇科 Rosaceae　李属 Prunus L.

稠李 *Prunus padus* L.

俗名：臭李子、臭耳子

形态特征：落叶乔木。高可达15m，树皮粗糙而多斑纹。小枝红褐色或带黄褐色。叶椭圆形、长圆形或长圆状倒卵形，先端尾尖，基部圆形或宽楔形，有不规则锐锯齿，有时兼有重锯齿，两面无毛；叶柄幼时被绒毛，后脱落无毛，顶端两侧各具1腺体。总状花序具有多花，长7~10cm，基部有2~3叶；花序梗和花梗无毛；花径1~1.6cm；萼筒钟状，萼片三角状卵形，有带腺细锯齿；花瓣白色，长圆形；雄蕊多数。核果卵球形，红褐色至黑色，光滑；核有褶皱。

物候期：花期4~5月，果期5~10月。

分布：产于黑龙江、吉林、辽宁、内蒙古、河北、山西、河南、山东等地；朝鲜、日本、俄罗斯也有分布。

用途：花白如雪，极为壮观，是优良的蜜源及观赏树种；叶可入药；果实可生食或酿酒，也可加工成果汁、果酱、果酒等产品；种子可提取工业用油；树皮含鞣质，可提制烤胶；木材可作建筑、家具及工艺品雕刻用材。

本园引种栽培：在本园生长良好，抗旱、抗寒性较强，能正常开花结实。

蔷薇科 Rosaceae 李属 Prunus L.

斑叶稠李 *Prunus maackii* Rupr.

俗名： 山桃稠李、披针形斑叶稠李

形态特征： 落叶小乔木。高 6~16m；树皮黄褐色，光滑，成片状剥落。幼枝被柔毛，后脱落近无毛；冬芽无毛或鳞片边缘被柔毛。叶片椭圆形、菱状卵形，先端尾尖或短渐尖，基部圆形或宽楔形，有不规则带腺锐锯齿，上面沿叶脉被柔毛，下面沿中脉被柔毛，被紫褐色腺体；叶柄被柔毛，稀近无毛，先端有时有 2 腺体，或叶基部边缘两侧各有 1 腺体；托叶膜质，线形，早落。总状花序多花密集，总花梗和花梗均被稀疏短柔毛；花瓣白色，长圆状倒卵形，先端 1/3 部分啮蚀状。核果近球形，紫褐色，无毛；果柄无毛；萼片脱落；核有皱纹。

物候期： 花期 4~5 月，果期 6~10 月。

分布： 产于黑龙江、吉林和辽宁；朝鲜和俄罗斯也有分布。

用途： 为观叶、观花、观果小乔木，常作园林观赏树种。

本园引种栽培： 1999 年从东北林业大学采种，播种育苗。在本园生长良好，抗旱、抗寒性较强，能正常开花结实。

蔷薇科 Rosaceae 李属 Prunus L.

欧李 *Prunus humilis* Bunge

俗名：酸丁、乌拉奈

形态特征： 落叶小灌木。小枝灰褐色或棕褐色，被短柔毛；冬芽疏被短柔毛或几无毛。叶倒卵状长圆形或倒卵状披针形，有单锯齿或重锯齿，上面无毛，下面无毛或被稀疏短柔毛，侧脉 6~8 对；叶柄较短；托叶线形，边缘有腺体。花单生或 2~3 花簇生，花叶同开；花梗被稀疏短柔毛；萼筒长宽均约 3mm，外面被稀疏柔毛，萼片三角状卵形；花瓣白色或粉红色，长圆形或倒卵形。核果成熟后近球形，红色或紫红色；核表面除背部两侧外无棱纹。

物候期： 花期 4~5 月，果期 6~10 月。

分布： 产于黑龙江、吉林、辽宁、内蒙古、河北、山东、河南。生于阳坡沙地、山地灌丛中，或在庭园栽培。

用途： 花团锦簇，十分美观，有"中国樱花"之称，可作园林观赏、水土保持树种，也可作盆景；果可食，也可加工成果汁、果酒、果醋、果奶、罐头、果脯等食品，因果实中钙元素的含量比一般的水果都高，便诞生了其商品名"钙果"；种仁可入药；茎可作饲料和编织材料。

本园引种栽培： 2004 年从内蒙古林木种苗站采种，播种育苗。在本园生长良好，抗旱、抗寒性较强，能正常开花结实。

蔷薇科 Rosaceae　李属 *Prunus* L.

长梗郁李 *Prunus japonica* var. *nakaii* (H. Lév.) Rehder

俗名：中井郁李

形态特征：落叶灌木。小枝灰褐色，嫩枝绿色或绿褐色，无毛；冬芽卵形，无毛。叶卵圆形，边缘锯齿较深，叶柄较短。花1~3朵簇生，花与叶同开或先叶开放；花梗较长；花瓣白色或粉红色。核果近球形，深红色，直径约1cm；核表面光滑。

物候期：花期5月，果期6~7月。

分布：产于黑龙江、吉林、辽宁；朝鲜也有分布。生于山地向阳山坡。

用途：可作园林观赏树种；种仁可入药。

本园引种栽培：在本园生长一般，时有干梢现象发生，能正常开花结实。

蔷薇科 Rosaceae　李属 *Prunus* L.

毛樱桃 *Prunus tomentosa* Thunb.

俗名： 樱桃、山樱桃、野樱桃

形态特征： 落叶灌木，稀呈小乔木状。小枝紫褐色或灰褐色；嫩枝密被绒毛至无毛；冬芽疏被柔毛或无毛。叶卵状椭圆形或倒卵状椭圆形，先端急尖或渐尖，基部楔形，边缘有急尖或粗锐锯齿，上面暗绿色或深绿色，被疏柔毛，下面灰绿色，密被灰色绒毛或以后变稀疏。花单生或2朵簇生，花叶同开；萼筒管状或杯状，萼片三角状卵形；花瓣白色或粉红色，倒卵形；雄蕊短于花瓣。核果近球形，红色，核表面除棱脊两侧有纵沟外，无棱纹。

物候期： 花期4~5月，果期6~9月。

分布： 产于黑龙江、吉林、辽宁、内蒙古、河北、山西、陕西、甘肃、宁夏、青海、山东、四川、云南、西藏。生于山坡林中、林缘、灌丛中或草地。

用途： 花朵娇小，果实艳丽，常作园林观赏树种；果实微酸甜，可食，也可酿酒；种仁含油率高，可制肥皂及润滑油；种仁入药，商品名大李仁，有润肠利水之效。

本园引种栽培： 在本园生长良好，抗旱、抗寒性较强，能正常开花结实。

蔷薇科 Rosaceae 李属 *Prunus* L.

榆叶梅 *Prunus triloba* Lindl.

俗名：额勒伯特－其其格、小桃红

形态特征： 灌木，稀小乔木。枝条开展，小枝灰色。短枝上的叶常簇生，一年生枝上的叶互生；叶片宽椭圆形至倒卵形，常3裂，基部宽楔形，上面具疏柔毛或无毛，下面被短柔毛，边缘具粗锯齿或重锯齿。花1~2朵，先叶开放，径2~3cm；萼筒宽钟形，萼片卵形或卵状披针形，无毛，近先端疏生小齿；花瓣近圆形或宽倒卵形，粉红色。果实近球形，红色，外被短柔毛；核近球形，具厚硬壳，两侧几不压扁，顶端钝圆，具不整齐网纹。

物候期： 花期4~5月，果期5~7月。

分布： 产于黑龙江、吉林、辽宁、内蒙古、河北、山西、陕西、甘肃、山东、江西、江苏、浙江等省区；中亚也有分布。

用途： 观赏树种，全国各地广泛栽植。

本园引种栽培： 在本园生长良好，抗旱、抗寒性较强，能正常开花结实。

蔷薇科 Rosaceae　　李属 *Prunus* L.

重瓣榆叶梅 *Prunus triloba* 'Multiplex'

俗名：小桃红

形状特征：花重瓣，2~3轮，覆瓦状排列，花型为玉盘型，花多而密集；内轮花瓣浅粉红色，外轮花瓣逐渐呈现深粉红色；萼片通常10枚；果实生长期为绿色，成熟期为橙红色。

物候期：花期3~4月，果期5~6月。

分布：中国东北、华北、华中等地有栽培。

用途：花大而美丽，常作园林观赏树种。

本园引种栽培：在本园生长良好，抗旱、抗寒性较强，能正常开花结实。

蔷薇科 Rosaceae　　李属 *Prunus* L.

李 *Prunus salicina* Lindl.

俗名：玉皇李、嘉庆子、山李子

形态特征：落叶乔木；树冠广圆形，树皮灰褐色，起伏不平。小枝无毛；冬芽无毛。叶长圆状倒卵形、长椭圆形，先端渐尖、急尖或短尾尖，基部楔形，边缘有圆钝重锯齿；叶柄近顶端有2~3腺体。花通常3朵并生，花梗无毛；花径1~5~2.2cm；萼筒钟状，萼片长圆状卵形，萼筒和萼片外面均无毛；花瓣白色，长圆状倒卵形，先端啮蚀状。核果球形、卵球形或近圆锥形，黄色或红色，外被蜡粉；核卵圆形或长圆形，有皱纹。

物候期：花期4月，果期7~8月。

分布：产于陕西、甘肃、四川、云南、贵州、湖南、湖北、江苏、浙江、江西、福建、广东、广西和台湾，我国及世界各地均有栽培。生于山坡灌丛、山谷疏林中或水边、沟底、路旁等处。

用途：温带重要果树，果实酸甜适口，含丰富的蛋白质、维生素C及钙、磷等元素，不仅可直接鲜食，还可加工制作罐头、果脯、果干、果酱、果汁、果酒、蜜饯等；可作观赏树种、蜜源树种、水土保持树种；也可作为培育寒地李的良好亲本；根、根皮、叶、果实均可入药。

本园引种栽培：在本园生长良好，抗旱、抗寒性较强，能正常开花结实。

蔷薇科 Rosaceae 李属 *Prunus* L.

紫叶矮樱 *Prunus × cistena* N. E. Hansen ex Koehne

俗名： 紫叶李

形态特征： 落叶灌木或小乔木。枝条幼时紫褐色，通常无毛，老枝有皮孔，分布于整个枝条；当年生枝条木质部红色。叶长卵形或卵状长椭圆形，先端渐尖，叶基部广楔形，叶缘有不整齐的细钝齿，叶面红色或紫色，背面色彩更红，新叶顶端鲜紫红色。花单生，中等偏小，淡粉红色，花瓣 5 片。核果球形，红褐色。

物候期： 花期 4~5 月，果期 6~7 月。

分布： 是紫叶李和矮樱的杂交种，各地均有栽培；中国华北、华中、华东、华南等地均适宜栽培，东北的辽宁、吉林南部等地冬季可以安全越冬。

用途： 为观花、观叶灌木，可作园林观赏树种。

本园引种栽培： 在本园生长一般，受遮阴等环境因素的影响，生长缓慢，能正常开花结实。

蔷薇科 Rosaceae　李属 *Prunus* L.

西部沙樱 *Prunus pumila* var. *besseyi* (L. H. Bailey) Waugh

俗名：矮樱桃、沙漠樱桃

形态特征：落叶灌木。多分枝，枝开展，枝条棕红褐色，稍纵向剥裂，嫩枝浅褐色，常被短柔毛。单叶互生或簇生于断枝上，叶片倒卵形或椭圆形，叶背面有蜡质，边缘有锯齿状缺刻，平行脉，主脉突出明显，光滑，红褐色，正面有凹槽；有托叶，托叶早落。花单生于短枝上，花瓣5，白色。核果球形，稍扁，成熟时暗紫红色。

物候期：花期4~5月，果期7~9月。

分布：原产美国中北部及加拿大，2010年引入我国黑龙江省西部地区。

用途：观花观果灌木；喜光，抗风沙，耐干旱瘠薄，常用作沙漠绿化树种；果实硕大、味美，维生素含量高，且挂果率及产量高，可作为经济林树种大力推广。

本园引种栽培：2022年从内蒙古林科院沙尔沁种苗基地引入实生苗。在本园长势较好，生长旺盛，能正常开花结实。

蔷薇科 Rosaceae　　李属 *Prunus* L.

杏 *Prunus armeniaca* L.

俗名： 归勒斯、杏花、杏树

形态特征： 落叶乔木。树冠圆形、扁圆形或长圆形；树皮灰褐色，纵裂。小枝无毛。叶宽卵形或圆卵形，先端尖或短渐尖，基部圆形或近心形，有钝圆锯齿；叶柄长 2~3.5cm，无毛，基部常具 1~6 腺体。花单生，先于叶开放；花瓣圆形至倒卵形，白色或带红色，具短爪。核果球形，稀倒卵形，白色、黄色至黄红色，常具红晕，微被短柔毛；果肉多汁，成熟时不开裂；核卵形或椭圆形，两侧扁平；种仁味苦或甜。

物候期： 花期 3~4 月，果期 6~7 月。

分布： 全国各地均产，多数为栽培，尤以华北、西北和华东地区种植较多，少数地区逸为野生；世界各地均有栽培。

用途： 可作园林观赏树种；果实可食；种仁（杏仁）入药，有止咳祛痰、定喘润肠之效；木材可制家具。

本园引种栽培： 在本园生长良好，抗旱、抗寒性较强，能正常开花结实。

山杏 *Prunus sibirica* L.

俗名： 西伯利亚杏

形态特征： 落叶灌木或小乔木。树皮暗灰色。小枝无毛，灰褐色或淡红褐色。叶卵形或近圆形，先端长渐尖至尾尖，基部圆形至近心形，叶缘有细钝锯齿，两面无毛。花单生，花萼紫红色，花瓣近圆形或倒卵形，白色或粉红色；雄蕊与花瓣近等长。核果扁球形，直径1.5~2.5cm，黄色或橘红色，有时具红晕，被短柔毛；果肉较薄而干燥，成熟时开裂。

物候期： 花期3~4月，果期6~7月。

分布： 产于黑龙江、吉林、辽宁、内蒙古、甘肃、河北、山西等地；蒙古东部和东南部、俄罗斯远东和西伯利亚也有分布。

用途： 本种耐寒，又抗旱，可作砧木，是选育耐寒杏品种的优良原始材料；种仁供药用，可作扁桃的代用品，并可榨油。

本园引种栽培： 在本园生长良好，抗逆性较强，能正常开花结实。

蔷薇科 Rosaceae 李属 *Prunus* L.

蒙古扁桃 *Prunus mongolica* Maxim.

俗名: 乌兰-布衣勒斯

形态特征: 落叶灌木;枝条开展,多分枝,小枝顶端成枝刺;嫩枝红褐色,老时灰褐色。短枝上叶多簇生,长枝上叶常互生;叶片宽椭圆形、近圆形或倒卵形,先端圆钝,有时具小尖头。花单生,稀数朵簇生于短枝上,花梗极短;花瓣倒卵形,粉红色。核果宽卵球形,顶端具急尖头,外面密被柔毛;果肉薄,成熟时开裂,离核;种仁扁宽卵形,浅棕褐色。

物候期: 花期5月,果期8月。

分布: 产于内蒙古、甘肃、宁夏;蒙古也有分布。生于荒漠区和荒漠草原区的低山丘陵坡麓、石质坡地及干河床。

用途: 可作观赏树种;种仁可榨油,也可供药用。

本园引种栽培: 1979年从贺兰山采种,播种育苗。在本园生长良好,适应性强,能正常开花结实。

蔷薇科 Rosaceae　李属 *Prunus* L.

长梗扁桃 *Prunus pedunculata* (Pall.) Maxim.

俗名：布衣勒斯、长柄扁桃

形态特征：落叶灌木。枝开展，具大量短枝。短枝上叶密集簇生，一年生枝上的叶互生；叶片椭圆形、近圆形或倒卵形。花单生，稍先于叶开放；花瓣近圆形，有时先端微凹，粉红色。核果近球形或卵球形，顶端具小尖头，成熟时暗紫红色，密被短柔毛；果肉薄而干燥，成熟时开裂，离核；核宽卵形。

物候期：花期5月，果期7~8月。

分布：产于内蒙古、宁夏；蒙古和俄罗斯西伯利亚也有分布。

用途：可作园林观赏、防风固沙树种；种子可提取工业用油，种仁可入药；果实和枝叶可作牲畜饲料。

本园引种栽培：2001年从内蒙古巴彦淖尔磴口实验局采种，播种育苗。在本园生长良好，抗旱、抗寒性较强，能正常开花结实。

蔷薇科 Rosaceae   李属 Prunus L.

扁桃 *Prunus amygdalus* Batsch

俗名：八担杏、巴旦杏

形态特征：中型落叶乔木或灌木。枝直立或平展，无刺，具多数短枝。一年生枝上的叶互生，短枝上的叶常靠近而簇生；叶片披针形或椭圆状披针形。花单生，先于叶开放，着生在短枝或一年生枝上；花瓣长圆形，白色至粉红色。核果斜卵形或长圆状卵形，扁平，果肉薄，成熟时开裂；核卵形、宽椭圆形或短长圆形，核壳硬，黄白色至褐色。

物候期：花期 3~4 月，果期 7~8 月。

分布：原产亚洲西部，我国新疆、陕西、甘肃等地区有少量栽培。

用途：扁桃抗旱性强，可作桃和杏的砧木；木材坚硬，可制作小家具和施工用具；扁桃仁可作糖果、糕点、制药和化妆品工业的原料；核壳中提出的物质可作酒类的着色剂等。

本园引种栽培：在本园生长良好，抗旱、抗寒性较强，能正常开花结实。

蔷薇科 Rosaceae　　李属 *Prunus* L.

山桃 *Prunus davidiana* (Carrière) Franch.

俗名： 陶古日、野桃、山毛桃

形态特征： 落叶乔木。树冠开展；树皮暗紫色，光滑。小枝细长，幼时无毛。叶卵状披针形，先端渐尖，基部楔形，两面无毛，叶缘具细锐锯齿。花单生，先于叶开放；花瓣倒卵形或近圆形，粉红色，先端圆钝，稀微凹。核果近球形，淡黄色，外面密被短柔毛；果肉薄而干，不可食，成熟时不开裂；核球形或近球形，两侧不压扁。

物候期： 花期3~4月，果期7~8月。

分布： 产于山东、河北、河南、山西、陕西、甘肃、四川、云南等地。

用途： 在华北地区主要作桃、梅、李等果树的砧木；也可供观赏；木材质硬而重，可制作手杖和工艺品等；果核可制作玩具或念珠；种仁可榨油供食用。

本园引种栽培： 在本园生长良好，抗旱、抗寒性较强，能正常开花结实。

薔薇科 Rosaceae　　悬钩子属 Rubus L.

茅莓 *Rubus parvifolius* L.

俗名：茅莓悬钩子、三月泡

形态特征：落叶灌木。枝呈弓形弯曲，被柔毛和稀疏钩状皮刺。小叶3枚，在新枝上偶有5枚，菱状圆形或倒卵形，上面伏生疏柔毛，下面密被灰白色绒毛；叶柄、顶生小叶柄均被柔毛和稀疏小皮刺。伞房花序顶生或腋生，具花数朵至多朵，被柔毛和细刺；花瓣卵圆形或长圆形，粉红至紫红色。果实卵球形，红色，无毛或具稀疏柔毛。

物候期：花期5~6月，果期7~8月。

分布：产于我国大部分湿润半湿润区；日本、朝鲜也有分布。生于山坡杂木林下、向阳山谷、路旁或荒野。

用途：可作园林观赏树种、蜜源树种；果实可食用；全株可入药。

树木园引种情况：在本园生长良好，抗旱、抗寒性较强，能正常开花结实。

蔷薇科 Rosaceae　　悬钩子属 *Rubus* L.

库页悬钩子 *Rubus sachalinensis* H. Lév.

俗名：沙窝窝

形态特征： 落叶灌木或矮小灌木。枝紫褐色,小枝色较浅,被较密黄色、棕色或紫红色直立针刺,并混生腺毛。小叶常3枚,不孕枝上有时具5小叶,卵形、卵状披针形或长圆状卵形,顶端急尖,顶生小叶顶端常渐尖,基部圆形,顶生小叶基部有时浅心形,上面无毛或稍有毛,下面密被灰白色绒毛;顶生小叶柄长1~2cm,侧生小叶几无柄,均具柔毛、针刺或腺毛;托叶线形,有柔毛或疏腺毛。花5~9朵成伞房状花序,顶生或腋生,总花梗和花梗具柔毛,密被针刺和腺毛;花瓣舌状或匙形,白色。果实卵球形,红色,具绒毛。

物候期： 花期6~7月,果期8~9月。

分布： 产于黑龙江、吉林、内蒙古、河北、甘肃、青海、新疆;日本、朝鲜及俄罗斯等欧洲国家也有分布。生于潮湿密林下、稀疏杂木林内、林缘、林间草地或干沟石缝、谷底石堆中。

用途： 可作园林观赏树种、水土保持树种;果实可食,也可加工果酱;茎、叶可入药。

本园引种栽培： 2023年春季从赤峰市阿鲁科尔沁旗罕山林场引入野生苗,在本园长势良好。

豆科 Fabaceae　　槐属 *Styphnolobium* Schott

槐 *Styphnolobium japonicum* (L.) Schott

俗名： 国槐、豆槐、槐花树

形态特征： 落叶乔木。树皮灰褐色，具纵裂纹。芽隐藏于叶柄基部；当年生枝绿色，生于叶痕中央。羽状复叶，小叶 7~15，卵状长圆形或卵状披针形，先端渐尖，具小尖头，基部圆形或宽楔形，上面深绿色，下面苍白色；叶柄基部膨大，托叶早落，小托叶宿存。圆锥花序顶生，常呈金字塔形，花长 1.2~1.5cm；花萼浅钟状，具 5 浅齿，疏被毛；花冠乳白色或黄白色，旗瓣近圆形，有紫色脉纹，具短爪，翼瓣较龙骨瓣稍长，有爪。荚果串珠状，长 2.5~5cm 或稍长，径约 1cm，中果皮及内果皮肉质，不裂，具 1~6 种子；种子间缢缩不明显，排列较紧密。

物候期： 花期 7~8 月，果期 8~10 月。

分布： 原产中国，华北和黄土高原地区尤为多见；日本、越南也有分布，朝鲜有野生分布，欧洲、美洲各国均有引种。

用途： 可作园林观赏树种、蜜源树种；花、果实、叶、根可入药；木材可制家具；种子可提取工业用油及润滑油。

本园引种栽培： 1978 年从北京引种，播种育苗，苗期和幼树抗寒、抗旱性差，每年新枝干枯 1/2 左右，随着苗龄增大，抗性增强。现在本园生长良好，能正常开花结实。

豆科 Fabaceae 苦参属 *Sophora* L.

砂生槐 *Sophora moorcroftiana* (Benth.) Benth. ex Baker

俗名：狼牙刺

形态特征： 落叶小灌木。分枝多而密集，小枝密被灰白色绒毛，不育枝末端常变成健壮的刺，有时分叉。羽状复叶，托叶钻状，初时稍硬，后变成刺，宿存；小叶 5~7 对，倒卵形，先端钝或微缺，常具芒尖。总状花序生于小枝顶端，花较大，花萼蓝色，浅钟状；花冠蓝紫色，旗瓣卵状长圆形，先端微凹。荚果呈不明显串珠状，稍压扁。

物候期： 花期 5~7 月，果期 7~10 月。

分布： 产于我国西藏（雅鲁藏布江流域）。生于山谷河溪边的林下或石砾灌木丛中。

用途： 耐旱、耐寒、耐瘠薄、抗风沙，可作防风固沙树种，更是生物围栏的良好材料；花期长，花色美，既是观赏植物，也是蜜源植物；枝叶饲用价值较高；茎杆还可作燃料；种子可入药。

本园引种栽培： 2023 年春季从甘肃民勤引入一年生苗，在本园长势良好。

豆科 Fabaceae   木蓝属 *Indigofera* L.

花木蓝 *Indigofera kirilowii* Maxim. ex Palibin

俗名：吉氏木蓝

形态特征：落叶小灌木。茎圆柱形，无毛，幼枝有棱，疏生白色丁字毛。羽状复叶长，叶轴上面略扁平，有浅槽；托叶披针形；小叶2~5对，对生，阔卵形、卵状菱形或椭圆形，中脉上面微隆起，下面隆起，侧脉两面明显。总状花序疏花，长5~20cm；花梗无毛；花萼杯状，无毛，萼齿披针状三角形；花冠淡红色，稀白色，旗瓣椭圆形，长1.2~1.7cm，外面无毛，边缘有短毛，与翼瓣、龙骨瓣近等长。荚果棕褐色，圆柱形，无毛，具10余种子；果柄平展。

物候期：花期5~7月，果期8月。

分布：产于吉林、辽宁、河北、山东、江苏（连云港）；朝鲜、日本也有分布。生于山坡灌丛及疏林内或岩缝中。

用途：可作园林观赏树种可作园林观赏树种，宜用作花篱，也适于公路、铁路、护坡、路旁绿化，还是花坛、花境材料；蜜源树种；木材可作家具；全株可入药。

本园引种栽培：2023年春季从赤峰元宝山引入野生苗，在本园苗圃内长势良好，能正常开花结实。

豆科 Fabaceae 刺槐属 *Robinia* L.

刺槐 *Robinia pseudoacacia* L.

俗名：洋槐、槐花

形态特征：落叶乔木。树皮灰褐色至黑褐色，浅裂至深纵裂。小枝灰褐色，具托叶刺。羽状复叶，小叶常对生，椭圆形、长椭圆形或卵形。总状花序腋生，长10~20cm，下垂；花芳香；花序轴与花梗被平伏细柔毛；花萼斜钟形，萼齿5，三角形或卵状三角形，密被柔毛；花冠白色，花瓣均具瓣柄，旗瓣近圆形，反折，翼瓣斜倒卵形，与旗瓣几等长，龙骨瓣镰状，三角形；雄蕊二体。荚果褐色，或具红褐色斑纹，线状长圆形，扁平，先端上弯，具尖头。

物候期：花期4~6月，果期8~9月。

分布：原产美国东部，17世纪传入欧洲及非洲，我国于18世纪末从欧洲引入青岛栽培，现全国各地广泛栽植。

用途：刺槐速生、抗盐碱能力显著，为我国重要的生态造林树种；花香浓郁，为优良蜜源树种；花可食用，人们常炒食，或用来做馅、做饼，或拌面蒸食；优良薪炭林树种；刺槐叶是牲畜饲料的优质配料；木材可制家具等；花、根可入药；种子可制作肥皂、油漆等；树皮可提炼栲胶。

本园引种栽培：在本园生长良好，抗旱、抗寒性较强，能正常开花结实。

豆科 Fabaceae　　刺槐属 *Robinia*

香花槐 *Robinia×ambigua* 'Idahoensis'

形态特征： 落叶乔木。树皮褐色至灰褐色羽状复叶，叶椭圆形至卵状长圆形。花密生成总状花序，作下垂状；花被红色，有浓郁的芳香气味。无荚果，不结种子。

物候期： 花期5~7月。

分布： 原产西班牙，1992年引入中国试种成功。

用途： 可作园林观赏树种、蜜源树种；木材可制家具。

本园引种栽培： 在本园生长良好，能正常开花。

豆科 Fabaceae 锦鸡儿属 *Caragana* Fabr.

树锦鸡儿 *Caragana arborescens* Lam.

俗名： 陶日格-哈日嘎纳、蒙古锦鸡儿

形态特征： 落叶小乔木或大灌木。老枝深灰色，小枝有棱，幼时被柔毛，绿色或黄褐色。羽状复叶，托叶针刺状；小叶长圆状倒卵形、狭倒卵形或椭圆形，先端圆钝，具刺尖。花梗2~5簇生，每梗1花，关节在上部，苞片小，刚毛状；花萼钟状，萼齿短宽；花冠黄色，长16~20mm，旗瓣菱状宽卵形，宽与长近相等，先端圆钝，具短瓣柄，翼瓣长圆形，较旗瓣稍长，瓣柄长为瓣片的3/4，耳距状，长不及瓣柄的1/3，龙骨瓣较旗瓣稍短，瓣柄较瓣片略短，耳钝或略呈三角形。荚果圆筒形，先端渐尖，无毛。

物候期： 花期5~6月，果期8~9月。

分布： 产于黑龙江、内蒙古东北部、河北、山西、陕西、甘肃东部、新疆北部；俄罗斯也有分布。

用途： 可作园林观赏树种，也可作水土保持树种；根皮可入药；嫩枝叶可作饲料。

本园引种栽培： 2005年从甘肃民勤采种，播种育苗。在本园生长良好，抗旱、抗寒性较强，能正常开花结实。

豆科 Fabaceae　　锦鸡儿属 Caragana Fabr.

甘蒙锦鸡儿 *Caragana opulens* Kom.

俗名： 柴布日－哈日嘎纳

形态特征： 落叶灌木。树皮灰褐色，有光泽。小枝细长，稍呈灰白色，有明显条棱。假掌状复叶有 4 片小叶；托叶在长枝者硬化成针刺，直或弯，在短枝者较短，脱落；小叶倒卵状披针形，有短刺尖，绿色。花梗单生，纤细，关节在顶部或中部以上；花萼管状钟形，基部一侧呈囊状，萼齿三角形，边缘有短毛；花冠黄色，旗瓣宽卵形，长 2~2.5cm，有时稍带红色，翼瓣顶端钝，耳长圆形，瓣柄稍短于瓣片，龙骨瓣略短于旗瓣。荚果圆筒状，先端短渐尖，无毛。

物候期： 花期 5~6 月，果期 6~7 月。

分布： 产于内蒙古、河北、山西、陕西、宁夏、甘肃、青海东部、四川北部、西藏昌都等地区。

用途： 优良固沙和绿化荒山植物，也可作园林观赏树种；枝叶可作饲料。

本园引种栽培： 2005 年从甘肃民勤采种，播种育苗。在本园生长良好，抗旱、抗寒性较强，能正常开花结实。

豆科 Fabaceae 锦鸡儿属 Caragana Fabr.

中间锦鸡儿 *Caragana liouana* Zhao Y. Chang & Yakovlev

形态特征： 落叶灌木。老枝黄灰色或灰绿色，幼枝被柔毛。羽状复叶有 3~8 对小叶；托叶在长枝者硬化成针刺，宿存；叶轴密被白色长柔毛，脱落；小叶椭圆形或倒卵状椭圆形，有短刺尖，基部宽楔形，两面密被长柔毛。花单生，关节在中部以上；花萼管状钟形，密被短柔毛，萼齿三角形；花冠黄色，长 2~2.5cm，旗瓣宽卵形或近圆形，具短瓣柄，翼瓣顶端稍尖，瓣柄与瓣片近等长，耳齿状。荚果披针形或长圆状披针形，扁，先端短渐尖。

物候期： 花期 5 月，果期 6 月。

分布： 产于内蒙古、陕西北部、宁夏。生于半固定和固定沙地、黄土丘陵。

用途： 优良固沙和绿化荒山植物，也可作园林观赏树种；花、根、种子可入药；嫩枝叶可作饲料。

本园引种栽培： 2005 年从甘肃民勤采种，播种育苗。在本园生长良好，抗旱、抗寒性较强，能正常开花结实。

豆科 Fabaceae　　锦鸡儿属 Caragana Fabr.

小叶锦鸡儿 *Caragana microphylla* Lam.

俗名： 灰毛小叶锦鸡儿

形态特征： 落叶灌木；高达 2~3m。老枝深灰色或黑绿色，幼枝被毛。羽状复叶有 5~10 对小叶；托叶脱落；小叶倒卵形或倒卵状长圆形，先端圆或钝，具短刺尖，幼时被短柔毛。花单生，花梗近中部具关节，被柔毛；花萼管状钟形，萼齿宽三角形，先端尖；花冠黄色，长约 2.5cm，旗瓣宽倒卵形，基部具短瓣柄，翼瓣的瓣柄长为瓣片的 1/2，耳齿状，龙骨瓣的瓣柄与瓣片近等长，耳不明显。荚果圆筒形，长 4~5cm，宽 4~5mm，稍扁，无毛，具锐尖头，无柄。

物候期： 花期 5~6 月，果期 7~8 月。

分布： 产于东北、华北及山东、陕西、甘肃；蒙古、俄罗斯也有。生于固定、半固定沙地。

用途： 枝条可作绿肥；嫩枝叶可作饲草；固沙和水土保持植物。

本园引种栽培： 2023 年从赤峰市巴林右旗引入野生种，在本园生长良好，能正常开花结实。

豆科 Fabaceae 锦鸡儿属 Caragana Fabr.

红花锦鸡儿 *Caragana rosea* Turcz. ex Maxim.

俗名： 金雀儿、黄枝条、乌兰—哈日嘎纳

形态特征： 落叶灌木。树皮绿褐色或灰褐色，小枝细长，具条棱，托叶在长枝者成细针刺。假掌状复叶有小叶2对；托叶在长枝上的呈细针刺状，宿存，在短枝上的脱落；叶轴呈针刺状，脱落或宿存；小叶倒卵形，近革质，先端圆钝或微凹，具刺尖，基部楔形，无毛或有时下面沿脉疏被柔毛。花单生，花梗关节在中部以上，无毛；花萼管状钟形，常带紫红色，基部不膨大，萼齿三角形，内面密被短柔毛；花冠黄色，常带紫红色或全部淡红色，凋时变为红色。长2~2.2cm，旗瓣长圆状倒卵形，先端凹，基部渐窄成宽瓣柄，翼瓣与旗瓣近等长，瓣柄稍短于瓣片，耳短齿状，龙骨瓣略短于翼瓣。荚果圆筒形，具渐尖头。

物候期： 花期4~6月，果期6~7月。

分布： 产于东北、华北、华东及河南、甘肃南部。生于山坡及沟谷。

用途： 优良固沙和绿化荒山植物，也可作园林观赏树种；花蕾可食用；根可入药。

本园引种栽培： 2005年从甘肃民勤采种，播种育苗。在本园生长良好，抗旱、抗寒性较强，能正常开花结实。

豆科 Fabaceae　　锦鸡儿属 Caragana Fabr.

川西锦鸡儿 Caragana erinacea Kom.

俗名： 来缠夜肖、西藏锦鸡儿

形态特征： 落叶灌木。老枝绿褐色或褐色，常具黑色条棱，有光泽；一年生枝黄褐色或褐红色。托叶褐红色，脱落或宿存；长枝上的叶轴硬化，宿存，短枝上的叶轴稍硬化，宿存或脱落；小叶 2~4 对，在短枝上的通常 2 对，羽状排列，线形、倒披针形或倒卵状长圆形，先端锐尖，上面无毛，下面疏被短柔毛。花 1~4 朵簇生于叶腋；花梗极短，被短伏毛或无毛；花萼管状；花冠黄色，长 1.8~2.5cm，旗瓣卵形至长圆状倒卵形，有时中部及顶部呈紫红色，翼瓣稍长于旗瓣，瓣柄稍长于瓣片，耳小，龙骨瓣与旗瓣近等长。荚果圆筒形，先端尖，无毛或被短柔毛。

物候期： 花期 5~6 月，果期 8~9 月。

分布： 产于甘肃南部、青海东部、四川西部、西藏、云南。生于山坡草地、林缘、灌丛、河岸、沙丘。

用途： 优良固沙和绿化荒山植物，也可作园林观赏树种；根可入药；嫩枝叶可作饲料。

本园引种栽培： 2005 年从甘肃民勤采种，播种育苗。在本园生长良好，抗旱、抗寒性较强，能正常开花结实。

豆科 Fabaceae 锦鸡儿属 *Caragana* Fabr.

荒漠锦鸡儿 *Caragana roborovskyi* Kom.

俗名：洛氏锦鸡儿、猫耳刺

形态特征：落叶灌木。直立或外倾，由基部多分枝。老枝黄褐色，被深灰色剥裂皮；嫩枝密被白色柔毛。羽状复叶有小叶3~6对；托叶膜质，被柔毛，具刺尖；叶轴硬化成针刺，宿存，密被柔毛；小叶宽倒卵形或长圆形，先端圆或锐尖，具刺尖，基部楔形，两面密被白色丝质柔毛。花梗单生，关节在中部到基部，密被柔毛；花萼管状，密被白色柔毛，萼齿披针形；花冠黄色，旗瓣常带紫色，瓣片倒卵形，翼瓣瓣柄长为瓣片的1/2，耳线形，略短于瓣柄，龙骨瓣先端尖。荚果圆筒状，被白色长柔毛，先端具尖头，花萼常宿存。

物候期：花期5月，果期6~7月。

分布：产于内蒙古西部、宁夏、甘肃、青海东部、新疆。生于干山坡、山沟、黄土丘陵、沙地。

用途：优良固沙和绿化荒山植物，也可作园林观赏树种；根可入药；嫩枝叶可作饲料；种子可用于制作肥皂；树皮可作为染料的原料。

本园引种栽培：2007年从甘肃民勤采种，播种育苗。在本园生长良好，抗旱、抗寒性较强，能正常开花结实。

豆科 Fabaceae　锦鸡儿属 Caragana Fabr.

狭叶锦鸡儿 Caragana stenophylla Pojark.

俗名： 母猪刺、皮溜刺

形态特征： 落叶矮灌木。树皮灰绿色、黄褐色或深褐色。小枝细长，具条棱，嫩时被短柔毛。假掌状复叶有4片小叶；托叶在长枝者硬化成针刺，长枝上叶柄硬化成针刺，宿存，直伸或向下弯，短枝上叶无柄，簇生；小叶线状披针形或线形。花梗单生，关节在中部稍下；花萼钟状管形，无毛或疏被毛，萼齿三角形，具短尖头；花冠黄色，旗瓣圆形或宽倒卵形，中部常带橙褐色，瓣柄短宽，翼瓣上部较宽，瓣柄长约为瓣片的1/2，耳长圆形，龙骨瓣的瓣柄较瓣片长1/2，耳短钝。荚果圆筒形。

物候期： 花期4~6月，果期7~8月。

分布： 产于东北、内蒙古、河北、山西、陕西、宁夏、甘肃西北部、新疆东部及北部；俄罗斯和蒙古也有分布。生于沙地、黄土丘陵、低山阳坡。

用途： 良好的固沙和水土保持植物，也可作园林观赏树种；根可入药；嫩枝叶可作饲料。

本园引种栽培： 2007年从甘肃民勤采种，播种育苗。在本园生长一般，能正常开花结实。

豆科 Fabaceae　　锦鸡儿属 *Caragana* Fabr.

铃铛刺 *Caragana halodendron* (Pall.) Dum. Cours.

俗名： 耐碱树、盐豆木、白花盐豆木

形态特征： 落叶灌木。树皮暗灰褐色。分枝密,具短枝,长枝褐色,无毛,当年生小枝密被白色柔毛。偶数羽状复叶,小叶 2~4,倒披针形,先端圆或微凹,基部楔形,幼时两面密被银白色绢毛,小叶柄短；叶轴宿存,针刺状；托叶宿存,针刺状。总状花序生于短枝,具 2~5 花,花序梗密被绢毛；花梗细；花萼钟状,基部偏斜,萼齿极短；花长 1~1.6cm,花冠淡紫色或紫红色,稀白色,旗瓣圆形,边缘微卷；翼瓣的瓣柄与耳等长,龙骨瓣半圆形,稍短于翼瓣。荚果长圆形,膨胀,厚革质,长 1.5~2.5cm,背腹稍扁,基部偏斜,顶端有喙,具多数种子。

物候期： 花期 7 月,果期 8 月。

分布： 产于内蒙古西北部和新疆、甘肃；中亚、俄罗斯和蒙古也有。

用途： 可作改良盐碱土和固沙植物,也可作园林观赏树种或栽培作绿篱；蜜源植物；枝叶富含蛋白质,可作饲料,骆驼、羊等喜食。

本园引种栽培： 在本园生长良好,抗旱、抗寒性较强,能正常开花结实。

豆科 Fabaceae　　皂荚属 *Gleditsia* L.

山皂荚 *Gleditsia japonica* Miq.

俗名：日本皂荚、皂荚树、山皂角

形态特征：落叶乔木。小枝紫褐色，微有棱，具分散的白色皮孔；刺略扁，粗壮，紫褐色至棕黑色，常分枝。叶为一回或二回羽状复叶，羽片2~6对；小叶3~10对，多卵状长圆形，先端圆钝，有时微凹，基部宽楔形或圆形，微偏斜，全缘或具波状疏圆齿，上面网脉不明显。花黄绿色，组成穗状花序，腋生或顶生；雄花序长8~20cm，雌花序长5~16cm；雄花径5~6mm，花萼管外面密被褐色短柔毛，萼片3~4，两面均被柔毛，花瓣4，被柔毛，雄蕊6~8；雌花径5~6mm，萼片和花瓣均为4~5，两面密被柔毛，不育雄蕊4~8，子房无毛。荚果带形，扁平，不规则旋扭或弯曲作镰刀状，先端具喙，果瓣革质，棕色或棕黑色，常具泡状隆起，无毛，有光泽。

物候期：花期4~6月，果期6~11月。

分布：产于辽宁、河北、山东、河南、江苏、安徽、浙江、江西、湖南；日本、朝鲜也有分布。常见栽培。

用途：可作行道树；本种荚果含皂素，可代肥皂用以洗涤，并可制染料；种子入药，嫩叶可食；木材坚实，可作建筑、器具、支柱等用材。

本园引种栽培：在本园生长良好，抗旱、抗寒性较强，能正常开花结实。

豆科 Fabaceae　　紫穗槐属 *Amorpha* L.

紫穗槐 *Amorpha fruticosa* L.

俗名： 紫槐、棉槐、椒条

形态特征： 落叶灌木，丛生。小枝幼时密被短柔毛，后渐变无毛。奇数羽状复叶；托叶线形，脱落；小叶 11~25 片，卵形或椭圆形，先端圆、急尖或微凹，有短尖，基部宽楔形或圆形，下面被白色短柔毛和黑色腺点。穗状花序顶生或生于枝条上部叶腋，长 7~15cm，花序梗与序轴均密被短柔毛；花多数，密生；花萼钟状，萼齿 5，三角形，近等长，长约为萼筒的 1/3；花冠紫色，旗瓣心形，先端裂至瓣片的 1/3，基部具短瓣柄，翼瓣与龙骨瓣均缺；雄蕊 10，花丝基部合生，与子房同包于旗瓣之中，成熟伸出花冠之外。荚果长圆形，下垂，长 0.6~1cm，微弯曲，具小突尖；成熟时棕褐色，有疣状腺点。

物候期： 花期 6~7 月，果期 8~9 月。

分布： 本种原产美国东北部和东南部。现我国东北、华北、西北及山东、安徽、江苏、河南、湖北、广西、四川等省区均有栽培。

用途： 可作园林观赏、防风固沙树种；枝条可编织手工艺品和农业器具；茎皮可作造纸工艺原料；嫩枝叶可作饲料。

本园引种栽培： 在本园生长良好，抗旱、抗寒性较强，能正常开花结实。

豆科 Fabaceae　　羊柴属 *Corethrodendron* Fisch. & Basiner

塔落木羊柴 *Corethrodendron lignosum* var. *laeve* (Maxim.) L. R. Xu & B. H. Choi

俗名：羊柴、塔落岩黄耆、塔落山竹子

形态特征：落叶半灌木或小半灌木。茎直立，多分枝，老枝外皮灰白色。托叶卵状披针形；小叶片通常椭圆形或长圆形，先端钝圆或急尖，基部楔形。总状花序腋生，花序与叶近等高，花序轴被短柔毛；花冠紫红色，旗瓣倒卵圆形，先端圆形，微凹，基部渐狭为瓣柄，翼瓣片短而尖，等于或短于龙骨瓣柄。荚果椭圆形，两侧膨胀，具细网纹，子房和荚果无毛和刺。

物候期：花期 7~8 月，果期 8~9 月。

分布：产于黄河中游的宁夏东部、陕西北部、内蒙古南部和山西最北部的草原地区。

用途：良好的固沙植物和优良的饲料植物。

本园引种栽培：1998 年从甘肃民勤沙生植物园采种，播种育苗。在本园生长一般，能正常开花结实。

豆科 Fabaceae　　胡枝子属 *Lespedeza* Michx.

胡枝子 *Lespedeza bicolor* Turcz.

俗名： 随军茶、萩

形态特征： 直立落叶灌木。多分枝，小枝黄色或暗褐色，有条棱，疏被短毛。羽状复叶具3小叶，小叶质薄，卵形、倒卵形或卵状长圆形，全缘。总状花序腋生，比叶长，常构成大型、较疏散的圆锥花序；花梗密被毛；花萼5浅裂，裂片常短于萼筒；花冠红紫色，长约1cm，旗瓣倒卵形，翼瓣近长圆形，具耳和瓣柄，龙骨瓣与旗瓣近等长，基部具长瓣柄。荚果斜倒卵形，稍扁，表面具网纹，密被短柔毛。

物候期： 花期7~9月，果期9~10月。

分布： 产于东北、华北、华东和华南等地；朝鲜、日本和俄罗斯也有分布。

用途： 防风、固沙及水土保持植物，为营造防护林及混交林的伴生树种，也可作园林观赏树种和蜜源树种；茎、叶可入药，也可作饲料；种子可提取工业用油；枝条可编织手工艺品。

本园引种栽培： 在本园生长良好，抗旱、抗寒性较强，能正常开花结实。

豆科 Fabaceae　　沙冬青属 *Ammopiptanthus* Cheng f.

沙冬青 *Ammopiptanthus mongolicus* (Maxim. ex Kom.) S. H. Cheng

俗名： 小沙冬青

形态特征： 常绿灌木。树皮黄绿色；茎多叉状分枝，圆柱形，具沟棱。幼被灰白色短柔毛，后渐稀疏。3小叶，偶为单叶，密被灰白色短柔毛；托叶小，贴生于叶柄，被银白色绒毛；小叶菱状椭圆形或阔披针形，两面密被银白色绒毛，全缘，侧脉几不明显。总状花序顶生于枝端，花互生，8~12朵密集，花冠黄色；苞片卵形，密被短柔毛，后脱落。荚果扁平，线形；种子圆肾形。

物候期： 花期4~5月，果期5~6月。

分布： 产于内蒙古、宁夏、甘肃；蒙古南部也有分布。生于沙丘、河滩边台地。

用途： 防风固沙、改良盐碱土植物，也可作园林观赏树种；良好的蜜源植物；枝叶可入药；种子富含油脂，在食品、化工、医疗保健等方面具有很大发展潜力。

本园引种栽培： 2022年苗圃播种育苗，在本园生长良好，能正常开花结实。

白刺科 Nitrariaceae　白刺属 *Nitraria* L.

小果白刺 *Nitraria sibirica* (DC.) Pall.

俗名：酸胖、白刺、西伯利亚白刺

形态特征：落叶灌木。多分枝，枝铺散，少直立；小枝灰白色，不孕枝先端刺针状。叶近无柄，在嫩枝上 4~6 片簇生，倒披针形，先端锐尖或钝，基部渐窄成楔形，无毛或幼时被柔毛。聚伞花序长 1~3cm，疏被柔毛；萼片绿色；花瓣黄绿色或近白色，长圆形。果椭圆形或近球形，两端钝圆，熟时暗红色，果汁暗蓝色，带紫色，味甜而微咸；果核卵形，先端尖。

物候期：花期 5~6 月，果期 7~8 月。

分布：产于我国各沙漠地区，华北及东北沿海沙区有分布；蒙古、中亚、西伯利亚也有分布。生于湖盆边缘沙地、盐渍化沙地、沿海盐化沙地。

用途：在湖盆和绿洲边缘沙地有良好的固沙作用；果入药健脾胃、助消化；枝、叶、果可作饲料。

本园引种栽培：2023 年春季从甘肃民勤引入一年生苗。在本园生长良好。

蒺藜科 Zygophyllaceae　　驼蹄瓣属 *Zygophyllum* L.

霸王 *Zygophyllum xanthoxylum* (Bunge) Maxim.

形态特征： 落叶灌木。枝"之"字形弯曲，开展，枝皮淡灰色，木质部黄色，顶端具刺尖，坚硬。叶在老枝上簇生，幼枝上对生；叶柄较长；小叶 1 对，长匙形、窄长圆形或条形，先端圆钝，基部渐窄，肉质。花生于老枝叶腋，萼片倒卵形，绿色；花瓣倒卵形或近圆形，具爪，淡黄色；雄蕊长于花瓣，鳞片倒披针形，先端浅裂，长约为花丝的 2/5。蒴果近球形，长 18~40mm，翅宽 5~9mm，常 3 室。

物候期： 花期 4~5 月，果期 7~8 月。

分布： 分布于内蒙古西部、甘肃西部、宁夏西部、新疆、青海；蒙古也有分布。生于荒漠和半荒漠的沙砾质河流阶地、低山山坡、碎石低丘和山前平原。

用途： 可作固沙树种；幼嫩时骆驼和羊喜食其枝叶，可作饲料；根可入药。

本园引种栽培： 2001 年从磴口实验局采种，播种育苗。在本园生长不良，但能正常开花结实。

芸香科 Rutaceae　　黄檗属 *Phellodendron* Rupr.

黄檗 *Phellodendron amurense* Rupr.

俗名： 黄柏、黄菠萝

形态特征： 落叶乔木。高达 20(~30)m，胸径 1m；成年树的树皮有厚木栓层，浅灰色或灰褐色，深沟状或不规则网状开裂，内皮薄，鲜黄色，味苦，黏质。枝扩展，小枝暗紫红色，无毛。奇数羽状复叶对生，叶轴及叶柄均细；小叶 5~13，薄纸质至纸质，卵状披针形或卵形，先端长渐尖，基部宽楔形或圆形，具细钝齿及缘毛，上面无毛或中脉疏被短毛，下面基部中脉两侧密被长柔毛，后脱落。花序顶生；萼片细小，阔卵形；花瓣紫绿色，长 3~4mm；雄花的雄蕊比花瓣长，退化雌蕊短小。果圆球形，径约 1cm，蓝黑色，通常有 5~8 浅纵沟，干后较明显；种子通常 5 粒。

物候期： 花期 5~6 月，果期 9~10 月。

分布： 主产于东北和华北各地，河南、安徽北部、宁夏有分布；朝鲜、日本、俄罗斯也有分布，也见于中亚和欧洲东部。多生于山地杂木林中或山区河谷沿岸。

用途： 可作园林观赏树种；木材可用于建筑、家具等；树皮可入药。

本园引种栽培： 在本园生长良好，抗旱、抗寒性较强，能正常开花结实。

芸香科 Rutaceae　　花椒属 *Zanthoxylum* L.

青花椒 *Zanthoxylum schinifolium* Siebold & Zucc.

俗名： 野椒、青椒、山花椒

形态特征： 落叶灌木。茎枝无毛，有短刺，刺基部两侧压扁状，嫩枝暗紫红色。奇数羽状复叶，叶轴具窄翅；小叶 7~19，对生，纸质，叶轴基部小叶常互生，宽卵形、披针形或宽卵状菱形，先端短尖至渐尖，基部圆形或宽楔形，上面被毛或毛状凸体，下面无毛，具细锯齿或近全缘，侧脉不明显。伞房状聚伞花序顶生；萼片 5，宽卵形；花瓣淡黄白色，长圆形，长约 2mm。分果瓣红褐色，干后变暗绿色或褐黑色，顶端几无芒尖，油点小。

物候期： 花期 7~9 月，果期 9~12 月。

分布： 产于五岭以北、辽宁以南大多数地区；朝鲜、日本也有分布。生于山地疏林、灌木丛中或岩石旁等多类生境。

用途： 其果可作花椒代品，名为青椒；根、叶及果均可入药；又作食品调味料。

本园引种栽培： 1979 年从熊岳树木园引入 1 株。在本园生长较差，抗寒、抗干旱能力差，未见开花结实。

苦木科 Simaroubaceae　臭椿属 *Ailanthus* Desf.

臭椿 *Ailanthus altissima* (Mill.) Swingle

俗名：樗、黑皮樗、黑皮椿树

形态特征：落叶乔木。高达 20m，树皮平滑而有直纹。嫩枝有髓，幼时被黄色或黄褐色柔毛，后脱落。叶为奇数羽状复叶，长 40~60cm，有小叶 13~27；小叶对生或近对生，纸质，卵状披针形，先端长渐尖，基部偏斜，截形或稍圆，两侧各具 1 或 2 个粗锯齿，齿背有腺体 1 个；叶面深绿色，背面灰绿色，揉碎后具臭味。圆锥花序长 10~30cm；花淡绿色，花梗较短；萼片 5，覆瓦状排列；花瓣 5，基部两侧被硬粗毛；雄蕊 10，花丝基部密被硬粗毛。翅果长椭圆形，种子位于翅的中间，扁圆形。

物候期：花期 4~5 月，果期 8~10 月。

分布：我国除黑龙江、吉林、新疆、青海、宁夏、甘肃和海南外，各地均有分布；世界各地广为栽培。

用途：可作石灰岩地区的造林树种，也可作园林风景树和行道树；木材可作家具、建筑、造纸用材；根皮和果实可入药。

本园引种栽培：在本园生长良好，抗旱、抗寒性较强，能正常开花结实。

叶下珠科 Phyllanthaceae　白饭树属 *Flueggea* Willd.

叶底珠 *Flueggea suffruticosa* (Pall.) Baill.

俗名：一叶萩、白几木

形态特征：落叶灌木。多分枝；小枝浅绿色，近圆柱形，有棱槽。叶纸质，椭圆形或长椭圆形，稀倒卵形，全缘或有不整齐的波状齿或细锯齿，下面淡绿色，侧脉 5~8 对，两面凸起；托叶卵状披针形，宿存。花簇生于叶腋；雄花 3~18 朵，萼片 5，雄蕊 5，花盘腺体 5；雌花萼片 5，花盘盘状，全缘或近全缘；子房卵圆形，花柱 3，分离或基部合生。蒴果三棱状扁球形，成熟时淡红褐色，有网纹，3 裂，具宿存萼片。

物候期：花期 3~8 月，果期 6~11 月。

分布：除西北尚未发现外，全国各地均产；蒙古、俄罗斯、日本、朝鲜等地也有分布。生于山坡灌丛中或山沟、路边。

用途：可作园林观赏树种；茎皮纤维坚韧，可作纺织原料；枝条可编制用具；花和叶供药用；根皮煮水，外洗可治牛、马虱子。

本园引种栽培：在本园生长良好，抗旱、抗寒性较强，能正常开花结实。

黄杨科 Buxaceae　　黄杨属 *Buxus* L.

小叶黄杨 *Buxus sinica* var. *parvifolia* M. Cheng

俗名：山黄杨、千年矮、黄杨木

形态特征：常绿灌木。生长低矮。枝条密集，枝圆柱形，有纵棱，灰白色；小枝四棱形。叶薄革质，阔椭圆形或阔卵形，叶面无光或光亮，侧脉明显凸出。花序腋生，头状，花密集；雌花无花梗；雌花花柱粗扁，柱头倒心形，下延达花柱中部。蒴果近球形，无毛。

物候期：花期 3 月，果期 5~6 月。

分布：产于安徽、浙江、江西、湖北。

用途：可作园林观赏树种，也常栽作绿篱。

本园引种栽培：1985 年多次从辽宁引入苗木，小苗需覆土越冬。随苗龄增大，适应性增强，在本园长势旺盛，能露地越冬，正常开花结实。

漆树科 Anacardiaceae   盐麸木属 *Rhus* Tourn. ex L.

火炬树 *Rhus typhina* L.

俗名：鹿角漆、火炬漆、加拿大盐肤木

形态特征：落叶灌木或小乔木。小枝粗壮，红褐色，密生灰色绒毛。奇数羽状复叶，小叶长椭圆状至披针形，缘有锯齿，两面有绒毛，老时脱落，叶轴无翅。雌雄异株，顶生直立圆锥花序，密生绒毛；花淡绿色或白色，雌花花柱有红色刺毛。核果深红色，密生绒毛，花柱宿存，密集成火炬形。

物候期：花期6~7月，果期8~9月。

分布：原产北美，我国1959年引入，现华北、西北常见栽培。

用途：荒山绿化树种，兼作盐碱荒地风景林树种。火炬树繁殖速度很快，具有独特的优良特性和严重的潜在危害。

本园引种栽培：1997年从中国科学院植物研究所北京植物园采种，播种育苗。在本园生长良好，抗旱、抗寒性较强，能正常开花结实。

漆树科 Anacardiaceae　　黄栌属 *Cotinus* (Tourn.) Mill.

黄栌 *Cotinus coggygria* var. *cinereus* Engl.

俗名：灰毛黄栌、红叶

形态特征：落叶灌木。小枝绿色,光滑无毛;老枝灰褐色。叶倒卵形或卵圆形,先端圆形或微凹,基部圆形或阔楔形,全缘,两面尤其叶背显著被灰色柔毛;叶柄短。圆锥花序被柔毛;花杂性,花瓣卵形或卵状披针形,花药卵形,与花丝等长,花盘5裂,紫褐色;子房近球形,花柱3,分离。果肾形,无毛。

物候期：花期5~6月,果期7~8月。

分布：产于河北、山东、河南、湖北、四川;间断分布于东南欧。生于向阳山坡林中。

用途：黄栌红叶似火,艳丽夺目,是北方园林绿化或山区绿化的常用树种;木材可提取染料;根、茎、叶可入药。

本园引种栽培：2023年春季从中国科学院沈阳生态研究所乌兰敖都试验站引种一年生小苗,在本园内生长旺盛,当年枝条可达40cm,生态适应性需进一步观测。

冬青科 Aquifoliaceae　　冬青属 *Ilex* L.

落叶冬青 *Ilex verticillata* (L.) A. Gray

俗名： 轮生冬青、北美冬青

形态特征： 落叶灌木，树高 2~3m。属浅根性树种，主根不明显，须根发达。单叶互生，长卵形或卵状椭圆形，具硬齿状边缘，叶片表面无毛，绿色，嫩叶古铜色，叶背面多毛，略白。雌雄异株，花乳白色，复聚散花序，着生于叶腋处，雌花 3~6 朵，3 朵居多；雄花几十朵聚生叶腋。核果浆果状，红色，2~3 果丛生，单果种子数为 4~6 粒。

分布： 原产美国、加拿大和法国，在欧美各国已得到广泛栽培；中国杭州、郑州、吉林、威海等地均有引种栽培。

用途： 新引进的观赏树种，除了主要用于切枝观果外，在园林景观和家庭园艺上也具有广泛用途，推广应用前景广阔。

本园引种栽培： 2021 年从昆明引入雌株，温室越冬后于 2022 年春季栽植于苗圃，2023 年春季未发生抽梢现象，长势良好，能正常开花，未见结果。

白杜 *Euonymus maackii* Rupr.

俗名：丝绵木、桃叶卫矛

形态特征：小乔木。小枝圆柱形。叶卵状椭圆形、卵圆形或窄椭圆形，先端长渐尖，基部阔楔形或近圆形，边缘具细锯齿。聚伞花序有3至多花；花序梗微扁；花4数，淡白绿色或黄绿色；花萼裂片半圆形；花瓣长圆状倒卵形；雄蕊生于4圆裂花盘上，花药紫红色。蒴果倒圆心状，4浅裂，成熟后果皮粉红色；种子长椭圆状，种皮棕黄色，假种皮橙红色，全包种子，成熟后顶端常有小口。

物候期：花期5~6月，果期9月。

分布：产地广阔，北起黑龙江，南到长江南岸，西至甘肃，除陕西、西南和两广地区未见野生外，其他各地均有，但长江以南常以栽培为主；俄罗斯西伯利亚南部和朝鲜半岛也有分布。

用途：可作园林观赏树种；根皮可入药；木材可制作器具等。

本园引种栽培：在本园生长良好，抗旱、抗寒性较强，能正常开花结实。

卫矛科 Celastraceae 卫矛属 *Euonymus* L.

矮卫矛 *Euonymus nanus* M. Bieb.

俗名：矮柴

形态特征：落叶小灌木，直立或有时匍匐。枝条绿色，具多数纵棱。叶互生或3叶轮生，稀兼有对生，线形或线状披针形，先端钝，具短刺尖，基部钝或渐窄，边缘具稀疏短刺齿，常反卷，主脉明显，侧脉不明显；近无柄。聚伞花序有1~3花；花序梗细长，丝状；小花梗丝状，紫棕色；花4数，紫绿色，径7~8mm；雄蕊无花丝。蒴果粉红色，扁圆，4浅裂；种子稍扁球状，种皮棕色，假种皮橙红色，包被种子一半。

物候期：花期5月上旬至7月下旬，果期8~9月。

分布：产于内蒙古、山西、陕西、宁夏、甘肃、青海、西藏；中亚和俄罗斯也有分布。

用途：可作园林观赏树种，也可作为地被植物；根、茎等可入药。

本园引种栽培：1986年从六盘山采种，播种育苗。在本园长势较好，适应性强，能正常开花结实。

栓翅卫矛 *Euonymus phellomanus* Loes. ex Diels

俗名：鬼箭羽、木栓翅、水银木

形态特征：落叶灌木。枝条硬直，常具4纵列木栓厚翅，在老枝上宽可达5~6mm。叶长椭圆形或略呈椭圆状倒披针形，先端窄长渐尖，边缘具细密锯齿。聚伞花序有2~3次分枝，有7~15花；花序梗长10~15mm，第一次分枝长2~3mm，第二次分枝几无梗；花4数，白绿色，径约8mm；花萼裂片近圆形；花瓣倒卵形或卵状长圆形。蒴果4棱，倒圆心状，粉红色；种子椭圆状，种脐、种皮棕色，假种皮橘红色，包被种子全部。

物候期：花期7月，果期9~10月。

分布：产于甘肃、陕西、河南及四川北部。生于山谷林中，在靠近南方各省份大都分布于2000m以上的高海拔地带。

用途：常作为观赏树种，用于园林造景。

本园引种栽培：2002年从西宁植物园引入小苗。在本园生长良好，抗旱、抗寒性较强，能正常开花结实。

卫矛科 Celastraceae 卫矛属 *Euonymus* L.

卫矛 *Euonymus alatus* (Thunb.) Siebold

俗名： 鬼箭羽、毛脉卫矛

形态特征： 落叶灌木。小枝常具 2~4 列宽阔木栓翅。叶对生,纸质,卵状椭圆形或窄长椭圆形,具细锯齿,先端尖,基部楔形或钝圆,两面无毛,侧脉 7~8 对;叶柄极短。聚伞花序有 1~3 花;花 4 数,白绿色,径约 8mm;花萼裂片半圆形;花瓣近圆形;花盘近方形,雄蕊生于边缘,花丝极短;子房埋藏于花盘内,熟时红棕色或灰黑色。蒴果 1~4 深裂,裂瓣椭圆状;种子椭圆状或阔椭圆状,种皮褐色或浅棕色,假种皮橙红色,全包种子。

物候期： 花期 5~6 月,果期 7~10 月。

分布： 除东北、新疆、青海、西藏、广东及海南以外,全国名省份均产;日本、朝鲜也有分布。生于山坡、沟地边沿。

用途： 常作园林观赏树种;带栓翅的枝条入药,叫鬼箭羽,具有破血通经、解毒消肿、杀虫等功效;木材可供细木加工等用。

本园引种栽培： 在本园生长良好,抗旱、抗寒性较强,能正常开花结实。

无患子科 Sapindaceae　槭属 *Acer* L.

色木槭 *Acer pictum* Thunb.

俗名：色木枫

形态特征： 落叶乔木。树皮粗糙，常纵裂，灰色。小枝细瘦，无毛；当年生枝绿色或紫绿色，多年生枝灰色或淡灰色，具圆形皮孔。叶纸质，基部截形或近于心形，常5裂，有时3裂及7裂，裂片间的凹缺常锐尖，深达叶片的中段，主脉5条。花多数，雄花与两性花同株，顶生圆锥状伞房花序，花叶同放；花瓣5，淡白色，椭圆形或椭圆状倒卵形。翅果嫩时紫绿色，成熟时淡黄色；小坚果压扁状，翅长圆形，张开成锐角或近于钝角。

物候期： 花期5~6月，果期8~9月。

分布： 产于东北、华北和长江流域各省份；俄罗斯西伯利亚东部、蒙古、朝鲜和日本也有分布。为低山和中高山阔叶林或针阔叶混交林常见树种。

用途： 优良的秋色叶树种，最适宜营造山地风景林，也可栽培作庭荫树或行道树；木材可作建筑、家具等用材；种子富含油脂，可榨取优质食用油；树皮、叶可入药。

本园引种栽培： 在本园生长一般，个别年份有抽梢现象，能正常开花结实。

无患子科 Sapindaceae 槭属 Acer L.

元宝槭 *Acer truncatum* Bunge

俗名：元宝树、元宝枫、五角枫

形态特征：落叶乔木。树皮灰褐色或深褐色，深纵裂。小枝无毛，当年生枝绿色，具圆形皮孔。叶纸质，常5裂，稀7裂，基部截形，稀近于心形；裂片三角状卵形或披针形，先端锐尖或尾状锐尖，边缘全缘，有时中央裂片的上段再3裂，主脉5条。伞房花序顶生；雄花与两性花同株；萼片5，黄绿色；花瓣5，黄色或白色，矩圆状倒卵形；雄蕊8，着生于花盘内缘。翅果嫩时淡绿色，成熟时淡黄色或淡褐色，常成下垂的伞房果序；小坚果压扁状，翅长圆形，张开成锐角或钝角。

物候期：花期4月，果期8月。

分布：产于吉林、辽宁、内蒙古、河北、山西、山东、江苏北部、河南、陕西及甘肃等地。

用途：可作庭院观赏树种；种子含油丰富，可作工业原料；木材细密，可制造各种特殊用具，并可作建筑材料。

本园引种栽培：在本园生长一般，个别年份有抽梢现象，能正常开花结实。

茶条槭 *Acer tataricum* subsp. *ginnala* (Maxim.) Wesm.

俗名： 华北茶条槭、茶条、茶条枫

形态特征： 落叶灌木或小乔木。树皮粗糙，微纵裂，灰色，稀深灰色或灰褐色。小枝细瘦，近于圆柱形，无毛；当年生枝绿色或紫绿色，多年生枝淡黄色或黄褐色；皮孔椭圆形或近圆形，淡白色；冬芽细小，淡褐色，鳞片 8 枚，近边缘具长柔毛，覆叠。叶纸质，基部圆形、截形或略近于心形，叶片长圆状卵形或长圆状椭圆形，常 3~5 较深裂；中央裂片锐尖或狭长锐尖，侧裂片通常钝尖，向前伸展。伞房花序长 6cm，无毛，具多数花；花梗细瘦，长 3~5cm；花杂性，雄花与两性花同株；萼片 5，卵形，黄绿色，外侧近边缘被长柔毛；花瓣 5，长圆状卵形，白色，较长于萼片；雄蕊 8，与花瓣近等长，花丝无毛，花药黄色。翅果黄绿色或黄褐色，小坚果嫩时被长柔毛，脉纹显著，翅中段较宽或两侧近于平行，张开近于直立或成锐角。

物候期： 花期 5 月，果期 10 月。

分布： 产于黑龙江、吉林、辽宁、内蒙古、河北、山西、河南、陕西、甘肃；蒙古、俄罗斯西伯利亚东部、朝鲜和日本也有分布。

用途： 优良的秋色叶树种，常用于城镇绿化、美化；材质坚硬，适合细木加工；叶可入药；嫩叶还可加工成茶叶，具有生津止渴、退热明目的功效。

本园引种栽培： 20 世纪 80 年代从辽宁、甘肃和内蒙古大青山三个种源地采种，播种育苗。在本园长势较好，具有较好抗性和适应性，能正常开花结实。

无患子科 Sapindaceae 槭属 *Acer* L.

梣叶槭 *Acer negundo* L.

俗名：糖槭、美国槭、复叶槭

形态特征：落叶乔木。树皮黄褐色或灰褐色。小枝圆柱形，无毛，当年生枝绿色，多年生枝黄褐色。羽状复叶，有3~7枚小叶；小叶纸质，卵形或椭圆状披针形，边缘常有3~5个粗锯齿。雄花花序聚伞状，雌花花序总状，均由无叶的小枝旁边生出，常下垂，花小，黄绿色，开于叶前，雌雄异株，无花瓣及花盘。小坚果凸起，近长圆形或长圆状卵形，翅稍向内弯，张开成锐角或近于直角。

物候期：花期4~5月，果期9月。

分布：原产北美洲，我国辽宁、内蒙古、河北、山东、河南、陕西、甘肃、新疆、江苏、浙江、江西、湖北等省区的各主要城市都有栽培，在东北和华北各省市生长较好。

用途：可作城市绿化和园林观赏树种，也可用于营造风景林；很好的蜜源植物。

本园引种栽培：适应性强，生长速度快。1989年光肩星天牛在本地爆发，该树因受害严重被砍伐，现已萌生，生长旺盛。

无患子科 Sapindaceae　　槭属 *Acer* L.

三花槭 *Acer triflorum* Kom.

俗名：伞花槭、拧筋槭、三花枫

形态特征：落叶乔木。树皮褐色，常成薄片脱落。幼枝疏被柔毛，老枝紫褐色。3小叶复叶，小叶纸质，长圆状卵形或长圆状披针形；顶生小叶基部楔形，小叶柄长 5~7mm；侧生小叶基部倾斜，小叶柄长 1~2mm；叶片下面被白粉，两面沿叶脉疏被柔毛；总叶柄淡紫色，长 5~7cm，近无毛。花序伞房状，具3花；花杂性，雄花与两性花异株。小坚果凸起，近于球形，密被淡黄色疏柔毛；翅黄褐色，中段较宽，张开成锐角或近于直角。

物候期：花期4月，果期9月。

分布：产于黑龙江、吉林和辽宁；朝鲜也有分布。生于针叶及阔叶混交林中或阔叶杂交林中。

用途：秋叶红艳，是我国东北地区重要乡土彩叶树种；木材坚韧，可制作家具。

本园引种栽培：1980年从长白山引入野生苗，在本园适应性较差，不耐干旱气候，生长较差，每年枝条抽梢严重，甚至干枯死亡，但能正常开花结实。

无患子科 Sapindaceae   槭属 *Acer* L.

细裂槭 *Acer pilosum* var. *stenolobum* (Rehder) W. P. Fang

俗名：大叶细裂槭

形态特征： 落叶小乔木。小枝细瘦，当年生枝淡紫绿色，无毛，多年生枝浅褐色，皮孔稀少。冬芽细小，卵圆形，鳞片覆叠，边缘纤毛状。叶基部近截形，深3裂，裂片长圆状披针形，两侧近平行，全缘，稀中上部有2~3枚粗锯齿，中裂片直伸，侧裂片平展；主脉3。伞房花序无毛，连同总花梗共长3~4cm，直径4~5cm，生于小枝顶端；花淡绿色，杂性，雄花与两性花同株；萼片5，卵形，边缘或近先端有纤毛；花瓣5，长圆形或线状长圆形，与萼片近等长或略短小；雄蕊5，生于花盘内侧的裂缝间，雄花的花丝较萼片约长2倍，两性花的花丝则与萼片近等长，花药卵圆形。翅果嫩时淡绿色，熟后淡黄色，果翅张开成钝角或近直角。

物候期： 花期4月，果期9月。

分布： 产于内蒙古西南部、山西西部、宁夏东南部、陕西北部和甘肃东北部，北京、西安等地有栽培。生于比较阴湿的山坡或沟底。

用途： 叶型别致奇特，且入秋转红，是一种形色皆美的观叶树种，适于黄河流域各地栽培观赏，宜孤植、丛植。

本园引种栽培： 1987年从贺兰山峡子沟采种，播种育苗。在本园适应性较差，生长缓慢，能正常开花结实。

无患子科 Sapindaceae 栾属 *Koelreuteria* Laxm.

栾 *Koelreuteria paniculata* Laxm.

俗名： 灯笼树、摇钱树、栾树

形态特征： 落叶乔木或灌木。树皮厚，灰褐色至灰黑色，老时纵裂。叶丛生于当年生枝上，平展，一回、不完全二回或偶为二回羽状复叶。小叶 7~18 片，对生或互生，卵形、阔卵形至卵状披针形，边缘有不规则的钝锯齿。聚伞圆锥花序，密被微柔毛；花淡黄色，花瓣 4，开花时向外反折，线状长圆形，瓣片基部的鳞片初时黄色，开花时橙红色。蒴果圆锥形，具 3 棱，顶端渐尖，果瓣卵形。

物候期： 花期 6~8 月，果期 9~10 月。

分布： 产于我国大部分地区，自辽宁起经中部至西南部的云南。世界各地有栽培。

用途： 耐寒耐旱，常栽培作庭园观赏树；木材黄白色，易加工，可制家具；叶可作蓝色染料；花供药用，也可作黄色染料。

本园引种栽培： 1978 年从沈阳引入两株苗木。在本园适应性差，生长缓慢，树皮有冻伤，枝条上端有抽梢现象，可自然越冬（幼苗期除外），能正常开花结实。

无患子科 Sapindaceae 文冠果属 Xanthoceras Bunge

文冠果 *Xanthoceras sorbifolium* (A. Braun) Holub

俗名： 文冠木、木瓜、文光果

形态特征： 落叶灌木或小乔木。小枝粗壮，褐红色。奇数羽状复叶，小叶 4~8 对，膜质或纸质，披针形或近卵形，边缘有锐利锯齿，顶生小叶通常 3 深裂。花序先叶抽出或与叶同时抽出，两性花的花序顶生，雄花序腋生，直立；花瓣白色，基部紫红色或黄色，有清晰的脉纹；子房被灰色绒毛。蒴果长达 6cm；种子黑色而有光泽。

物候期： 花期 5 月，果期 7~8 月。

分布： 我国产于北部和东北部，西至宁夏、甘肃，东北至辽宁，北至内蒙古，南至河南。野生于丘陵山坡等处，各地也常栽培。

用途： 种子可食，风味似板栗，还可提取柴油、食用油等，为我国北方很有发展前途的木本油料植物，近年来已大量栽培；优质蜜源植物；园林观赏树种；木材坚实致密，是制作家具和器具的好材料；全株可入药。

本园引种栽培： 在本园生长良好，抗旱、抗寒性较强，能正常开花结实。

酸枣 *Ziziphus jujuba* var. *spinosa* (Bunge) Hu ex H. F. Chow

俗名：山枣树、酸枣树、棘

形态特征：落叶灌木或小乔木。小枝光滑，紫褐色，呈"之"字形曲折；具 2 个托叶刺，托叶刺有两种，一种直伸，另一种常弯曲；短枝短粗，矩状，自老枝发出；当年生小枝绿色，下垂，单生或 2~7 个簇生于短枝上。叶互生，叶片椭圆形至卵状披针形，边缘有细锯齿，上面深绿色，无毛，下面浅绿色，无毛或仅沿脉多少被疏微毛，基生三出脉。花两性，5 基数，无毛，具短总花梗，单生或 2~8 个密集成腋生聚伞花序；萼片卵状三角形；花瓣倒卵圆形，基部有爪，与雄蕊等长；花盘厚，肉质，圆形，5 裂。核果小，近球形或短矩圆形，熟时红褐色，中果皮薄，味酸，核两端钝。

物候期：花期 6~7 月，果期 8~9 月。

分布：产于辽宁、内蒙古、河北、山东、山西、河南、陕西、甘肃、宁夏、新疆、江苏、安徽等地；朝鲜及俄罗斯也有分布。

用途：可作黄土丘陵区水土保持和荒山绿化树种；果实含有丰富的维生素 C，可生食或制作果酱；酸枣仁入药，有镇定安神之功效；花芳香多蜜腺，为华北地区的重要蜜源植物；枝具锐刺，常作防护性绿篱。

本园引种栽培：2022 年从内蒙古大青山采种，播种育苗。在本园生长良好，抗旱、抗寒性较强，能正常开花结实。

鼠李科 Rhamnaceae　　鼠李属 *Rhamnus* L.

鼠李 *Rhamnus davurica* Pall.

俗名：老鸹眼、乌苏里鼠李

形态特征：落叶灌木或小乔木,高达10m。幼枝无毛,小枝对生或近对生,褐色或红褐色,稍平滑,枝顶端常有大的芽而不形成刺,或有时仅分叉处具短针刺;顶芽及腋芽较大,卵圆形,长5~8mm,鳞片淡褐色,有明显的白色缘毛。叶纸质,对生或近对生,或在短枝端簇生,狭椭圆形或狭矩圆形,边缘具钝或圆齿状锯齿,齿端常有紫红色腺体。花单性,雌雄异株,4基数,有花瓣,雌花1~3个生于叶腋或数个至20余个簇生于短枝端,有退化雄蕊,花柱2~3浅裂或半裂。核果球形或倒卵状球形,黑色,具2分核;基部有宿存的萼筒;种子卵圆形,黄褐色,背侧有与种子等长的狭纵沟。

物候期：花期4~6月,果期6~10月。

分布：产于黑龙江、吉林、辽宁、内蒙古、河北北部和山东;俄罗斯西伯利亚和远东地区、朝鲜和日本也有分布。生于山坡林下、灌丛、林缘或沟边阴湿处。

用途：水土保持及园林绿化树种;种子榨油作润滑油;果肉药用;树皮和叶可提取栲胶;树皮和果实可提制黄色染料;木材坚实,可供制家具及雕刻之用。

本园引种栽培：在本园生长良好,抗旱、抗寒性较强,能正常开花结实。

鼠李科 Rhamnaceae   鼠李属 *Rhamnus* L.

冻绿 *Rhamnus utilis* Decne.

俗名：鼠李、冻绿柴、冻绿树

形态特征：落叶灌木或小乔木。小枝褐色或紫红色，枝端常具针刺。叶纸质，对生或近对生，或在短枝上簇生，椭圆形、矩圆形或倒卵状椭圆形，边缘具细锯齿或圆齿状锯齿。花单性，雌雄异株，4基数，具花瓣；花梗无毛；雄花数朵簇生于叶腋，或10~30余朵聚生于小枝下部；雌花2~6簇生于叶腋或小枝下部；花柱2裂。核果圆球形或近球形，成熟时黑色，具2分核，萼筒宿存。

物候期：花期4~6月，果期5~8月。

分布：产于西南、华南和华东；朝鲜、日本也有分布。

用途：优良水土保持和园林绿化树种；种子油作润滑油；果实、树皮及叶可提制黄色染料。

本园引种栽培：在本园生长良好，抗旱、抗寒性较强，能正常开花结实。

鼠李科 Rhamnaceae　　鼠李属 Rhamnus L.

柳叶鼠李 *Rhamnus erythroxylum* Pall.

俗名：红木鼠李、黑疙瘩、黑格铃

形态特征：落叶灌木，稀乔木。幼枝红褐色或红紫色，平滑无毛，小枝互生，顶端具针刺。叶纸质，互生或在短枝上簇生，条形或条状披针形。花单性，雌雄异株，黄绿色，4 基数，有花瓣；花梗长约 5mm，无毛；雄花簇生于短枝端，宽钟状，萼片三角形，与萼筒等长；雌花萼片狭披针形，长约为萼筒的 2 倍。核果球形，成熟时黑色，通常有 2，稀 3 个分核；种子倒卵圆形，淡褐色，背面有长为种子 4/5 的纵沟。

物候期：花期 5 月，果期 6~7 月。

分布：产于内蒙古、河北、山西、陕西北部、甘肃和青海；俄罗斯西伯利亚地区、蒙古也有分布。生于干旱沙丘、荒坡乱石中或山坡灌丛中。

用途：水土保持树种；叶可入药，民间也作茶用。

本园引种栽培：2023 年从鄂尔多斯引入一年生实生苗，在本园生长缓慢，长势一般。

鼠李科 Rhamnaceae　　鼠李属 *Rhamnus* L.

小叶鼠李 *Rhamnus parvifolia* Bunge

俗名： 黑格铃、琉璃枝、驴子刺

形态特征： 落叶灌木。小枝对生或近对生，紫褐色，枝端及分叉处有针刺。叶纸质，对生或近对生，或在短枝上簇生，菱状倒卵形或菱状椭圆形，稀倒卵状圆形或近圆形，边缘具圆齿状细锯齿。花单性，雌雄异株，黄绿色，4基数，有花瓣，通常数个簇生于短枝上。核果倒卵状球形，成熟时黑色，具2分核；种子长圆状倒卵圆形，褐色，背侧有长为种子4/5的纵沟。

物候期： 花期4~5月，果期6~9月。

分布： 产于黑龙江、吉林、辽宁、内蒙古等地；蒙古、朝鲜、俄罗斯西伯利亚地区也有分布。常生于向阳山坡、草丛或灌丛中。

用途： 水土保持及庭院绿化树种。

本园引种栽培： 2023年春季从扎兰屯引入野生苗，在本园长势良好。

鼠李科 Rhamnaceae   鼠李属 *Rhamnus* L.

朝鲜鼠李 *Rhamnus koraiensis* C. K. Schneid.

俗名： 老乌眼籽

形态特征： 落叶灌木。高达 2m，树皮灰褐色。互生或近对生，一年生枝红褐色，初时被短柔毛，后近光滑，枝端具针刺；芽小，卵圆形，长约 3~4mm。叶纸质或薄纸质，互生或在短枝上簇生，宽椭圆形、倒卵状椭圆形或卵形，顶端短渐尖或近圆形，基部宽楔形或近圆形，边缘有圆齿状锯齿。花单性，雌雄异株，4 基数，有花瓣，黄绿色，被微毛；花梗长 5~6mm，被短毛；雄花数个至 10 余个簇生于短枝端，或 1~3 个生于长枝下部叶腋；雌花数个至 10 余个簇生于短枝顶端或当年生枝下部，花柱 2 浅裂或半裂。核果倒卵状球形，紫黑色，具 2（稀 1）分核，基部有宿存的萼筒；果梗长 7~14mm，有疏短柔毛；种子暗褐色，背面仅基部有长为种子 1/4~2/5 的短沟。

物候期： 花期 4~5 月，果期 6~9 月。

分布： 产于吉林、辽宁、山东；朝鲜也有分布。生于低海拔的杂木林或灌丛中。

用途： 水土保持及园林绿化树种。

本园引种栽培： 2023 年春季从赤峰元宝山引入野生苗，在本园长势良好。

葡萄科 Vitaceae　　葡萄属 *Vitis* L.

山葡萄 *Vitis amurensis* Rupr.

俗名：野葡萄

形态特征：落叶木质藤本。小枝圆柱形，无毛，嫩枝疏被蛛丝状绒毛；卷须 2~3 分枝。叶阔卵圆形，3~5 浅裂或中裂，或不分裂，先端尖锐，基部宽心形，基缺凹成圆形或钝齿。圆锥花序疏散，基部分枝发达，长 5~13cm，初被蛛丝状绒毛；花萼碟形，近全缘，无毛；花瓣 5，呈帽状粘合脱落；花盘 5 裂；子房圆锥形。果球形，径 1~1.5cm，成熟时黑色；种子倒卵圆形，腹面两侧洼穴向上达种子中部或近顶端。

物候期：花期 5~6 月，果期 7~9 月。

分布：产于黑龙江、吉林、辽宁、内蒙古、河北、山西、山东、安徽、浙江。生于山坡、沟谷林中或灌丛中。

用途：垂直绿化树种；果可鲜食，也可酿酒。

本园引种栽培：在本园生长良好，抗旱、抗寒性较强，能正常开花结实。

葡萄科 Vitaceae   葡萄属 *Vitis* L.

葡萄 *Vitis vinifera* L.

俗名：全球红

形态特征： 落叶木质藤本。小枝圆柱形,有纵棱纹,无毛或被稀疏柔毛;卷须2叉分枝。叶卵圆形,显著3~5浅裂或中裂,中裂片顶端急尖,边缘有锯齿,齿深而粗大,不整齐。圆锥花序密集或疏散,多花,与叶对生,基部分枝发达,长10~20cm,花序梗长2~4cm;花蕾倒卵圆形,顶端近圆形;萼浅碟形,边缘呈波状;花瓣5,呈帽状粘合脱落;雄蕊5,花丝丝状,花药黄色,卵圆形,在雌花内显著短而败育或完全退化;花盘发达,5浅裂;雌蕊1,在雄花中完全退化,子房卵圆形,花柱短,柱头扩大。果实球形或椭圆形;种子倒卵状椭圆形,腹面两侧洼穴向上达种子1/4处。

物候期： 花期4~5月,果期8~9月。

分布： 原产亚洲西部;现世界各地栽培。

用途： 为高效经济树种,果实营养丰富,可鲜食、酿酒或制成葡萄干等;常用于园林和庭院绿化。

本园引种栽培： 在本园生长良好,但需覆土越冬,能正常开花结实。

葡萄科 Vitaceae 地锦属 *Parthenocissus* Planch.

五叶地锦 *Parthenocissus quinquefolia* (L.) Planch.

俗名： 美国地锦、美国爬山虎

形态特征： 落叶木质藤本。小枝圆柱形，无毛，嫩芽红色或淡红色；卷须总状 5~9 分枝，嫩时顶端尖细而卷曲，遇附着物时扩大为吸盘。叶为掌状 5 小叶，小叶倒卵圆形、倒卵状椭圆形或外侧小叶椭圆形，长 5.5~15cm，先端短尾尖，基部楔形或宽楔形，有粗锯齿。圆锥状多歧聚伞花序假顶生，序轴明显，长 8~20cm，花序梗长 3~5cm；花萼碟形，边缘全缘，无毛；花瓣长椭圆形。果实球形，有种子 1~4 颗。

物候期： 花期 6~7 月，果期 8~10 月。

分布： 原产北美；东北、华北各地习见栽培。

用途： 优良的城市垂直绿化植物，用于墙面、山石、廊架等的绿化美化。

本园引种栽培： 1999 年从包头市园林科研所引入小苗，在本园生长良好，抗旱、抗寒性较强，能正常开花结实。

葡萄科 Vitaceae 蛇葡萄属 Ampelopsis Michx.

葎叶蛇葡萄 *Ampelopsis humulifolia* Bunge

俗名： 七角白蔹

形态特征： 落叶木质藤本。小枝圆柱形，有纵棱纹，无毛；卷须2叉分枝。叶为单叶，3~5浅裂或中裂，心状五角形或肾状五角形，顶端渐尖，基部心形，边缘有粗锯齿，通常齿尖。多歧聚伞花序与叶对生，花序梗长3~6cm；花梗较短，伏生短柔毛；花蕾卵圆形，顶端圆形；萼碟形，边缘呈波状；花瓣5，椭圆形；雄蕊5，花药卵圆形，长宽近相等，花盘明显，波状浅裂；子房下部与花盘合生，花柱明显，柱头不扩大。果近球形，径0.6~1cm，有种子2~4颗；种子倒卵圆形，顶端近圆形，基部有短喙，腹面两侧洼穴向上达种子上部1/3处。

物候期： 花期5~7月，果期5~9月。

分布： 产于内蒙古、辽宁、青海、河北、山西、陕西、河南、山东。生于山沟地边、灌丛林缘或林中。

用途： 耐干旱瘠薄，可用于荒坡绿化、墙体绿化、篱垣绿化、驳岸绿化、岩石绿化、立交桥绿化和高速公路护坡绿化等；根皮可入药。

本园引种栽培： 本园生长良好，抗旱、抗寒性较强，能正常开花结实。

葡萄科 Vitaceae   蛇葡萄属 Ampelopsis Michx.

掌裂蛇葡萄 *Ampelopsis delavayana* var. *glabra* (Diels & Gilg) C. L. Li

俗名：光叶蛇葡萄

形态特征： 落叶木质藤本。小枝圆柱形，有纵棱纹，光滑无毛；卷须分叉，顶端不扩大。复叶互生，3~5小叶，中央小叶披针形或椭圆状披针形，先端渐尖，基部近圆形，侧生小叶卵状椭圆形或卵状披针形，基部不对称或分裂，边缘具粗锯齿，齿端尖细，侧脉5~7对；叶柄长3~10cm，无毛。花两性，排成与叶对生的聚伞花序；花萼不明显，花瓣4~5，分离而扩展，逐片脱落；雄蕊短而与花瓣同数。球形小浆果，有种子1~4颗；种子腹面两侧洼穴向上达种子中上部。

物候期： 花期6~7月，果期7~9月。

分布： 产于吉林、辽宁、内蒙古、河北、河南、山东、江苏、湖北。

用途： 垂直绿化植物，可用于钢架或混凝土棚架的绿化，围墙、栅栏等建筑物的绿化，也用于护坡、驳岸绿化等。

本园引种栽培： 在本园生长迅速，能够越冬，但枝条木质化程度差，造成越冬后部分枝条干枯。

葡萄科 Vitaceae　　蛇葡萄属 *Ampelopsis* Michx.

掌裂草葡萄 *Ampelopsis aconitifolia* var. *palmiloba* (Carrière) Rehder

形态特征： 落叶木质藤本。小枝圆柱形，有纵棱纹；卷须2~3叉分枝。叶为掌状3~5小叶；小叶披针形或菱状披针形，大多不分裂，边缘锯齿通常较深而粗，或混生有浅裂叶者，先端渐尖，基部楔形，光滑无毛或叶下面微被柔毛，侧脉3~6对；叶柄长1.5~2.5cm，小叶几无柄；托叶褐色膜质。伞房状复二歧聚伞花序疏散，花序梗长1.5~4cm；花萼碟形，波状浅裂或近全缘；花瓣5，宽卵形；花盘发达，边缘波状；子房下部与花盘合生，花柱钻形。果实近球形，有种子2~3颗；种子腹面两侧洼穴向上达种子上部1/3处。

物候期： 花期6~7月，果期8~10月。

分布： 产于黑龙江、吉林、辽宁、内蒙古、宁夏、河北、山西、山东、甘肃、陕西、四川。生于沟谷水边或山坡灌丛。

用途： 常作垂直绿化植物，也是优良的地被植物；块根可入药。

本园引种栽培： 在本园内长势较好，能正常开花结实。

锦葵科 Malvaceae   椴属 *Tilia* L.

辽椴 *Tilia mandshurica* Rupr. & Maxim.

俗名：糠椴、变型大叶椴

形态特征：落叶乔木。高达 20m，直径 50cm；树皮暗灰色。嫩枝被灰白色星状绒毛，顶芽有绒毛。叶卵圆形，先端短尖，上面无毛，下面密被灰色星状绒毛，侧脉 5~7 对，边缘有三角形锯齿；叶柄圆柱形，较粗大。聚伞花序有花 6~12 朵，花序柄有毛；花柄有毛；苞片窄长圆形或窄倒披针形，下面有星状柔毛，先端圆，基部钝，下半部 1/3~1/2 与花序柄合生，基部有短柄；萼片外面有星状柔毛，内面有长丝毛；花瓣长 7~8mm；退化雄蕊花瓣状，稍短小；雄蕊与萼片等长。果实球形，有 5 条不明显的棱。

物候期：花期 7 月，果期 9 月。

分布：产于东北各省及河北、内蒙古、山东和江苏北部；朝鲜及俄罗斯西伯利亚南部有分布。

用途：可作城市绿化和园林观赏树种；优良的蜜源树种；木材可供制家具、胶合板、纤维板以及造纸等；根可入药。

本园引种栽培：1980 年从熊岳树木园采种，播种育苗。在本园生长旺盛、适应性较强，能正常开花结实。

锦葵科 Malvaceae　　椴属 *Tilia* L.

蒙椴 *Tilia mongolica* Maxim.

形态特征：落叶乔木。树皮淡灰色，有不规则薄片状脱落。嫩枝无毛，顶芽卵形，无毛。叶阔卵形或圆形，先端常 3 浅裂，基部心形或斜平截，下面脉腋有毛丛，侧脉 4~5 对，边缘有粗齿，齿尖突出。聚伞花序有 6~12 花；苞片窄长圆形，无毛，两端钝，下半部与花序梗合生，基部有长约 1cm 的柄；花梗长 5~8mm；萼片披针形；花瓣长 6~7mm；退化雄蕊花瓣状，较窄小，雄蕊 30~40，与萼片等长。果实倒卵形，被毛，有棱或棱不明显。

物候期：花期 7 月，果期 8~9 月。

分布：产于内蒙古、河北、河南、山西等地。

用途：园林绿化树种；木材纹理细致紧密，是优质建筑材料；其茎皮纤维坚韧，可用于造纸或代麻制绳或麻袋；花可入药、制茶；优良蜜源植物；种子可榨油。

本园引种栽培：1983 年从大青山引入野生苗，在本园生长缓慢，适应性强，耐寒，耐干旱，能正常开花结实。

锦葵科 Malvaceae　　椴属 *Tilia* L.

紫椴 *Tilia amurensis* Rupr.

俗名：阿穆尔椴、籽椴、裂叶紫椴

形态特征：落叶乔木。树皮暗灰色，片状脱落。嫩枝初时有白丝毛，很快变秃净；顶芽无毛，有鳞苞 3 片。叶阔卵形或卵圆形，先端尖，基部心形，下面脉腋有毛丛，侧脉 4~5 对，边缘有锯齿，齿尖长 1mm。聚伞花序有 3~20 花；苞片窄带形，无毛，下半部与花序柄合生，基部有长 1~1.5cm 的柄；花梗长 0.7~1cm；萼片宽披针形，被柔毛；花瓣长 6~7mm；无退化雄蕊，雄蕊约 20。果实卵圆形，被星状柔毛，有棱或棱不明显。

物候期：花期 7 月，果期 8~9 月。

分布：产于黑龙江、内蒙古、吉林及辽宁；朝鲜也有分布。

用途：优良蜜源植物；可作园林观赏树种；木材可供建筑、家具等用；花可入药；种子可榨油。

本园引种栽培：1980 年从熊岳树木园采种，播种育苗。在本园长势较好，适应性强，能正常开花结实。

锦葵科 Malvaceae　　椴属 *Tilia* L.

心叶椴 *Tilia cordata* Mill.

俗名： 欧洲小叶椴

形态特征： 落叶乔木。树皮暗褐色，树冠圆球形。二年生枝条黄绿色。叶近心形，长3~6cm，先端骤尖，边缘有细锐锯齿。花黄白色，有芳香，5~7朵成下垂或近直立聚伞花序，苞片有柄。果实近球形，早期被绒毛，成熟后变得光滑，无棱纹。

物候期： 花期7月，果期8~9月。

分布： 原产欧洲，我国新疆、南京、青岛、大连等地有栽培。

用途： 可作城市绿化和园林观赏树种，也是优质蜜源树种；木材可制作家具等。

本园引种栽培： 1985年从新疆乌鲁木齐引入种子，播种育苗，前3年需覆土越冬，之后可自然越冬。幼苗生长缓慢，耐寒，耐干旱，能正常开花结实。

柽柳科 Tamaricaceae　　红砂属 *Reaumuria* L.

红砂 *Reaumuria songarica* (Pall.) Maxim.

俗名： 琵琶柴

形态特征： 落叶小灌木。仰卧，多分枝，树皮为不规则的波状剥裂。老枝灰褐色；小枝多拐曲，皮灰白色，粗糙，纵裂。叶肉质，短圆柱形，鳞片状，浅灰蓝绿色，具点状的泌盐腺体，常 4~6 枚簇生在叶腋缩短的枝上，花期有时叶变紫红色。单生叶腋或在幼枝上端集为少花的总状花序；花无梗；苞片 3，披针形，先端尖；花萼钟形，下部合生，裂片 5，三角形，边缘白膜质，具点状腺体；花瓣 5，白色略带淡红，长圆形，先端钝，基部楔状变狭，张开，上部向外反折；下半部内侧的 2 附属物倒披针形，薄片状，着生在花瓣中脉的两侧；雄蕊几与花瓣等长。蒴果长椭圆形、纺锤形或三棱锥形，高出花萼 2~3 倍，具 3 棱，3 瓣裂，通常具 3~4 枚种子；种子长圆形，先端渐尖，基部变狭，全部被黑褐色毛。

物候期： 花期 7~8 月，果期 8~9 月。

分布： 产于新疆、青海、甘肃、宁夏和内蒙古；俄罗斯、蒙古也有分布。生于荒漠地区的山前冲积、洪积平原上和戈壁侵蚀面上。

用途： 防风固沙、改良盐碱地树种，也可作园林观赏树种；骆驼和羊等家畜喜食，为品质中等的饲用灌木；其嫩枝叶还可入药。

本园引种栽培： 2023 年春季从甘肃民勤引种一年生小苗，在本园生长良好。

柽柳科 Tamaricaceae   柽柳属 *Tamarix* L.

长穗柽柳 *Tamarix elongata* Ledeb.

形态特征： 落叶大灌木，高1~5m。枝短而粗壮，老枝灰色，二年生枝淡灰黄色或淡灰棕色。生长枝上的叶披针形、线状披针形或线形，渐尖或急尖，向外伸，下面扩大，基部宽心形，背面隆起，半抱茎，具耳；营养小枝上的叶心状披针形或披针形，半抱茎，短下延，微具耳，向上披针形紧缩。总状花序侧生在二年生枝上，单生，通常长约12cm；花较大，4基数，花瓣卵状椭圆形或长圆状倒卵形，盛花时充分张开向外折，粉红色；花药粉红色。蒴果卵状圆锥形，果皮枯草质，淡红色或橙黄色。

物候期： 花期4~5月，秋季偶有二次开花。

分布： 产于新疆、甘肃、青海、宁夏和内蒙古；中亚、俄罗斯西伯利亚及蒙古也有分布。

用途： 为荒漠地区盐渍化沙地上良好的固沙造林树种，也可作园林观赏树种；枝叶可作羊、骆驼等牲畜的饲料。

本园引种栽培： 1999年从新疆吐鲁番植物园采穗，扦插育苗。在本园生长良好，适应性较强，能正常开花结实。

柽柳科 Tamaricaceae　柽柳属 *Tamarix* L.

柽柳 *Tamarix chinensis* Lour.

俗名：西河柳、三春柳、红柳

形态特征：落叶乔木或灌木。老枝直立，幼枝稠密细弱，常开展而下垂，红紫色或暗紫红色，有光泽；嫩枝繁密纤细，悬垂。叶鲜绿色，钻形或卵状披针形，长1~3mm，背面有龙骨状突起，先端内弯。每年开花2~3次。春季总状花序侧生于二年生小枝，长3~6cm，下垂；有短总花梗或无；花梗纤细，较萼短；花5出，萼片5，花瓣5，粉红色，卵状椭圆形或椭圆状倒卵形；花盘5裂，裂片先端圆或微凹，紫红色，肉质；雄蕊5，花丝着生于花盘裂片间。夏、秋季开花总状花序长3~5cm，较春生者细，生于当年生幼枝顶端，组成顶生大圆锥花序，疏松而通常下弯；花5出，较春季者略小，密生；苞片绿色，草质，较春季花的苞片狭细，较花梗长，线形至线状锥形或狭三角形，渐尖，向下变狭，基部背面有隆起，全缘；花萼三角状卵形；花瓣粉红色，直而略外斜，远比花萼长。蒴果圆锥形，花瓣宿存。

物候期：花期4~9月。

分布：野生于辽宁、河北、河南、山东、江苏（北部）、安徽（北部）等地；栽培于我国东部至西南部各省份；日本、美国也有栽培。

用途：适用于温带海滨河畔等湿润盐碱地、沙荒地造林，也可作园林观赏树种；枝叶是良好的饲料；木材致密，可制作农具等；细嫩枝叶干燥后可入药；枝条柔软，可用于编织。

本园引种栽培：2001年从磴口防沙林场采种，播种育苗。在本园生长良好，适应性较强，能正常开花结实。

柽柳科 Tamaricaceae   柽柳属 *Tamarix* L.

多花柽柳 *Tamarix hohenackeri* Bunge

形态特征： 落叶灌木或小乔木。高达 6m；老枝树皮灰褐色。二年生枝条暗红紫色。绿色营养枝上的叶小，线状披针形或卵状披针形，长渐尖或急尖，具短尖头，向内弯，边缘干膜质，略具齿，半抱茎；木质化生长枝上的叶几抱茎，卵状披针形，渐尖，基部膨胀，下延。春季开花，总状花序侧生在二年生的木质化生长枝上，多为数个簇生，无总花梗；夏季开花，总状花序顶生于当年生幼枝顶端，集生成疏松或稠密的短圆锥花序；花 5 数，花瓣卵形、卵状椭圆形或近圆形，玫瑰色或粉红色，常互相靠合致花冠呈鼓形或球形，果时宿存。蒴果长 4~5mm，超出花萼 4 倍。

物候期： 花期 5~8 月。

分布： 产于新疆、青海、甘肃、宁夏和内蒙古；中亚各国、俄罗斯、伊朗和蒙古也有分布。

用途： 可作防风固沙、改良盐碱地树种，也可作园林观赏树种；嫩枝叶可作牲畜饲料。

本园引种栽培： 2003 年从吐鲁番沙漠植物园引入小苗。在本园生长良好，适应性较强，能正常开花结实。

柽柳科 Tamaricaceae　　柽柳属 *Tamarix* L.

多枝柽柳 *Tamarix ramosissima* Ledeb.

俗名：红柳

形态特征：落叶灌木或小乔木。高达 6m；杆和老枝的树皮暗灰色。当年生木质化的生长枝淡红色或橙黄色，长而直伸，有分枝，二年生枝则颜色渐变淡。木质化生长枝上的叶披针形，基部短，半抱茎，微下延；绿色营养枝上的叶短卵圆形或三角状心形，急尖，略向内倾，几抱茎，下延。总状花序生于当年生枝顶，集成顶生圆锥花序，长 1~5cm；苞片披针形或卵状披针形；花 5 数；萼片卵形；花瓣倒卵形，粉红色或紫色，靠合成杯状花冠，果时宿存；花盘 5 裂，裂片顶端有凹缺；雄蕊 5，花丝细，基部着生于花盘裂片间边缘略下方。蒴果三棱圆锥形瓶状。

物候期：花期 5~9 月。

分布：产于西藏西部、新疆、青海、甘肃、内蒙古和宁夏；东欧、中亚及伊朗、阿富汗和蒙古也有分布。

用途：为沙漠地区盐化沙土、沙丘和河湖滩地固沙造林和盐碱地绿化造林的优良树种。

本园引种栽培：2003 年从吐鲁番沙漠植物园引入小苗。在本园生长良好，适应性较强，能正常开花结实。

柽柳科 Tamaricaceae　　柽柳属 *Tamarix* L.

甘蒙柽柳 *Tamarix austromongolica* Nakai

形态特征： 落叶灌木或乔木。高达 6m；树干和老枝栗红色，枝直立。幼枝及嫩枝质硬，直伸而不下垂。叶灰蓝绿色，木质化生长枝基部的叶阔卵形，急尖，长 2~3mm，先端尖刺状，基部向外鼓胀；绿色嫩枝上的叶长圆形或长圆状披针形，渐尖，基部亦向外鼓胀。春季和夏秋季均开花；春季开花，总状花序自二年生的木质化枝上发出，侧生，花序轴质硬而直伸；夏、秋季开花，总状花序较春季的狭细，组成大型圆锥花序，顶生于当年生幼枝上，多挺直向上；花 5 数，淡紫红色，顶端向外反折，花后宿存。蒴果长圆锥形。

物候期： 花期 5~9 月。

分布： 产于青海、甘肃、宁夏、内蒙古、陕西、山西、河北及河南等省区。

用途： 为黄河中游半干旱半湿润地区、黄土高原及山坡的主要水土保持林和用柴林树种。

本园引种栽培： 在本园生长良好，适应性较强，能正常开花结实。

柽柳科 Tamaricaceae　　柽柳属 *Tamarix* L.

细穗柽柳 *Tamarix leptostachya* Bunge

形态特征：落叶灌木，高达6m。老枝淡棕色或灰紫色。营养枝之叶窄卵形或卵状披针形。总状花序细，生于当年生枝顶端，集成顶生紧密圆锥花序；花5数，花瓣倒卵形，上部外弯，淡紫红或粉红色，早落；花丝细长，伸出花冠之外。蒴果窄圆锥形。

物候期：花期6~7月。

分布：产于新疆、青海、甘肃、宁夏和内蒙古；俄罗斯和蒙古也有分布。

用途：固沙造林和盐碱地绿化造林的优良树种，也可作园林观赏树种；其枝叶可作牲畜饲料；枝条可用于编织。

本园引种栽培：2003年从吐鲁番沙漠植物园采穗，扦插育苗。在本园生长良好，适应性较强，能正常开花结实。

柽柳科 Tamaricaceae   柽柳属 *Tamarix* L.

甘肃柽柳 *Tamarix gansuensis* H. Z. Zhang

形态特征： 落叶灌木。茎和老枝紫褐色或棕褐色，枝条稀疏。叶披针形，基部半抱茎，具耳。总状花序侧生于二年生枝条上，单生；花5数为主，混生有不少4数花，花萼基部略结合；花瓣淡紫色或粉红色，花后半落；雄蕊5，花丝细长，多超出花冠；子房狭圆锥状瓶形，花柱3，柱头头状，伸出花冠之外。蒴果圆锥形，有种子25~30粒。

物候期： 花期4月末至5月中。

分布： 产于新疆、青海（柴达木）、甘肃（河西）、内蒙古（西部至磴口）。生于荒漠河岸、湖边滩地、沙丘边缘。

用途： 荒漠地区绿化和固沙造林树种，也可作园林观赏树种；也用作薪柴；枝条可用于编织。

本园引种栽培： 2023年从甘肃民勤引入一年生实生苗，在本园生长旺盛。

柽柳科 Tamaricaceae　　柽柳属 *Tamarix* L.

刚毛柽柳 *Tamarix hispida* Willd.

俗名：毛红柳

形态特征：落叶灌木或小乔木。老枝红棕色或浅红黄灰色，幼枝淡红色或赭灰色，全体密被单细胞短直毛。木质化生长枝之叶卵状披针形或窄披针形，营养枝上的叶阔心状卵形至阔卵状披针形，具短尖头，向内弯，被密柔毛。总状花序，夏秋生于当年枝顶，集成大型紧缩圆锥花序；花瓣5，紫红色或鲜红色，开张，上半部向外反折，早落；雄蕊5，伸出花冠之外；子房长瓶状，柱头极短。蒴果狭长锥形瓶状。

物候期：花期7~9月。

分布：产于新疆、青海、甘肃、宁夏和内蒙古（西部至磴口）等地；中亚、伊朗、阿富汗和蒙古也有分布。生于荒漠区域河漫滩冲积、淤积平原和湖盆边缘的潮湿或松陷盐土上，及盐碱化草甸和沙丘间。

用途：适用于荒漠地区低湿盐碱沙化地固沙、绿化造林；秋季开花，极美丽，也可作为观赏树种使用。

本园引种栽培：2023年从甘肃民勤引入一年生实生苗。在本园生长旺盛。

柽柳科 Tamaricaceae 水柏枝属 *Myricaria* Desv.

宽苞水柏枝 *Myricaria bracteata* Royle

俗名：河柏、水柽柳、臭红柳

形态特征：落叶灌木。多分枝，老枝灰褐色或紫褐色，多年生枝红棕色或黄绿色，有光泽和条纹。叶密生于当年生绿色小枝上，卵形、卵状披针形、线状披针形或狭长圆形。总状花序顶生于当年生枝上，密集呈穗状；苞片宽卵形或椭圆形，具宽膜质啮齿状边，先端尖或尾尖；花梗极短；萼片披针形或长圆形；花瓣倒卵形或倒卵状长圆形，常内曲，粉红色或淡紫色，花后宿存；雄蕊略短于花瓣，花丝合生。蒴果狭圆锥形；种子狭长圆形或狭倒卵形，顶端芒柱上半部被白色长柔毛。

物候期：花期 6~7 月，果期 8~9 月。

分布：产于新疆、西藏、青海、内蒙古、山西、河北等省区；克什米尔地区、中亚、印度、巴基斯坦、阿富汗、俄罗斯、蒙古也有分布。生于河谷沙砾质河滩、湖边沙地以及山前冲积扇沙砾质戈壁上。

用途：防风固沙、保持水土树种；嫩枝可入药。

本园引种栽培：2023 年春季从鄂尔多斯达拉特旗引入野生苗，在本园生长良好，已经开花结实。

胡颓子科 Elaeagnaceae　　沙棘属 Hippophae L.

中国沙棘 *Hippophae rhamnoides* subsp. *sinensis* Rousi

俗名： 醋柳、酸刺柳、酸刺

形态特征： 落叶灌木或乔木。棘刺较多，粗壮，顶生或侧生；嫩枝褐绿色，密被银白色而带褐色鳞片或有时具白色星状柔毛；芽大，金黄色或锈色。单叶通常近对生，狭披针形或矩圆状披针形，上面绿色，初被白色盾形毛或星状柔毛，下面银白色或淡白色，被鳞片，无星状毛。花先叶开放，花小，淡黄色。果实圆球形，橙黄色或橘红色；种子小，阔椭圆形至卵形，有时稍扁，长 3~4.2mm，黑色或紫黑色，具光泽。

物候期： 花期 4~5 月，果期 9~10 月。

分布： 产于河北、内蒙古、山西、陕西、甘肃、青海、四川西部。常生于温带地区向阳的山脊、谷地、干涸河床地或山坡多砾石、沙质土壤或黄土上。

用途： 优良的保土固沙植物及薪炭林树种；药食同源植物，果实中含有多种维生素、脂肪酸、微量元素、亚油素、沙棘黄酮、超氧化物等活性物质和人体所需的各种氨基酸，其中维生素 C 含量极高，除鲜食外，还可入药，或加工成果汁、果酒、果酱、果脯、果冻、饮料、保健品等；枝叶可作饲料。

本园引种栽培： 2006 年从中国林科院林业所引入种子，播种育苗。在本园长势良好，该树种具有一定的侵占性，能正常开花结实。

胡颓子科 Elaeagnaceae 胡颓子属 *Elaeagnus* L.

沙枣 *Elaeagnus angustifolia* L.

俗名： 银柳胡颓子、银柳、香柳

形态特征： 落叶乔木或小乔木。无刺或具刺，刺棕红色，发亮；幼枝密被银白色鳞片。叶薄纸质，矩圆状披针形至线状披针形，全缘，上面幼时具银白色圆形鳞片，成熟后部分脱落，带绿色，下面灰白色，密被白色鳞片，有光泽。花银白色，直立或近直立，芳香，1~3 花簇生于小枝下部叶腋；花梗较短；萼筒钟形，在子房之上缢缩，裂片宽卵形或卵状长圆形，内面被白色星状毛；花柱无毛，上部弯曲；花盘圆锥形，无毛，包花柱基部。果实椭圆形，粉红色，密被银白色鳞片；果肉乳白色，粉质。

物候期： 花期 5~6 月，果期 9 月。

分布： 产于辽宁、河北、山西、河南、陕西、甘肃、内蒙古、宁夏、新疆、青海；中亚、中东、近东至欧洲也有分布。通常为栽培植物，亦有野生。

用途： 可营造防护林、防沙林、用材林和风景林；果实可以生食或熟食，新疆地区将果实打粉掺在面粉内代主食，也可酿酒或制醋、酱油、果酱、糕点等；木材坚韧细密，可制作家具等；枝叶和果是羊的优质饲料，可营建饲料林；花、果及树皮等可入药；沙枣花香，是很好的蜜源植物，还可提取芳香油，用作化妆品和皂类香精原料。

本园引种栽培： 1996 年从吐鲁番沙漠植物园采种，播种育苗。在本园生长良好，抗旱、抗寒性较强，能正常开花结实。

胡颓子科 Elaeagnaceae　　胡颓子属 *Elaeagnus* L.

牛奶子 *Elaeagnus umbellata* Thunb.

俗名：甜枣、秋胡颓子、唐茱萸

形态特征：落叶直立灌木。具长刺；小枝甚开展，多分枝，幼枝密被银白色鳞片，散生少数黄褐色鳞片；芽银白色或褐色至锈色。叶纸质或膜质，椭圆形至卵状椭圆形或倒卵状披针形，边缘全缘或皱卷至波状，上面幼时具白色星状短柔毛或鳞片，下面密被银白色鳞片，散生少数褐色鳞片。花较叶先开放，芳香，黄白色，密被银白色盾形鳞片，常1~7花簇生于新枝基部，单生或成对生于幼叶叶腋；花梗白色；萼筒漏斗形，在裂片下扩展，向基部渐窄，在子房之上略缢缩，裂片卵状三角形；花丝极短；花柱直立，疏生白色星状毛和鳞片，柱头侧生。果实几球形或卵圆形，幼时绿色，被银白色或有时全被褐色鳞片，成熟时红色。

物候期：花期4~5月，果期7~8月。

分布：产于华北、华东、西南各省份和陕西、甘肃、青海、宁夏、辽宁、湖北；日本、朝鲜、中南半岛、印度、尼泊尔、不丹、阿富汗、意大利等地均有分布。世界许多大的植物园都有栽培。

用途：可作园林观赏树种，也是水土保持和防沙造林的良好树种；果实可生食，或制果酒、果酱等；根、叶和果实可入药；叶作土农药可杀棉蚜虫；还可作为提取香精、工业用油、人造纤维板、植物源农药等的原材料。

本园引种栽培：1999年从北京林业大学引入种子，播种育苗。在本园生长良好，抗旱、抗寒性较强，能正常开花结实。

胡颓子科 Elaeagnaceae　　野牛果属 *Shepherdia* Nutt.

水牛果 *Shepherdia argentea* (Pursh) Nutt.

俗名：银水牛果

形态特征：落叶灌木。幼枝被银色绒毛，树皮褐色，剥落；枝灰白色，有少许刺。单叶对生，稀互生，长 2~6cm，全缘，圆形或卵圆形，上下表面被银色柔毛，下面较上面被毛厚。雌雄异株，花淡黄色，花萼 4，无花瓣，雄蕊 8。果为核果状，鲜红色。

物候期：花期 4~5 月，果期 7 月。

分布：原产于北美洲西部和中部，1998 年由美国引入中国青海栽培。

用途：可作园林观赏树种；果实可食用，也可制作果酱等。

本园引种栽培：2023 年春季从鄂尔多斯达拉特旗基地引入苗木，在本园生长良好。

五加科 Araliaceae　　刺楸属 *Kalopanax* Miq.

刺楸 *Kalopanax septemlobus* (Thunb.) Koidz.

俗名：刺桐、刺枫树、鼓钉刺

形态特征：落叶乔木。高达 30m，胸径 1m；树皮灰黑色，纵裂，树干及枝上具鼓钉状扁刺。小枝淡黄棕色或灰棕色，散生粗刺；刺基部宽阔扁平。叶纸质，在长枝上互生，在短枝上簇生，圆形或近圆形，掌状 5~7 浅裂，裂片阔三角状卵形至长圆状卵形，叶片分裂较深，边缘有细锯齿，放射状主脉 5~7 条。圆锥花序大，长 15~25cm，直径 20~30cm；伞形花序直径 1~2.5cm，有花多数；总花梗长 2~3.5cm；花梗长 0.5~1.2cm；花白色或淡绿黄色；萼边缘有 5 小齿；花瓣 5，三角状卵形；雄蕊 5。果实球形，蓝黑色；花柱宿存。

物候期：花期 7~10 月，果期 9~12 月。

分布：分布广，北自东北，南至广东、广西、云南，西自四川西部，东至海滨的广大区域内均有分布；朝鲜、俄罗斯和日本也有分布。多生于向阳山坡、灌木林中和林缘，以及潮湿、腐殖质层较厚的密林，甚至岩质山地也能生长。除野生外，也有栽培。

用途：可作园林观赏树种，也可作刺篱；木材纹理美观，有光泽，可供建筑、家具、车辆、乐器、雕刻、箱筐等用材；根皮为民间草药，有清热祛痰、收敛镇痛之效；嫩叶可食；树皮及叶含鞣酸，可提制栲胶；种子可榨油，供工业用。

本园引种栽培：1985 年从辽宁引入幼苗，在本园长势较差，耐寒、耐干旱性差，个别年份枝条有抽梢现象发生，未见开花结实。

五加科 Araliaceae　　楤木属 *Aralia* L.

楤木 *Aralia elata* (Miq.) Seem.

俗名：刺老鸦、刺龙牙、刺嫩芽

形态特征：落叶灌木或乔木。树皮灰色，疏生粗壮直刺。小枝通常淡灰棕色，有黄棕色绒毛，疏生细刺。叶为二回或三回羽状复叶，叶柄粗壮，托叶与叶柄基部合生，叶轴无刺或有细刺；羽片有小叶 5~11，基部有小叶 1 对；小叶片纸质或薄革顶、卵形、阔卵形或长卵形，先端渐尖或短渐尖，基部圆形，上面粗糙，疏生糙毛，下面有淡黄色或灰色短柔毛。圆锥花序大，密生淡黄棕色或灰色短柔毛，有花多数；总花梗密生短柔毛；花白色，芳香；花瓣 5；雄蕊 5。果实球形，黑色，具 5 棱。

物候期：花期 7~9 月，果期 9~12 月。

分布：分布广，北自甘肃南部，南至云南西北部、广西西北部、东北部、广东北部和福建西南部的广大区域，均有分布。生于森林、灌丛或林缘路边。

用途：可作园林观赏树种，也可作水土保持树种；嫩芽可食，口感好，营养丰富；根皮和茎皮可入药；木材可用于制作器具等。

本园引种栽培：2023 年从内蒙古呼和浩特市土默特左旗国营苗圃引种，在本园长势较差，出现干梢现象，生态适应性需要进一步观测。

五加科 Araliaceae　　五加属 *Eleutherococcus* Maxim.

刺五加 *Eleutherococcus senticosus* (Rupr. & Maxim.) Maxim.

俗名： 刺拐棒、短蕊刺五加

形态特征： 落叶灌木；高 1~6m。小枝密被下弯针刺，萌条和幼枝更明显。掌状复叶具小叶 5，稀 3；小叶薄纸质，椭圆状倒卵形或长圆形，先端短渐尖，上面脉被粗毛，下面脉被柔毛，具锐尖重锯齿，侧脉 6~7 对；叶柄有时被细刺。伞形花序单生或 2~6 个组成稀疏的圆锥花序，直径 2~4cm；花紫黄色；花瓣 5；雄蕊 5；子房 5 室，花柱合生成柱状。卵状球形，径约 8mm，具 5 棱；宿存花柱长约 1.5mm。

物候期： 花期 6~7 月，果期 8~10 月。

分布： 分布于黑龙江、吉林、辽宁、河北、内蒙古和山西；朝鲜、日本和俄罗斯也有分布。生于森林或灌丛中。

用途： 水土保持植物；根皮可入药；嫩茎叶可作蔬菜，叶还可作茶饮用；果实可食用和酿酒，具有良好的药用和食疗保健价值；种子可榨油，供制肥皂。

本园引种栽培： 2023 年从赤峰市旺业甸林场引入野生苗，在本园生长一般，生态适应性需要进一步观测。

山茱萸科 Cornaceae　　山茱萸属 *Cornus* L.

红瑞木 *Cornus alba* L.

俗名： 凉子木、红瑞山茱萸

形态特征： 落叶灌木。树皮光滑，紫红色。幼枝有淡白色短柔毛，后即秃净而被蜡状白粉，老枝红白色，散生灰白色圆形皮孔及略为突起的环形叶痕；冬芽被毛。叶对生，纸质，椭圆形，稀卵形。顶生伞房状聚伞花序被短柔毛；花序梗长约2cm，被短柔毛；花梗密被灰白色短柔毛；花白色或淡黄色；花萼裂片4，三角齿状，外侧疏被毛；花瓣4，卵状长圆形，先端急尖，微内折，背面疏被伏生短柔毛；雄蕊4，花丝线性，微扁，花药淡黄色。核果长圆形，微扁，成熟时乳白色或蓝白色，花柱宿存；核扁，菱形，两端微呈喙状；果柄疏被短柔毛。

物候期： 花期6~7月，果期8~10月。

分布： 产于黑龙江、吉林、辽宁、内蒙古、河北、陕西、甘肃、青海、山东、江苏、江西等省区；朝鲜、俄罗斯及欧洲其他地区也有分布。生于杂木林或针阔叶混交林中。

用途： 花白如雪，秋叶鲜红，小果洁白，落叶后枝干红艳如珊瑚，可观花观叶观枝观果，是城乡绿化美化的优良树种，也可作水土保持树种；全株可入药；种子含油量约为30%，可供工业用。

本园引种栽培： 2003年从北京植物园引入二年生小苗，在本园生长良好，抗旱、抗寒性较强，能正常开花结实。

山茱萸科 Cornaceae　　山茱萸属 Cornus L.

红椋子 *Cornus hemsleyi* C. K. Schneid. & Wangerin

俗名：凉生梾木、多花梾木

形态特征：落叶灌木或小乔木。高 1.5~8m；树皮黑灰色，沟纹较密。幼枝绿色，后变为红色，无毛，老枝红褐色，疏生圆形皮孔；冬芽狭圆锥形，长 6~10mm，密被灰白色及淡褐色平贴短柔毛。叶对生，纸质，卵状椭圆形，上面深绿色，有贴生短柔毛，下面灰绿色，微粗糙，密被白色贴生短柔毛及乳头状突起；中脉在上面稍凹下，下面凸出，侧脉 5~8 对，细瘦，弓形内弯，在上面稍凹下，下面微凸起；叶柄细圆柱形，红色，上面有浅沟，下面圆形。顶生伞房状聚伞花序分枝少；总花梗长 1.5~4.5cm；花小，白色或淡黄色；花萼裂片 4，线状披针形，略与花盘等长，外侧被短柔毛；花瓣 4，长圆状披针形，下面密被灰白色短柔毛；雄蕊 4，与花瓣等长，花丝线形，白色；花药蓝灰色，线状长圆形。核果近球形，有光泽，成熟时紫红色至黑色；核骨质，扁球形，略有 8 条不明显的肋纹。

物候期：花期 6 月，果期 9 月。

分布：产于山西、陕西、甘肃、青海、河南、湖北、四川、贵州、云南及西藏等省区。生于溪边或杂木林中。

用途：可作园林观赏树种，也可作水土保持树种；种子榨油可供工业用；树皮可入药。

本园引种栽培：在本园生长良好，具有较好的抗逆性，能正常开花结实。

山茱萸科 Cornaceae　　山茱萸属 Cornus L.

沙梾 *Cornus bretschneideri* L. Henry

俗名： 毛山茱萸

形态特征： 灌木或小乔木。高 1~6m；树皮紫红色。小枝紫红色，光滑，幼时常被蜡状白粉，具柔毛。叶纸质，对生，宽椭圆形或卵状椭圆形，先端急尖或渐尖，基部圆形或宽楔形，上面被短柔毛，下面密被伏生白色短柔毛及乳突状小突起，侧脉 5~6 对，弧状上升，下面脉上毛较密，脉腋被簇生白色柔毛，网脉横出；叶柄被伏生短柔毛。顶生伞房状聚伞花序，被伏生灰色短柔毛；花径约 5~7mm；花萼裂片 4，齿状，外侧被毛；花瓣 4，舌状长卵形，外侧被伏生毛；雄蕊 4，长于花瓣；花盘垫状；花柱柱头头状；花托卵状，具灰色伏生短柔毛；花梗疏生灰色短柔毛。核果圆球形，成熟时蓝黑色或黑色，被伏生短柔毛；核骨质，条纹不明显。

物候期： 花期 6~7 月，果期 8~9 月。

分布： 产于辽宁、内蒙古、河北、山西、陕西、宁夏、甘肃、青海、河南、湖北以及四川西北部。生于杂木林内或灌丛中。

用途： 花色美丽，可作庭园绿化树种，也可作水土保持树种；材质坚韧细密，供细木工用材；果实含油率高，可用来制肥皂、润滑油等。

本园引种栽培： 在本园生长良好，具有较好的抗逆性，能正常开花结实。

杜鹃花科 Ericaceae 杜鹃花属 *Rhododendron* L.

照山白 *Rhododendron micranthum* Turcz.

俗名：照白杜鹃、冬青、冻青

形态特征：常绿灌木。灰棕褐色；高可达 2m。枝条细瘦；幼枝被鳞片及细柔毛。叶近革质，倒披针形、长圆状椭圆形至披针形，顶端钝、急尖或圆，具小突尖，基部狭楔形，上面深绿色，有光泽，常被疏鳞片，下面黄绿色，被鳞片。总状花序顶生，有花 10~28 朵；花小，乳白色，花冠钟状，花柱与雄蕊等长或较短。蒴果长圆形，被疏鳞片，具宿存花萼。

物候期：花期 5~6 月，果期 8~11 月。

分布：广布我国东北、华北及西北地区及山东、河南、湖北、湖南、四川等省份；朝鲜也有分布。生于山坡灌丛、山谷、峭壁及石岩上。

用途：花朵娇小，洁白芬芳，可作园林绿化树种；本种有剧毒，幼叶毒性更强，牲畜误食易中毒死亡；枝叶均可入药，有祛风、通络、调经止痛、化痰止咳之效。

本园引种栽培：2023 年从赤峰市喀喇沁旗旺业甸林场引入野生苗，在本园生长情况良好，已开花但未见结实。

杜鹃花科 Ericaceae　　杜鹃花属 *Rhododendron* L.

兴安杜鹃 *Rhododendron dauricum* L.

俗名：达子香

形态特征：半常绿灌木。高 0.5~2m，分枝多。幼枝细而弯曲，被柔毛和鳞片。叶近革质，椭圆形或长圆形，上面深绿，散生鳞片，下面淡绿，密被鳞片，鳞片不等大，褐色，覆瓦状或彼此邻接。花序腋生枝顶或假顶生，1~3 花，花梗长约 8mm，被柔毛；花萼很小，环状，密被鳞片；花冠淡紫红色或粉红色，宽漏斗状，长 1.4~2.3cm，外面近基部被柔毛，冠筒约与裂片等长；雄蕊 10，伸出，花丝基部被柔毛；子房密被鳞片，花柱较雄蕊稍长，无毛。蒴果长圆形，被鳞片，先端 5 瓣开裂。

物候期：花期 5~6 月，果期 7 月。

分布：产于黑龙江、内蒙古、吉林；蒙古、日本、朝鲜、俄罗斯也有分布。生于山地落叶松林、桦木林下或林缘。

用途：根系发达，是良好的水土保持树种；其花鲜艳夺目，开花早，花期长，是美丽的观赏植物和蜜源植物；其根盘曲，可制作盆景、根雕等；叶可入药。

本园引种栽培：2022 年从阿尔山引入野生苗，在本园长势一般，存在严重的干枝现象，需覆土越冬。已开花但未见结实。

杜鹃花科 Ericaceae　　杜鹃花属 *Rhododendron* L.

迎红杜鹃 *Rhododendron mucronulatum* Turcz.

俗名：映山红、迎山红

形态特征：落叶灌木。分枝多；幼枝细长，疏生鳞片。叶质薄，椭圆形或椭圆状披针形，上面疏生鳞片，下面鳞片大小不等，褐色。花序腋生枝顶或假顶生，多数，先叶开放，伞形着生；花芽鳞宿存；花梗疏生鳞片；花萼 5 裂，被鳞片；花冠宽漏斗状，径 3~4cm，淡红紫色，外面被短柔毛，无鳞片；雄蕊 10，不等长，稍短于花冠，花丝下部被短柔毛；子房 5 室，密被鳞片，花柱光滑，长于花冠。蒴果长圆形，先端 5 瓣开裂。

物候期：花期 4~6 月，果期 5~7 月。

分布：产于内蒙古、辽宁、河北、山东、江苏北部；蒙古、日本、朝鲜、俄罗斯有分布。生于山地灌丛。

用途：春花粉红绚丽，秋叶绿红黄相间，是园林绿化的优良树种；萌发力强，耐修剪，根桩奇特，是优良的盆景材料；花可提取芳香油；叶可入药。

本园引种栽培：2023 年从赤峰市阿鲁科尔沁旗罕山林场引入野生苗，在本园生长慢，长势一般，已开花但未见结实。

杜鹃花科 Ericaceae 　杜鹃花属 *Rhododendron* L.

大字杜鹃 *Rhododendron schlippenbachii* Maxim.

俗名： 辛伯楷杜鹃

形态特征： 落叶灌木。高达 4.5m。枝近轮生；幼枝密被腺毛，老枝无毛。叶纸质，常 5 叶轮生枝顶，倒卵形或宽倒卵形，先端圆，有短尖头或缺刻，基部楔形，边缘波状，上面深绿色，秋后变为黄色或红色，下面苍白色，两面幼时被柔毛，后仅下面中脉两侧被毛；叶柄被刚毛和腺毛。顶生伞形花序有 3~6 花，先花后叶或同放；花梗被腺毛；花萼 5 裂，外面被毛；花冠漏斗形，白色或粉红色，上方有红棕色斑点，5 裂，冠筒外面被微柔毛；雄蕊 10，中下部被柔毛；子房及花柱中下部被腺毛。蒴果长约 1.7cm，被腺毛。

物候期： 花期 5 月，果期 6~9 月。

分布： 产于辽宁南部和东南部、内蒙古；朝鲜和日本也有分布。生于山地阴坡阔叶林下或灌丛中。

用途： 花大色艳，可作园林观赏树种；萌发力强，耐修剪，根桩奇特，是优良的盆景材料。

本园引种栽培： 2023 年从辽宁凤城引入人工苗，在本园当年生长良好，已开花但未见结实，生态适应性需进一步观察。

木樨科 Oleaceae 雪柳属 *Fontanesia* Labill.

雪柳 *Fontanesia fortunei* Carrière

俗名：过街柳

形态特征： 落叶灌木或小乔木。树皮灰褐色。灰白色，圆柱形，小枝淡黄色或淡绿色，四棱形或具棱角，无毛。叶纸质，披针形、卵状披针形或狭卵形，全缘，两面无毛。圆锥花序顶生或腋生，顶生花序长 2~6cm，腋生花序较短，长 1.5~4cm。单翅果黄棕色，倒卵形至倒卵状椭圆形，扁平，先端微凹，花柱宿存，边缘具窄翅；种子具三棱。

物候期： 花期 4~6 月，果期 6~10 月。

分布： 产于河北、陕西、山东、江苏、安徽、浙江、河南及湖北东部。生于水沟、溪边或林中。

用途： 繁花似雪，可作园林观赏树种或栽作绿篱，也是很好的蜜源植物；抗性强，可作为工矿区和道路两边的抗污染树种；枝条可编筐；茎皮可造纸；嫩叶可代茶。

本园引种栽培： 1997 年从中国科学院植物园研究所北京植物园采种，播种育苗。在本园生长良好，抗旱、抗寒性较强，能正常开花结实。

木樨科 Oleaceae　　梣属 Fraxinus L.

白蜡树 *Fraxinus chinensis* Roxb.

俗名： 白蜡杆、小叶白蜡、速生白蜡、新疆小叶白蜡、云南梣、尖叶梣、川梣、绒毛梣

形态特征： 落叶大乔木。树皮灰褐色，纵裂。小枝黄褐色，粗糙，皮孔小，不明显。羽状复叶，叶柄基部不增厚；小叶5~7枚，硬纸质，卵形、倒卵状长圆形至披针形，顶生小叶与侧生小叶近等大或稍大，先端锐尖至渐尖，基部钝圆或楔形，叶缘具整齐锯齿。圆锥花序顶生或腋生于当年生枝端，花雌雄异株；雌花疏离，花萼大，桶状。翅果匙形，下延至坚果中部。

物候期： 花期4~5月，果期7~9月。

分布： 产于南北各省份，多为栽培；越南、朝鲜也有分布。生于山地杂木林中。

用途： 树干通直，树形美观，夏叶鲜绿，秋叶橙黄，是优良的庭荫树和行道树，是园林景观中重要的秋季彩叶树种；可抗烟尘、二氧化硫和氯气，是工厂、城镇绿化的优良树种；可作园林观赏树种；耐瘠薄干旱，在轻度盐碱地也能生长，是防风固沙和护堤护路的优良树种；木材坚韧，可制作家具、农具等；枝叶可放养白蜡虫生产白蜡；树皮还能入药。

本园引种栽培： 在本园生长良好，抗旱、抗寒性较强，能正常开花结实。

花曲柳 *Fraxinus chinensis* subsp. *rhynchophylla* (Hance) A. E. Murray

俗名：大叶白蜡

形态特征： 落叶大乔木。树皮灰褐色，光滑，老时浅裂。当年生枝淡黄色，无毛。羽状复叶，叶柄基部膨大；小叶 3~7，革质，宽卵形或卵状披针形；营养枝的小叶较宽大，顶生小叶显著大于侧生小叶，下方 1 对最小，叶缘呈不规则粗锯齿，齿尖稍向内弯。圆锥花序顶生或腋生于当年生枝端，雄花与两性花异株；花萼浅杯形，无毛；无花冠。翅果线形，翅下延至坚果中部。

物候期： 花期 4~5 月，果期 9~10 月。

分布： 产于东北和黄河流域各省份；俄罗斯、朝鲜也有分布。生于山坡、河岸、路旁。

用途： 常作城市绿化、园林观赏树种，也可作涵养水源、保持水土树种；材质坚硬而有弹性，纹理美丽而略粗，可用于制作家具等；树皮可入药。

本园引种栽培： 在本园生长良好，抗旱、抗寒性较强，能正常开花结实。

木犀科 Oleaceae　　梣属 *Fraxinus* L.

水曲柳 *Fraxinus mandshurica* Rupr.

俗名：东北梣

形态特征：落叶大乔木。树皮厚，灰褐色，纵裂。小枝粗壮，黄褐色至灰褐色，四棱形，节膨大，光滑无毛；叶痕节状隆起，半圆形；冬芽大，圆锥形，黑褐色。羽状复叶；叶柄近基部膨大，小叶着生处具关节，节上簇生黄褐色曲柔毛或秃净；小叶 7~11 枚，上面暗绿色，无毛或疏被白色硬毛，下面黄绿色，沿脉被黄色曲柔毛，至少在中脉基部簇生密集的曲柔毛。圆锥花序生于二年生枝上，先叶开放；雄花与两性花异株，均无花冠和花萼。翅果大而扁，翅下延至坚果基部，明显扭曲，脉棱凸起。

物候期：花期 4 月，果期 8~9 月。

分布：产于东北、华北及陕西、甘肃、湖北等地；朝鲜、俄罗斯、日本也有分布。

用途：常作城市绿化、园林观赏树种木，也可作涵养水源、保持水土树种；木材可用于制作家具、乐器、体育器具等高档木制品；树皮有药用价值。

本园引种栽培：1978 年从熊岳树木园采种，播种育苗。在本园生长良好，适应性强，能正常开花结实。

天山梣 *Fraxinus sogdiana* Bunge

俗名： 新疆小叶白蜡

形态特征： 落叶乔木。小枝灰褐色，粗糙，无毛，皱纹纵直，疏生点状淡黄色皮孔；叶痕节状隆起；芽圆锥形，尖头，黑褐色，外被糠秕状毛，内侧密被棕色曲柔毛。羽状复叶在枝端呈螺旋状三叶轮生，小叶 7~13 枚，纸质，卵状披针形或狭披针形，叶缘具不整齐而稀疏的三角形尖齿，上面无毛，下面密生细腺点。聚伞圆锥花序生于二年生枝上，长约 5cm；花序梗短；花杂性，2~3 朵轮生，无花冠也无花萼；两性花具雄蕊 2 枚，贴生于子房底端，甚短，花药球形；雌蕊具细长花柱，柱头长圆形，尖头。翅果倒披针形，上中部最宽，先端锐尖，翅下延至坚果基部，强度扭曲，坚果扁，脉棱明显。

物候期： 花期 6 月，果期 8 月。

分布： 产于新疆西部；俄罗斯及中亚地区也有分布。

用途： 树形挺拔美丽，耐寒、耐干旱，可作沙漠绿洲中的营林树种，也可作城市绿化、园林观赏树种；木材作建筑、家具等用材；树皮可入药。

本园引种栽培： 1980 年从新疆伊犁采种，播种育苗。在本园生长一般，枝叶比较稀疏，未见开花结实。

木樨科 Oleaceae　　梣属 *Fraxinus* L.

美国红梣 *Fraxinus pennsylvanica* Marshall

俗名：洋白蜡、毛白蜡

形态特征：落叶乔木。树皮灰色，粗糙，皱裂。小枝红棕色，圆柱形，被黄色柔毛或秃净，老枝红褐色，光滑无毛；顶芽圆锥形，尖头，被褐色糠秕状毛。羽状复叶，长圆状披针形、狭卵形或椭圆形，顶生小叶与侧生小叶几等大，先端渐尖或急尖，基部阔楔形，叶缘具不明显钝锯齿或近全缘。圆锥花序生于二年生枝上，雄花与两性花异株，与叶同时开放。翅果狭倒披针形，先端钝圆或具短尖头，翅下延近坚果中部，坚果圆柱形，脉棱明显。

物候期：花期 4 月，果期 8~10 月。

分布：原产于美国东海岸至落基山脉一带；我国引种栽培已久，分布遍及全国各地。

用途：树体挺拔，秋叶亮黄色，常作庭园树和行道树；木材可用于制作家具、地板、运动器材等。

本园引种栽培：1980 年从天津水上公园采种，播种育苗。在本园生长一般，抗旱、抗寒性较强，能正常开花结实。

木樨科 Oleaceae 连翘属 *Forsythia* Vahl

东北连翘 *Forsythia mandschurica* Uyeki

俗名：朝鲜连翘

形态特征：落叶灌木。树皮灰褐色；小枝开展，当年生枝绿色，无毛，略呈四棱形；二年生枝直立，外有薄膜状剥裂，具片状髓。叶纸质，宽卵形、椭圆形或近圆形，先端尾状渐尖、短尾状渐尖或钝，基部为不等宽楔形、近截形至近圆形，叶缘具锯齿、牙齿状锯齿或牙齿。单生于叶腋，花萼裂片下面呈紫色，卵圆形，先端钝，边缘具睫毛；花冠黄色，长约2cm，裂片披针形，先端钝或凹。蒴果长卵形，先端喙状渐尖至长渐尖，皮孔不明显，开裂时向外反折。

物候期：花期5月，果期9月。

分布：产于辽宁鸡冠山，沈阳也有栽培。生于山坡。

用途：早春时节满树金黄，若成片栽植，更加鲜艳夺目，也可作花篱或点缀草坪，是东北优良的早春观花灌木；萌发力强，可作水土保持树种；花可提取精油，果实可入药，是观光农业的最佳经济树种之一，开发利用前景广阔。

本园引种栽培：1980年从熊岳树木园引入小苗，在本园生长旺盛，适应性强，耐寒耐旱，能正常开花结实。

木樨科 Oleaceae　　连翘属 Forsythia Vahl

连翘 *Forsythia suspensa* (Thunb.) Vahl

俗名：毛连翘

形态特征： 落叶灌木。枝开展或下垂，棕色、棕褐色或淡黄褐色，小枝土黄色或灰褐色，略呈四棱形，疏生皮孔，节间中空，节部具实心髓。叶通常为单叶，或3裂至三出复叶，叶片卵形、宽卵形或椭圆状卵形至椭圆形，叶缘除基部外具锐锯齿或粗锯齿。花通常单生或2至数朵着生于叶腋，先于叶开放；花冠黄色，裂片倒卵状长圆形或长圆形。蒴果卵球形、卵状椭圆形或长椭圆形，先端喙状渐尖，表面疏生皮孔。

物候期： 花期3~4月，果期7~9月。

分布： 产于河北、山西、陕西、山东、安徽西部、河南、湖北、四川；我国除华南地区外，其他各地均有栽培；日本也有栽培。

用途： 连翘树姿优美，生长旺盛，早春时满枝金黄，是观光农业和现代园林难得的优良树种；根系发达，是荒山绿化优良树种；连翘果实为我国临床常用传统中药，具清热解毒、消结排脓之效；药用其叶，对治疗高血压、痢疾、咽喉痛等效果较好；还常用于盆景制作。近年来，连翘产业在促进农民增收致富及乡村振兴中发挥了重大作用。

本园引种栽培： 2000年从北京植物园引入二年生小苗，在本园生长良好，抗旱、抗寒性较强，能正常开花结实。

木樨科 Oleaceae　　连翘属 *Forsythia* Vahl

卵叶连翘 *Forsythia ovata* Nakai

俗名： 早花连翘

形态特征： 落叶灌木。具开展枝条；小枝灰黄色或淡黄棕色，无毛。叶革质，卵形、宽卵形至近圆形，先端锐尖至尾状渐尖，基部宽楔形、截形至圆形，叶缘具锯齿，有时近全缘。花单生于叶腋，先于叶开放；花梗短，被芽鳞覆盖；花萼绿色或紫色，裂片宽卵形或卵形，具睫毛；花冠琥珀黄色，花冠管长 3~6mm，裂片长圆形、宽长圆形或宽卵形，先端钝或略呈截形，或锐尖。蒴果卵球形、卵形或椭圆状卵形，先端喙状渐尖至长渐尖，皮孔不明显，开裂时向外反折。

物候期： 花期 4~5 月，果期 8 月。

分布： 原产朝鲜，我国东北各地庭园有栽培。

用途： 可作城市绿化、园林观赏树种；果实可入药。

本园引种栽培： 在本园生长一般，适应性差，生长速度缓慢，但能正常开花结实。

木樨科 Oleaceae   丁香属 *Syringa* L.

暴马丁香 *Syringa reticulata* subsp. *amurensis* (Rupr.) P. S. Green & M. C. Chang

俗名： 暴马子、白丁香、荷花丁香

形态特征： 落叶灌木或小乔木。树皮紫灰褐色，具细裂纹。具直立或开展的枝；老枝灰褐色；当年生枝绿色或略带紫晕，无毛，疏生皮孔；二年生枝棕褐色，光亮，无毛，具较密皮孔。叶厚纸质，宽卵形或卵形，先端骤尖或渐尖，基部圆形或截形，上面亮绿色，下面灰绿色。圆锥花序由1到多对着生于同一枝条上的侧芽抽生，花序轴、花梗和花萼均无毛；花萼萼齿钝、凸尖或截平；花冠白色，呈辐状，花冠管长约1.5mm，裂片卵形，先端锐尖；花丝与花冠裂片近等长或长于裂片，花药黄色。蒴果矩圆形，先端稍尖或钝，果皮光滑或有小瘤。

物候期： 花期6月，果期7月。

分布： 分布于我国长白山区及东北南部；俄罗斯、朝鲜及日本也有分布。

用途： 花序大，花期长，树姿美观，花香浓郁，为优良的绿化观赏树种和蜜源植物；树皮、树干及茎枝入药，具消炎、镇咳、利水作用；嫩叶和花也有一定药效，可调制花茶；花还可提取芳香油，是一种使用价值较高的天然香料；木材材质坚实致密，结构均一，具有特殊清香气味，可供建筑、器具、家具及细木工用材，尤宜作茶叶筒、食具等；种子可榨取工业用油。

本园引种栽培： 在本园生长良好，能正常开花结实。

木樨科 Oleaceae　丁香属 *Syringa* L.

北京丁香 *Syringa reticulata* subsp. *pekinensis* (Rupr.) P. S. Green & M. C. Chang

俗名：臭多罗

形态特征：落叶灌木或小乔木。树皮褐色或灰棕色，纵裂。小枝带红褐色，细长，向外开展，具显著皮孔，萌枝被柔毛。叶纸质，卵形、宽卵形至近圆形，或为椭圆状卵形至卵状披针形，先端长渐尖、骤尖、短渐尖至锐尖，上面深绿色，无毛，侧脉平，下面灰绿色，无毛，稀被短柔毛，侧脉平或略凸起。花序由1对或2至多对侧芽抽生，花序轴、花梗、花萼无毛；花冠白色，呈辐状，长3~4mm，花冠管与花萼近等长或略长；花丝略短于或稍长于裂片，花药黄色。蒴果椭圆形至披针形，长1.5~2.5cm，先端锐尖至长渐尖，光滑，疏生皮孔。

物候期：花期6月，果期7月。

分布：产于内蒙古、河北、山西、河南、陕西、宁夏、甘肃、四川北部。生于山坡灌丛、疏林、密林或沟边。

用途：枝叶茂密、花香而美，是我国北方园林中应用最为普遍的花木之一，可用作景观树和行道树。

本园引种栽培：园内生长良好，抗旱、抗寒性较强，能正常开花结实。

木樨科 Oleaceae 丁香属 *Syringa* L.

红丁香 *Syringa villosa* Vahl

形态特征： 直立落叶灌木。小枝淡灰棕色，无毛或被微柔毛。叶椭圆状长圆形、椭圆状披针形、椭圆形或倒卵状长圆形，基部楔形、宽楔形至近圆形。圆锥花序直立，由顶芽抽生；花序轴、花梗及花萼无毛或被柔毛；花冠淡紫红色、粉红色至白色，花冠筒细弱，近圆柱形，长 0.7~1.5cm，裂片呈直角外展，长 3~5mm；花药黄色，位于花冠筒喉部。蒴果长圆形，先端凸尖，皮孔不明显；

物候期： 花期 5~6 月，果期 9 月。

分布： 产于河北、山西。生于山坡灌丛或沟边。

用途： 花序灿若烟霞，芳香四溢，抗性强，可作为中国西北城市绿化、美化树种；花中可提取丁香酚，用于抗菌、降血压，也可用于香水、化妆品香精和皂用香精配方中，还可以用于食用香精的调配；根、茎可入药。

本园引种栽培： 在本园生长良好，抗旱、抗寒性较强，能正常开花结实。

木樨科 Oleaceae 丁香属 *Syringa* L.

紫丁香 *Syringa oblata* Lindl.

俗名： 白丁香、毛紫丁香、华北紫丁香

形态特征： 落叶灌木或小乔木。树皮灰褐色或灰色。枝粗壮，光滑无毛，二年枝黄褐色或灰褐色，散生皮孔。单叶，革质或厚纸质，卵圆形至肾形，宽常大于长，先端短凸尖至长渐尖或锐尖，基部心形；上面深绿色，下面淡绿色；萌枝上叶片常呈长卵形，先端渐尖，基部截形至宽楔形。圆锥花序直立，由侧芽抽生，近球形或长圆形；花梗较短；花萼萼齿渐尖、锐尖或钝；花冠紫色、白色，花冠管圆柱形，裂片呈直角开展，卵圆形、椭圆形至倒卵圆形，先端内弯略呈兜状或不内弯；花药黄色，位于距花冠管喉部 0~4mm 处。蒴果倒卵状椭圆形、长椭圆形，先端长渐尖，光滑。

物候期： 花期 4~5 月，果期 6~10 月。

分布： 产于东北、华北、西北(除新疆)以至西南，达四川西北部(松潘、南坪)，长江以北各庭园普遍栽培。生于山坡丛林、山沟溪边、山谷路旁及滩地水边。

用途： 观赏植物，全国普遍栽培，且吸收 SO_2 的能力较强，还可作工矿区绿化树种；花可提制芳香油；嫩叶可代茶。

本园引种栽培： 在本园生长良好，抗旱、抗寒性较强，能正常开花结实。

木樨科 Oleaceae　　丁香属 *Syringa* L.

罗兰紫丁香 *Syringa oblata* 'Lou Lan Zi'

俗名：罗兰紫风信子丁香

形态特征： 圆锥花序紧密，花蕾紫堇色，花冠蓝紫色，裂片椭圆形，重瓣，花瓣2~3层；不结实。

物候期： 花期4月中下旬。

分布： 产于东北、华北、西北、西南，长江以北普遍栽培。

用途： 盛花时花姿优美典雅，犹如紫罗兰，香气宜人，且抗性强，可作城市绿化、园林观赏树种。

本园引种栽培： 在本园生长缓慢，适应性一般，能正常开花。

木樨科 Oleaceae 丁香属 *Syringa* L.

羽叶丁香 *Syringa pinnatifolia* Hemsl.

俗名：土沉香、贺兰山丁香

形态特征：直立灌木。高 1~4m；树皮呈片状剥裂。枝灰棕褐色，小枝常呈四棱形，无毛，疏生皮孔。叶为羽状复叶，具小叶 7~11 枚，小叶片对生或近对生，卵状披针形、卵状长椭圆形至卵形，叶轴有时具狭翅，无毛；先端锐尖至渐尖或钝，常具小尖头，基部楔形至近圆形，常歪斜，叶缘具纤细睫毛，上面深绿色，无毛或疏被短柔毛，下面淡绿色，无毛，无小叶柄。圆锥花序由侧芽抽生，稍下垂；花冠白色、淡红色，略带淡紫色，花冠管略呈漏斗状，裂片卵形、长圆形或近圆形；花药黄色。蒴果长圆形，先端凸尖或渐尖，光滑。

物候期：花期 5~6 月，果期 8~9 月。

分布：产于贺兰山地区、陕西南部、甘肃、青海东部和四川西部。生于山坡灌丛中。

用途：根或枝干入药；可作观赏树种。

本园引种栽培：在本园生长良好，抗旱、抗寒性较强，能正常开花，但结实量少。

木樨科 Oleaceae　　丁香属 *Syringa* L.

欧丁香 *Syringa vulgaris* L.

俗名：紫花欧丁香

形态特征：落叶灌木或小乔木。树皮灰褐色。小枝、叶柄、叶片两面、花序轴、花梗和花萼均无毛或具腺毛，老时脱落；小枝棕褐色，略带四棱形，疏生皮孔。叶卵形、宽卵形或长卵形，先端渐尖，基部截形、宽楔形或心形，上面深绿色，下面淡绿色。圆锥花序近直立，由侧芽抽生，宽塔形至狭塔形；花冠紫红色，裂片呈直角开展。蒴果倒卵状椭圆形、卵形至长椭圆形，先端渐尖或骤凸，光滑。

物候期：花期5月，果期6~7月。

分布：原产东南欧，华北各省普遍栽培，东北、西北以及江苏各地也有栽培。

用途：花色绚丽多样，花香浓郁，可作园林观赏树种；花可提取香料，还可作为切花。

本园引种栽培：在本园生长良好，抗旱、抗寒性较强，能正常开花结实。

木樨科 Oleaceae　　丁香属 *Syringa* L.

巧玲花 *Syringa pubescens* Turcz.

俗名： 小叶丁香、雀舌花、毛丁香

形态特征： 落叶灌木。树皮灰褐色。小枝带四棱形，无毛，疏生皮孔。叶卵形、椭圆状卵形、菱状卵形或卵圆形，先端锐尖至渐尖或钝，基部宽楔形至圆形，叶缘具睫毛。圆锥花序直立，通常由侧芽抽生，花序轴与花梗、花萼略带紫红色，花序轴明显四棱形；花冠紫色，盛开时呈淡紫色，后渐近白色，花冠管细弱，先端略呈兜状而具喙；花药紫色，位于距喉部 1~3mm 处。蒴果通常为长椭圆形，先端锐尖或具小尖头，皮孔明显。

物候期： 花期 5~6 月，果期 6~8 月。

分布： 产于河北、山西、陕西东部、山东西部、河南。生于山坡、山谷灌丛中或河边沟旁。

用途： 株形丰满，枝叶茂密，花序硕大艳丽而芳香，是优良的观赏花木；其茎可入药；花可提取香料。

本园引种栽培： 在本园生长良好，抗旱、抗寒性较强，能正常开花结实。

木樨科 Oleaceae　　丁香属 *Syringa* L.

小叶巧玲花 *Syringa pubescens* subsp. *microphylla* (Diels) M. C. Chang & X. L. Chen

俗名：四季丁香、小叶丁香

形态特征： 落叶灌木。树皮灰褐色。小枝、花序轴近圆柱形，被微柔毛或短柔毛；叶片卵形、椭圆状卵形至披针形或近圆形、倒卵形。花冠紫红色，盛开时外面呈淡紫红色，内带白色。

物候期： 野生种花期 5~6 月；栽培种每年开花两次，第一次春季，第二次 8~9 月，故称四季丁香；果期 7~9 月。

分布： 产于河北西南部、山西、陕西、宁夏南端、甘肃、青海东部、河南西部、湖北西部、四川东北部。生于山坡灌丛或疏林中，或山谷林下、林缘或河边，以及山顶草地或石缝间。

用途： 可作园林观赏树种；花可提取丁香油、丁香酚，有良好的药用价值。

本园引种栽培： 在本园生长良好，抗旱、抗寒性较强，能正常开花结实。

蓝丁香 *Syringa meyeri* C. K. Schneid.

俗名：南丁香、小丁香

形态特征： 矮灌木。枝叶密生；枝直立，灰棕色，具皮孔，小枝四棱形，被微柔毛，具皮孔。叶椭圆状卵形、椭圆状倒卵形或近圆形，叶缘具睫毛，下方2对侧脉自基部弧曲达上部。圆锥花序直立，由侧芽抽生，花密生；花序轴和花梗被微柔毛；花萼暗紫色；花冠蓝紫色，花冠管近圆柱形，裂片先端内弯呈兜状而具喙；花药初为浅棕色，后呈黑色，位于距花冠管喉部约2mm处。蒴果长椭圆形，先端渐尖，具皮孔。

物候期： 本种花期较长，每年开花两次，第一次4~6月，第二次8~9月。

分布： 北京、西安等地有栽培。

用途： 植株丰满秀丽，花色雅致，香气悠远，观赏效果甚佳，多作园林观赏树种；也可盆栽、促成栽培、切花等用。

本园引种栽培： 在本园生长良好，抗旱、抗寒性较强，能正常开花结实。

木樨科 Oleaceae　　丁香属 *Syringa* L.

什锦丁香 *Syringa* × *chinensis* Willd.

俗名： 中国紫丁香

形态特征： 落叶灌木。树皮灰色。枝细长，开展，常弓曲，小枝黄棕色，有时呈四棱形，无毛，具皮孔。叶卵状披针形至卵形，先端锐尖至渐尖，基部楔形至近圆形，两面无毛。圆锥花序直立，由侧芽抽生；花冠紫色或淡紫色，花冠管细弱，圆柱形，裂片呈直角开展；花药黄色，着生于花冠管喉部或距喉部约 1mm 处。

物候期： 花期 5 月。

分布： 原产欧洲，我国有栽培。

用途： 花序硕大，花色艳丽，用作园林观赏树种，也可作为杂交育种的材料。

本园引种栽培： 在本园生长良好，抗旱、抗寒性较强，已开花但未见结实。

木樨科 Oleaceae　　丁香属 *Syringa* L.

波斯丁香 *Syringa × persica* L.

俗名：花叶丁香

形态特征： 落叶小灌木。枝细弱，开展，直立或稍弓曲，灰棕色，无毛，具皮孔，小枝无毛。叶披针形或卵状披针形，先端渐尖或锐尖，基部楔形，全缘，稀具1~2小裂片。花序轴无毛，具皮孔；花梗无毛；花芳香；花萼无毛，具浅而锐尖的齿，或萼齿呈三角形；花冠淡紫色，花冠管细弱，近圆柱形，长0.6~1cm，花冠裂片呈直角开展，宽卵形、卵形或椭圆形，兜状，先端尖或钝；花药小，不孕，淡黄绿色，着生于花冠管喉部之下。

物候期： 花期5月，果期9月。

分布： 产于中亚、西亚、地中海地区至欧洲，我国北部地区有栽培。

用途： 可作园林观赏树种；花芳香，可提芳香油。

本园引种栽培： 在本园生长良好，抗旱、抗寒性较强，能正常开花结实。

木樨科 Oleaceae　女贞属 Ligustrum L.

小叶女贞 *Ligustrum quihoui* Carrière

俗名：小叶水蜡

形态特征：半常绿灌木。小枝淡棕色，圆柱形，密被微柔毛，后脱落。叶薄革质，形状和大小变异较大，披针形、长圆状椭圆形、椭圆形、倒卵状长圆形至倒披针形或倒卵形。圆锥花序顶生，近圆柱形，分枝处常有 1 对叶状苞片；小苞片卵形，具睫毛；花萼无毛，萼齿宽卵形或钝三角形；花冠长 4~5mm，花冠管长 2.5~3mm，裂片卵形或椭圆形，先端钝；雄蕊伸出裂片外，花丝与花冠裂片近等长或稍长。果倒卵形、宽椭圆形或近球形，呈紫黑色。

物候期：花期 5~7 月，果期 8~11 月。

分布：产于陕西南部、山东、江苏、安徽、浙江、江西、河南、湖北、四川、贵州西北部、云南、西藏。生于沟边、路旁、河边灌丛中或山坡。

用途：常栽作绿篱；叶及树皮可入药。

本园引种栽培：1980 年从熊岳树木园采种，播种繁育。在本园生长良好，抗旱、抗寒性较强，能正常开花结实。

木樨科 Oleaceae 流苏树属 *Chionanthus* L.

流苏树 *Chionanthus retusus* Lindl. & Paxton

俗名： 炭栗树、铁黄荆、白花菜

形态特征： 落叶灌木或乔木。小枝灰褐色或黑灰色，圆柱形，开展；幼枝淡黄色或褐色。叶革质或薄革质，长圆形、椭圆形或圆形，有时凹下或尖，基部圆形或宽楔形，全缘或有小齿，幼时上面沿脉被长柔毛，下面被长柔毛，叶缘具睫毛，老时仅沿脉具长柔毛；叶柄密被黄色卷曲柔毛。聚伞状圆锥花序，顶生于枝端；苞片线形，被柔毛；花单性或两性，雌雄异株；花梗纤细，无毛；花萼4深裂；花冠白色，4深裂，裂片线状倒披针形，花冠筒长1.5~4mm；雄蕊内藏或稍伸出。果椭圆形，被白粉，呈蓝黑色或黑色。

物候期： 花期3~6月，果期6~11月。

分布： 产于甘肃、陕西、山西、河北、河南以南至云南、四川、广东、福建、台湾，各地有栽培；朝鲜、日本也有分布。生于稀疏混交林、灌丛中，或山坡、河边。

用途： 枝叶茂密，花期如雪压树，是优美的园林绿化树种；可用于制作桩景，也可作嫁接桂花的砧木；花、嫩叶晒干可代茶，味香；果食可榨油，供工业用；材质坚重，纹理细致美观，可制器具和供细木工用。

本园引种栽培： 2023年从内蒙古林科院蒙鄂沙生植物园引种苗木，在本园内长势良好，当年开花结实。

玄参科 Scrophulariaceae　　醉鱼草属 *Buddleja* L.

互叶醉鱼草 *Buddleja alternifolia* Maxim.

俗名：白芨、白芨梢

形态特征：落叶灌木。长枝对生或互生，细弱，上部常弧状弯垂，短枝簇生，常被星状短绒毛至几无毛；小枝四棱形或近圆柱形。叶在长枝上互生，在短枝上簇生，在长枝上的叶片披针形或线状披针形，幼时被灰白色星状短绒毛，老渐近无毛，下面密被灰白色星状短绒毛；在花枝或短枝上的叶很小，椭圆形或倒卵形，毛被同长枝之叶。花多朵组成簇生状或圆锥状聚伞花序，花序较短，密集；花序梗短，基部常具少数小叶；花芳香；花萼钟状，密被灰白色星状绒毛杂有腺毛，裂片三角状披针形；花冠紫蓝色，花冠管长0.6~1cm，裂片长1.2~3mm；雄蕊着生于花冠筒内壁中部；柱头卵形。蒴果椭圆形；种子多粒，边缘具短翅。

物候期：花期5~7月，果期7~10月。

分布：我国特产，产于内蒙古、河北、山西、陕西、宁夏、甘肃、青海、河南、四川和西藏等省区。生于干旱山地或河滩边灌木丛中。

用途：花紫堇色，气味芳香，花枝微垂，盛花期整个冠丛宛如一个大花篮，极富观赏性，常作园林观赏树种，可丛植、孤植、篱植、球状组团或片植。

本园引种栽培：1989年从北京植物园引入2株幼树，在本园生长良好，抗旱、抗寒性较强，能正常开花结实。

夹竹桃科 Apocynaceae   罗布麻属 *Apocynum* L.

罗布麻 *Apocynum venetum* L.

俗名：茶叶花、红麻、红花草

形态特征：落叶直立半灌木。高 1.5~3m，一般高约 2m，最高可达 4m，具乳汁。枝条对生或互生，光滑无毛，紫红色或淡红色。叶对生，仅在分枝处为近对生，叶片椭圆状披针形至卵圆状长圆形，具短尖头，基部急尖至钝，叶缘具细牙齿。圆锥状聚伞花序一至多歧，通常顶生，有时腋生，花梗被短柔毛；苞片膜质，披针形；花萼 5 深裂，裂片披针形或卵圆状披针形，两面被短柔毛，边缘膜质；花冠圆筒状钟形，紫红色或粉红色，两面密被颗粒状突起，花冠裂片基部向右覆盖，裂片卵圆状长圆形，与花冠筒几乎等长，每裂片内外均具 3 条明显紫红色的脉纹。蓇葖 2，平行或叉生，下垂，筷子状圆筒形，外果皮棕色，无毛，有纵纹；种子多数，卵圆状长圆形，黄褐色，顶端有一簇白色绢质的种毛。

物候期：花期 4~9 月，果期 7~12 月。

分布：我国分布于新疆、青海、甘肃、陕西、山西、河南、河北、江苏、山东、辽宁及内蒙古等省区。主要野生在盐碱荒地、沙漠边缘，以及河流两岸、冲积平原、河泊周围和戈壁荒滩上，现已有引种栽培驯化。

用途：本种花多，美丽，芳香，花期较长，具有发达的蜜腺，是良好的城市绿化和蜜源植物；茎皮纤维为高级衣料、渔网丝、皮革线、高级用纸等原料，在国防工业、航空、航海、车胎帘布带、机器传动带、橡皮艇、高级雨衣等方面均有用途；嫩叶蒸炒揉制后当茶叶饮用，有清凉去火、防止头晕和强心的功用；根部含有生物碱供药用。

本园引种栽培：2005 年从银川引入小苗，在本园生长良好，抗旱、抗寒性较强，能正常开花结实。

夹竹桃科 Apocynaceae　杠柳属 *Periploca* L.

杠柳 *Periploca sepium* Bunge

俗名：山五加皮、羊角条

形态特征：落叶蔓性灌木。主根圆柱状，外皮灰棕色，内皮浅黄色。具乳汁，除花外，全株无毛；茎皮灰褐色。小枝通常对生，有细条纹，具皮孔。叶卵状长圆形，顶端渐尖，基部楔形，叶面深绿色，叶背淡绿色；中脉在叶面扁平，在叶背微凸起，侧脉纤细，两面扁平，每边 20~25 条。聚伞花序腋生，着花数朵；花序梗和花梗柔弱；花萼裂片卵圆形，顶端钝，花萼内面基部有 10 个小腺体；花冠紫红色，辐状，花冠筒短，裂片长圆状披针形，中间加厚呈纺锤形，反折，内面被长柔毛；副花冠环状，10 裂，其中 5 裂延伸为丝状，被短柔毛，顶端向内弯；雄蕊着生在副花冠内面，并与其合生。蓇葖 2，圆柱状，无毛，具纵条纹；种子长圆形，黑褐色，顶端具白色绢质种毛。

物候期：花期 5~6 月，果期 7~9 月。

分布：分布于吉林、辽宁、内蒙古、河北、山东、山西、江苏、河南、江西、贵州、四川、陕西和甘肃等省区。生于平原及低山丘的林缘、沟坡、河边沙质地或地埂等处。

用途：耐寒耐旱耐瘠薄，对土壤适应性强，具有较强的抗风蚀、抗沙埋能力，可作防风固沙树种，也可用于高速公路护坡绿化等；根皮、茎皮可药用，能祛风湿、壮筋骨、强腰膝，杠柳皮曾代五加皮，用于制作五加皮酒，稍过量饮用即可引起中毒；杠柳皮的浸出液有杀虫作用。

本园引种栽培：在本园生长良好，抗旱、抗寒性较强，能正常开花结实。

木兰科 Magnoliaceae　　玉兰属 *Yulania* Spach

玉兰 *Yulania denudata* (Desr.) D. L. Fu

俗名：白玉兰、玉堂春、木兰

形态特征： 落叶乔木。高达25m，胸径1m；树皮深灰色，粗糙开裂。枝广展形成宽阔的树冠；小枝稍粗壮，灰褐色；冬芽及花梗密被淡灰黄色长绢毛。叶纸质，倒卵形、宽倒卵形或倒卵状椭圆形；基部徒长枝叶椭圆形，先端宽圆、平截或稍凹，具短突尖，中部以下渐狭成楔形，叶上面深绿色，嫩时被柔毛，后仅中脉及侧脉留有柔毛，下面淡绿色，沿脉被柔毛，侧脉每边8~10条，网脉明显；叶柄被柔毛，上面具狭纵沟。花蕾卵圆形，花先叶开放，直立，芳香；花梗显著膨大，密被淡黄色长绢毛；花被片9片，白色，基部常带粉红色，近相似，长圆状倒卵形。聚合果圆柱形，蓇葖厚木质，褐色，具白色皮孔。

物候期： 花期2~3月（亦常于7~9月再开一次花），果期8~9月。

分布： 产于江西、浙江、湖南、贵州；现全国各大城市广泛栽培。

用途： 庭园观赏树种；材质优良，纹理直，结构细，供家具、图板、细木工等用；花蕾入药与辛夷功效同；花含芳香油，可提取配制香精或制浸膏；花被片可食用或用以熏茶；种子榨油供工业用。

本园引种栽培： 2012年从天津蓟县引入小苗，前几年在本园适应性较差，冬季需要覆盖保温措施，经3~5年的驯化，可以自然越冬，但偶尔出现春季干梢现象。目前在本园长势良好，已开花。

木兰科 Magnoliaceae　　北美木兰属 *Magnolia* L.

二乔玉兰 *Yulania×soulangeana* (Soul.-Bod.) D. L. Fu

形态特征：落叶小乔木。高达 10m，树皮灰褐色。小枝褐色，无毛。叶倒卵形，先端短尖，2/3 以下渐窄成楔形，上面基部中脉疏被毛，下面稍被柔毛；叶柄被柔毛，托叶痕约为叶柄长 1/3。花先叶开放并延至出叶，花被片 6~9，外侧淡红色或深红色，内侧为白色，长圆状倒卵形，外轮 3 片常较短，约为内轮长 2/3。聚合果长约 8cm，径约 3cm；蓇葖卵圆形或倒卵圆形，长 1~1.5cm，黑色，皮孔白色；种子深褐色，宽倒卵圆形或倒卵圆形，两侧扁。

物候期：花期 2~3 月，果期 8~9 月。

分布：本种是玉兰与辛夷的杂交种，现全国多地有栽培。

用途：花大色艳，浅红色至深红色，观赏价值很高，是城市绿化的极好花木，可作为行道树，也可应用于公园、绿地和庭院等孤植观赏，还可培植成桩景，也是优良的切花材料；树皮、叶、花均可提取芳香油；二氧化硫等有害气体的抗性较强，可作为抗污染树种栽植于工矿厂区。

本园引种栽培：2012 年从天津蓟县引入小苗，前几年在本园适应性较差，冬季需要覆盖保温措施，经 3~5 年的驯化，可以自然越冬，但偶尔出现春季干梢现象。目前在本园长势良好，已开花。

千屈菜科 Lythraceae 紫薇属 *Lagerstroemia* L.

紫薇 *Lagerstroemia indica* L.

俗名：千日红、无皮树、紫金花

形态特征：落叶灌木或小乔木。高可达7m；树皮平滑，灰色或灰褐色。枝干多扭曲，小枝纤细，具4棱，略成翅状。叶互生或有时对生，纸质，椭圆形、阔矩圆形或倒卵形；顶端短尖或钝形，有时微凹，基部阔楔形或近圆形，无毛或下面沿中脉有微柔毛，侧脉3~7对，小脉不明显；无柄或叶柄很短。花淡红色或紫色、白色，常组成7~20cm的顶生圆锥花序；中轴及花梗均被柔毛；花萼外面平滑无棱，但鲜时萼筒有微突起短棱，裂片6，三角形，直立，无附属体；花瓣6，皱缩，具长爪。蒴果椭圆状球形或阔椭圆形，成熟时或干燥时呈紫黑色，室背开裂；种子有翅。

物候期：花期6~9月，果期9~12月。

分布：原产亚洲，我国华北以南地区均有生长或栽培，现广植于热带地区。半阴生，喜生于肥沃湿润的土壤上，也能耐旱，不论钙质土或酸性土都生长良好。

用途：花色鲜艳美丽，花期长，寿命长，广泛用于园林绿化，有时也作盆景、桩景；茎、花、叶、根均可入药；对氟化氢、氯化氢、氯气等抗性较强，对二氧化硫等有较强的吸收能力，吸滞粉尘能力较强，非常适合于城市绿化和工业区种植。

本园引种栽培：2012年从天津蓟县引入小苗，在本园适应性较差，冬季需要搬进温室才能安全越冬，已开花。

唇形科 Lamiaceae 莸属 Caryopteris Bunge

蒙古莸 *Caryopteris mongholica* Bunge

俗名： 兰花茶、山狼毒、白沙蒿

形态特征： 落叶小灌木，高 0.3~1.5m。常自基部即分枝；嫩枝紫褐色，圆柱形，有毛，老枝毛渐脱落。叶厚纸质，线状披针形或线状长圆形，全缘，很少有稀齿，表面深绿色，稍被细毛，背面密生灰白色绒毛。聚伞花序腋生；花萼钟状，外面密生灰白色绒毛，深 5 裂；花冠蓝紫色，5 裂，下唇中裂片较长大，边缘流苏状。蒴果椭圆状球形，无毛，果瓣具翅。

物候期： 花果期 8~10 月。

分布： 产于河北、山西、陕西、内蒙古、甘肃；蒙古也有分布。生于干旱坡地、沙丘荒野及干旱碱质土壤上。

用途： 沙区、黄土高原干旱地区宝贵的耐旱灌木资源，可用于营造水保林，也可庭院栽培供观赏；全草可药用；花和叶可提芳香油。

本园引种栽培： 2023 年春季从大青山引入野生苗，在本园生长旺盛，能正常开花结实。

唇形科 Lamiaceae　　牡荆属 *Vitex* L.

荆条 *Vitex negundo* L.

俗名：荆棵、黄荆条

形态特征： 落叶灌木。幼枝四方形，老枝圆筒形，密生灰白色绒毛。掌状复叶，具 5 小叶，有时 3，矩圆状卵形至披针形，边缘有缺刻状锯齿，浅裂或羽状深裂，上面光滑，下面有灰色绒毛。聚伞花序排成圆锥花序式，顶生，花序梗密生灰白色绒毛；花萼钟状，顶端有 5 裂齿，外有灰白色绒毛；花冠淡紫色，外有微柔毛，顶端 5 裂，二唇形；雄蕊伸出花冠管外；子房近无毛。核果近球形，宿萼接近果实的长度。

物候期： 花期 7~8 月，果期 9 月。

分布： 产于辽宁、河北、山西、山东、河南、陕西、甘肃、江苏、安徽、江西、湖南、贵州、四川；日本也有分布。

用途： 适应性强，是绿化荒山、保持水土的优良乡土灌木；叶型美观，花色蔚蓝，香气四溢，雅致宜人，可作绿化观赏树种，也是良好的蜜源植物；老根奇特多姿，耐雕刻加工，是树桩盆景的优良材料；茎、果实和根均可入药；茎皮可造纸及制人造棉；花和枝叶可提取芳香油。

本园引种栽培： 2021 年从甘肃民勤引入小苗，在本园生长迅速，表现良好，能正常开花结实。

茄科 Solanaceae　　枸杞属 *Lycium* L.

枸杞 *Lycium chinense* Mill.

俗名： 狗奶子、狗牙根

形态特征： 落叶灌木。多分枝，枝条细弱，弓状弯曲或俯垂，淡灰色，有纵条纹；生叶和花的棘刺较长，小枝顶端锐尖成棘刺状。叶纸质，栽培者质稍厚，单叶互生或2~4枚簇生，卵形、卵状菱形、长椭圆形或卵状披针形。花在长枝上单生或双生于叶腋，在短枝上则同叶簇生；花萼通常3中裂或4~5齿裂；花冠漏斗状，淡紫色，筒部向上骤然扩大，稍短于或近等于檐部裂片，5深裂。浆果红色，卵状，栽培者可成长矩圆状或长椭圆状；种子扁肾形，黄色。

物候期： 花果期6~11月。

分布： 分布于我国东北、河北、山西、陕西、甘肃南部以及西南、华中、华南和华东各地；朝鲜、日本及欧洲地区有栽培或逸为野生。常生于山坡、荒地、丘陵地、盐碱地、路旁及村边宅旁。

用途： 耐干旱，耐盐碱，可作为水土保持灌木和盐碱地开树先锋；树形婀娜，叶翠绿，花淡紫，果实鲜红，是很好的盆景观赏植物；果实可鲜食、干食、泡酒、炖汤，也可入药；根皮（中药称地骨皮）有解热止咳之效用；嫩叶可作蔬菜，也可代茶；种子油可制润滑油或食用油，还可加工成保健品。

本园引种栽培： 1996年从银川植物园采穗，扦插育苗。在本园生长良好，抗旱、抗寒性较强，能正常开花结实。

茄科 Solanaceae　　枸杞属 *Lycium* L.

宁夏枸杞 *Lycium barbarum* L.

俗名：山枸杞、津枸杞、中宁枸杞

形态特征：落叶灌木。分枝细密，野生时多开展而略斜升或弓曲，栽培时小枝弓曲而树冠多呈圆形，有纵棱纹，灰白色或灰黄色，有不生叶的短棘刺和生叶、花的长棘刺。叶互生或簇生，披针形或长椭圆状披针形，顶端短渐尖或急尖，基部楔形。花在长枝上1~2朵生于叶腋，在短枝上2~6朵同叶簇生；花萼钟状，通常2中裂，裂片有小尖头或顶端又2~3齿裂；花冠漏斗状，紫堇色。浆果红色或在栽培类型中也有橙色，果皮肉质，多汁液。

物候期：花果期较长，一般从5月到10月边开花边结果。

分布：原产于我国北部，河北北部、内蒙古、山西北部、陕西北部、甘肃、宁夏、青海、新疆有野生，我国中部和南部不少省份也已引种栽培。常生于土层深厚的沟岸、山坡、田埂和宅旁。

用途：可作水土保持和造林绿化灌木，也是优良的生态经济型树种；果实、根皮作药用；果柄及叶还是猪、羊的良好饲料。

本园引种栽培：在本园生长一般，抗旱、抗寒性较强，能正常开花结实。

茄科 Solanaceae 枸杞属 *Lycium* L.

黑果枸杞 *Lycium ruthenicum* Murray

俗名：黑枸杞

形态特征：多棘刺落叶灌木。多分枝；分枝斜升或横卧于地面，白色或灰白色，坚硬，常成"之"字形曲折，小枝顶端渐尖成棘刺状，节间短缩；短枝位于棘刺两侧，在幼枝上不明显，在老枝上则成瘤状，生有簇生叶或花、叶同时簇生。叶2~6枚簇生于短枝上，在幼枝上则单叶互生，肥厚肉质，近无柄，条形、条状披针形或条状倒披针形。花1~2朵生于短枝上；花萼狭钟状，果时稍膨大成半球状，包围于果实中下部；花冠漏斗状，浅紫色。浆果紫黑色，球状，有时顶端稍凹陷；种子肾形，褐色。

物候期：花果期5~10月。

分布：分布于陕西北部、宁夏、甘肃、青海、新疆和西藏；中亚、高加索和欧洲亦有。耐干旱，常生于盐碱土荒地、沙地或路旁。

用途：防风固沙和保持水土的先锋树种，也是优良的生态经济型树种；其果实具有极高的保健和药用价值，有植物界的"黑钻石"和"花青素之王"的美称，可鲜食、泡水、泡酒等，还可加工成各种类型的特色产品，如原浆、果酒、果酱、食用色素等，也可作化妆品原料。

本园引种栽培：2019年引种。在本园生长较慢，存在枯死枝，生态适应性差，能正常开花结实。

紫葳科 Bignoniaceae 梓属 *Catalpa* Scop.

梓 *Catalpa ovata* G. Don

俗名：梓树、木角豆、臭梧桐

形态特征：落叶乔木。树冠伞形，主干通直。嫩枝具稀疏柔毛。叶对生或近于对生，阔卵形，长宽近相等，顶端渐尖，基部心形，全缘或浅波状，常3浅裂。顶生圆锥花序，花序梗微被疏毛；花萼蕾时圆球形，2唇开裂；花冠钟状，淡黄色，内面具2黄色条纹及紫色斑点。蒴果线形，下垂；种子长椭圆形，两端具平展的长毛。

物候期：花果期6~9月。

分布：产于长江流域及以北地区；日本也有分布。

用途：中国传统用材树种，多栽培于村庄附近及公路两旁；木材可制家具、琴底等；叶、树皮、果实及种子均可入药。

本园引种栽培：在本园生长良好，抗旱、抗寒性较强，能正常开花结实。

忍冬科 Caprifoliaceae   忍冬属 Lonicera L.

金银忍冬 *Lonicera maackii* (Rupr.) Maxim.

俗名： 金银木、王八骨头

形态特征： 落叶灌木。高达 6m，茎干直径达 10cm。凡幼枝、叶两面脉上、叶柄、苞片、小苞片及萼檐外面都被短柔毛和微腺毛；冬芽小，卵圆形。叶纸质，通常卵状椭圆形至卵状披针形，顶端渐尖或长渐尖，基部宽楔形至圆形。花芳香，生于幼枝叶腋，总花梗短于叶柄；苞片条形，有时条状倒披针形而呈叶状；小苞片多少连合成对，长为萼筒的 1/2 至近相等，顶端截形；相邻两萼筒分离，萼檐钟状，为萼筒长的 2/3 至近相等，干膜质，萼齿宽三角形或披针形，不相等，顶尖，裂隙约达萼檐之半；花冠先白色后变黄色，外被短伏毛或无毛，唇形，筒长约为唇瓣的 1/2，内被柔毛。果实暗红色，圆形；种子具蜂窝状微小浅凹点。

物候期： 花期 5~6 月，果熟期 8~10 月。

分布： 产于东北、华北、华南及西南；朝鲜、日本和俄罗斯远东地区也有分布。生于林中或林缘溪流附近的灌木丛中。

用途： 金银忍冬春末夏初繁花满树，金银相映，芳香四溢；秋后红果累累，鲜艳夺目，经冬不凋，可与瑞雪相辉映，是一种叶、花、果俱美的观赏灌木，也是优良的蜜源树种；全株可入药；木材材质致密，可作雕刻材料；茎皮可制人造棉；花可提取芳香油；种子榨成的油可制肥皂；果实还可提取天然食用色素。

本园引种栽培： 在本园生长良好，抗旱、抗寒性较强，能正常开花结实。

忍冬科 Caprifoliaceae　　忍冬属 Lonicera L.

蓝果忍冬 *Lonicera caerulea* L.

俗名：蓝靛果、阿尔泰忍冬、蓝靛果忍冬

形态特征：落叶灌木。幼枝有长、短两种硬直糙毛或刚毛，老枝棕色，壮枝节部常有大形盘状的托叶，茎犹如贯穿其中；冬芽叉开，长卵形，顶锐尖，有时具副芽。叶矩圆形、卵状矩圆形或卵状椭圆形，稀卵形，顶端尖或稍钝，基部圆形，两面疏生短硬毛，下面中脉毛较密且近水平开展，有时几无毛。总花梗长0.2~1cm；苞片线形，长为萼筒2~3倍；小苞片合生成坛状，无毛；花冠长1~1.3cm，外面有柔毛，基部具浅囊，冠筒比裂片长1.5~2倍；花丝上部伸出花冠；花柱无毛，伸出。蓝黑色，稍被白粉，椭圆形至准圆状椭圆形。

物候期：花期5~6月，果熟期8~9月。

分布：产于黑龙江、吉林、辽宁、内蒙古、河北、山西、宁夏、甘肃南部、青海、四川北部及云南西北部；朝鲜、日本和俄罗斯远东地区也有分布。生于落叶林下或林缘庇荫灌丛中。

用途：枝叶繁茂，常作园林绿化树种；果实含有较多黄酮类、维生素、微量元素等物质，具有医疗保健作用，酸甜可食，还可加工成果汁、果酒、果冻、果干等，并可提取天然食用色素；花蕾和初花可入药。

本园引种栽培：1985年从熊岳树木园引种，播种繁育。在本园生长缓慢，抗性较差，能正常开花结实。

忍冬科 Caprifoliaceae   忍冬属 *Lonicera* L.

新疆忍冬 *Lonicera tatarica* L.

俗名： 桃色忍冬、鞑靼忍冬、小花忍冬

形态特征： 落叶灌木。全体稍呈粉绿色；幼枝、叶柄和总花梗被密或疏的短柔毛和开展的微糙毛，并散生无柄微腺。叶纸质，卵形或卵状矩圆形，有时矩圆形，基部圆形或近心形，稀阔楔形，两侧常稍不对称，边缘有短糙毛；叶两面被白色短柔毛，下面毛较密。总花梗纤细；苞片条状披针形或条状倒披针形，长与萼筒相近或较短，有时叶状而远超过萼筒；小苞片分离，近圆形至卵状矩圆形，长为萼筒的 1/3~1/2；相邻两萼筒分离，萼檐具三角形或卵形小齿；花冠粉红色或黄白色，唇形，花冠筒短于唇瓣，花冠基部常有浅囊，上唇两侧裂深达唇瓣基部，开展，中裂较浅。果实红色，圆形，双果之一常不发育。

物候期： 花期 5 月，果熟期 7~8 月。

分布： 产于新疆伊犁；中亚和俄罗斯西伯利亚地区也有分布。

用途： 可观叶、观花、观果，常作园林绿化树种。

本园引种栽培： 1997 年从乌鲁木齐植物园采种，播种育苗。在本园生长良好，抗旱、抗寒性较强，能正常开花结实。

忍冬科 Caprifoliaceae　忍冬属 *Lonicera* L.

布朗忍冬 *Lonicera* × *brownii* (Regel) Carrière

俗名：红色喇叭忍冬

形态特征：落叶或半常绿木质藤本。长 2~5m。幼枝、花序梗和萼筒常有白粉。叶对生，无柄或近无柄；宽椭圆形、卵形至矩圆形，顶端钝或圆而常具短尖头，基部通常楔形，下面稍有毛，叶缘有时疏生缘毛；小枝顶端的 1~2 对叶基部相连成盘状；叶柄短或几不存在。花轮生，每轮通常 6 朵，2 至数轮组成顶生穗状花序；花冠较短，稍呈二唇形，橙色至橙红色，花冠筒基部稍呈浅囊状；雄蕊和花柱稍伸出，花药远比花丝短。果实红色，直径约 6mm。

物候期：花期 5~9 月。

分布：本种为贯月忍冬（*L.* ×*brownii*）与毛忍冬（*L. hirsuta*）的杂交种。现北方一些城市有栽培。

用途：可作城市庭院棚架绿化树种。

本园引种栽培：1987 年从北京植物园采穗，扦插育苗。在本园生长迅速，抗性差，露地藤条越冬干枯死亡，第二年萌发新枝，已开花但未见结实。

忍冬科 Caprifoliaceae　　忍冬属 Lonicera L.

红花岩生忍冬 *Lonicera rupicola* var. *syringantha* (Maxim.) Zabel

俗名：蒡西、红花忍冬、钟花忍冬

形态特征：落叶灌木。小枝纤细，叶脱落后小枝顶常呈针刺状，有时伸长而平卧。叶纸质，3~4 枚轮生，很少对生，条状披针形、矩圆状披针形至矩圆形，顶端尖或稍具小凸尖或钝形，基部楔形至圆形或近截形，两侧不等，边缘背卷。花生于幼枝基部叶腋，芳香，总花梗极短；苞片卵状披针形或倒卵形，与萼筒等长或稍超过，下面有柔毛，有少数缘毛；小苞片分离，近圆形，长约为萼筒的 1/3；相邻两萼筒分离，近球形，萼檐比萼筒短，萼齿卵形，顶稍钝；花冠钟形，白色带粉红色，外面无毛，花冠筒内面中部以上有柔毛，裂片长为筒的 1/2。果实红色，椭圆形。

物候期：花期 5~8 月，果期 8~10 月。

分布：产于宁夏南部、甘肃西北部至南部、青海东部、四川西南部至西北部、云南西北部及西藏。生于山坡灌丛中、林缘或河漫滩。

用途：可观叶、观花、观果，常作园林绿化树种；花蕾及带叶的茎枝供药用。

本园引种栽培：1986 年从六盘山南部采种，播种育苗。在本园生长良好，适应性较强，能正常开花结实。

金花忍冬 *Lonicera chrysantha* Turcz.

俗名：黄花忍冬

形态特征： 落叶灌木。幼枝、叶柄和总花梗常被开展的直糙毛、微糙毛和腺；冬芽鳞片 5~6 对，疏生柔毛，有白色长睫毛。叶纸质，菱状卵形、菱状披针形、倒卵形或卵状披针形，顶端渐尖或急尾尖，基部楔形至圆形，两面脉上被糙伏毛。总花梗细，苞片线形或窄线状披针形，常高出萼筒；小苞片分离，为萼筒 1/3~2/3；相邻两萼筒分离，常无毛而具腺，萼齿圆卵形、半圆形或卵形；花冠白色至黄色，外面疏生糙毛，唇形，唇瓣长于冠筒 2~3 倍，冠筒内有柔毛，基部有深囊或囊不明显。果实红色，圆形。

物候期： 花期 5~6 月，果熟期 7~9 月。

分布： 产于我国东北、华北、华东、华南和西南；朝鲜北部和俄罗斯西伯利亚东部也有分布。

用途： 可观花、观果，常作园林绿化树种；花蕾、嫩枝、叶均可入药。

本园引种栽培： 1986 年从六盘山南部采种，播种育苗。在本园生长旺盛，能正常开花结实。

忍冬科 Caprifoliaceae　　忍冬属 *Lonicera* L.

下江忍冬 *Lonicera modesta* Rehder

俗名：素忍冬、短梗忍冬、庐山忍冬

形态特征：落叶灌木。幼枝、叶柄和总花梗密被短柔毛；冬芽外鳞片约5对，内鳞片约4对。叶厚纸质，菱状椭圆形至圆状椭圆形、菱状卵形或宽卵形，顶端钝圆，具短凸尖或凹缺，基部渐狭、圆形或近截形，有短缘毛；上面暗绿色，仅中脉和侧脉有短柔毛，下面网脉明显，全被短柔毛。总花梗短，苞片钻形，超过萼筒而短于萼齿，有缘毛及疏腺；杯状小苞长约为萼筒的1/3，有缘毛及疏腺；相邻两萼筒合生至1/2~2/3，上部具腺，萼齿条状披针形，外面有疏柔毛，具缘毛及疏腺；花冠白色，基部微红，后变黄色，唇形，筒与唇瓣等长或略短，基部有浅囊，内面有密毛，上唇裂片为唇瓣全长的2/5~1/2。相邻两果实几全部合生，由橘红色转为红色；种子1~2颗，淡黄褐色，稍扁，卵圆形或矩圆形，具沟纹，表面颗粒状而粗糙。

物候期：花期5月，果熟期9~10月。

分布：产于安徽南部和西部大别山区、浙江、江西北部和东部、湖北东部及湖南东部。生于杂木林下或灌丛中。

用途：可作庭院绿化观赏树种。

本园引种栽培：在本园生长旺盛，抗旱、抗寒性较强，能正常开花结实。

唐古特忍冬 *Lonicera tangutica* Maxim.

俗名： 五台忍冬、毛果忍冬、毛药忍冬

形态特征： 落叶灌木。幼枝无毛或有 2 列弯的短糙毛，有时夹生短腺毛，二年生小枝淡褐色，纤细，开展；冬芽外鳞片 2~4 对，卵形或卵状披针形，先端渐尖或尖，背面有脊，被糙毛和缘毛或无毛。叶纸质，倒披针形至矩圆形或倒卵形至椭圆形，顶端钝或稍尖，两面常被稍弯的短糙毛或短糙伏毛。总花梗生于幼枝下方叶腋，纤细，稍弯垂；苞片狭细，有时叶状，略短于至略超出萼齿；小苞片分离或连合，长为萼筒的 1/4~1/5；相邻两萼筒中部以上至全部合生，椭圆形或矩圆形；萼檐杯状，长为萼筒的 2/5~1/2 或相等，顶端具三角形齿或浅波状至截形；花冠白色、黄白色或有淡红晕，筒状漏斗形，筒基部稍一侧肿大或具浅囊，裂片近直立，圆卵形。果实红色；种子淡褐色，卵圆形或矩圆形。

物候期： 花期 5~6 月，果熟期 7~8 月。

分布： 产于陕西、宁夏、甘肃南部、青海东部、湖北西部、四川、云南西北部及西藏东南部。生于云杉、落叶松、栎和竹等林下或混交林中及山坡草地、溪边灌丛中。

用途： 可作庭院绿化观赏树种。

本园引种栽培： 在本园生长一般，抗旱、抗寒性较差，枯梢现象时有发生，能正常开花结实。

忍冬科 Caprifoliaceae　　忍冬属 *Lonicera* L.

华北忍冬 *Lonicera tatarinowii* Maxim.

俗名： 藏花忍冬

形态特征： 落叶灌木。幼枝、叶柄和总花梗均无毛；冬芽有 7~8 对宿存、顶尖的外鳞片。叶矩圆状披针形或矩圆形，顶端尖至渐尖，基部阔楔形至圆形，上面无毛，下面除中脉外有灰白色细绒毛，后变稀或秃净。总花梗纤细；苞片三角状披针形，长约为萼筒之半，无毛；杯状小苞长为萼筒的 1/5~1/3，有缘毛；相邻两萼筒合生至中部以上，很少完全分离，萼齿三角状披针形，不等形，比萼筒短；花冠黑紫色，唇形，筒长为唇瓣的 1/2，基部一侧稍肿大，内面有柔毛，上唇两侧裂深达全长的 1/2，中裂较短，下唇舌状。果实红色，近圆形；种子褐色，矩圆形或近圆形，表面颗粒状而粗糙。

物候期： 花期 5~6 月，果熟期 8~9 月。

分布： 产于辽宁东部和西南部、河北西北部、内蒙古东南部和山东东部。生于山坡杂木林或灌丛中。

用途： 可作城市庭院绿化树种。

本园引种栽培： 1982 年从熊岳树木园引入幼苗。在本园生长速度较快，能正常开花结实。

小叶忍冬 *Lonicera microphylla* Willd. ex Roem. & Schult.

俗名： 瘤基忍冬

形态特征： 落叶灌木。幼枝无毛或疏被短柔毛，老枝灰黑色。叶纸质，倒卵形、倒卵状椭圆形至椭圆形或矩圆形，下面常带灰白色，下半部脉腋常有趾蹼状鳞腺；叶柄很短。总花梗成对生于幼枝下部叶腋，稍弯曲或下垂；苞片钻形，长略超过萼檐或达萼筒的 2 倍；相邻两萼筒几乎全部合生，萼檐浅短，环状或浅波状，齿不明显；花冠黄色或白色，唇形，唇瓣长约等于基部一侧具囊的花冠筒，上唇裂片直立，矩圆形，下唇反曲。果实红色或橙黄色，圆形；种子淡黄褐色，光滑，矩圆形或卵状椭圆形。

物候期： 花期 5~7 月，果熟期 7~9 月。

分布： 产于内蒙古南部和东南部、河北西部、山西、宁夏中部和南部、甘肃中部、青海北部和东北部、新疆北部和东北部及西藏东部；阿富汗、印度西北部、蒙古、中亚和俄罗斯西伯利亚东部地区也有分布。生于干旱多石山坡、草地或灌丛中及河谷疏林下或林缘。

用途： 可作城市庭院绿化树种。

本园引种栽培： 1980 年从大青山引入野生苗。在本园长势一般，能正常开花结实。

忍冬科 Caprifoliaceae 忍冬属 Lonicera L.

长白忍冬 *Lonicera ruprechtiana* Regel

俗名：扁旦胡子、王八骨头、短萼忍冬

形态特征：落叶灌木。幼枝和叶柄被绒状短柔毛，枝疏被短柔毛或无毛；凡小枝、叶柄、叶两面、总花梗和苞片均疏生黄褐色微腺毛；冬芽约有6对鳞片。叶纸质，矩圆状倒卵形、卵状矩圆形至矩圆状披针形，顶渐尖或急渐尖，基部圆形至楔形或近截形，有缘毛，上面初时疏生微毛或近无毛，下面密被短柔毛。总花梗疏被微柔毛；苞片条形，长超过萼齿，被微柔毛；小苞片分离，圆卵形至卵状披针形，长为萼筒的1/4~1/3；相邻两萼筒分离，萼齿卵状三角形至三角状披针形，干膜质；花冠白色，后变黄色，筒粗短，内密生短柔毛，基部有1深囊，唇瓣长8~11mm，上唇两侧裂深达1/2~2/3处，下唇反曲。果实橘红色，圆形；种子椭圆形，棕色，有细凹点。

物候期：花期5~6月，果熟期7~8月。

分布：产于东北三省的东部；朝鲜北部和俄罗斯西伯利亚东部及远东地区也有分布。生于阔叶林下或林缘。

用途：可观花、观果，常作园林绿化树种；花蕾和藤叶供药用。

本园引种栽培：1980年从熊岳树木园采种，播种育苗。在本园生长旺盛，适应性较强，能正常开花结实。

忍冬科 Caprifoliaceae　　忍冬属 *Lonicera* L.

葱皮忍冬 *Lonicera ferdinandi* Franch.

俗名：大葱皮木、千层皮、秦岭金银花

形态特征：落叶灌木。树皮条状剥落,幼枝有开展或反曲刚毛,常兼有微毛和红褐色腺毛,稀近无毛,老枝有乳头状突起而粗糙,壮枝的叶柄间有盘状托叶;冬芽叉形,有 1 对船形外鳞片,鳞片内面密生白色棉絮状柔毛。叶柄密生刺毛,叶卵形或长圆状披针形,表面灰绿色,疏生粗硬毛或无毛,背面淡绿色,生粗毛,沿脉尤多;壮枝的托叶有时常合生,呈椭圆形,二年生枝有圆形叶或有残存老叶。花梗有腺毛或刺毛;苞片叶状,披针形或卵形,毛被与叶同;小苞片合成坛状,全包相邻两萼筒,果熟时长 0.7~1.3cm,幼时外面密生直糙毛,内面有贴生长柔毛;萼齿三角形,被睫毛;花冠白色,后变淡黄色,外面密被反折刚伏毛、开展微硬毛及腺毛,内面有长柔毛,唇形,冠筒比唇瓣稍长或近等长,基部一侧肿大,上唇 4 浅裂,下唇细长反曲。浆果红色,包于坛状壳斗之内,成熟后壳斗破裂,露出红色浆果。

物候期：花期 5 月下旬,果期 9 月上旬。

分布：产于辽宁长白山、河北南部、山西西部、陕西秦岭以北、宁夏南部、甘肃南部、青海东部、河南及四川北部;朝鲜北部也有分布。生于向阳山坡林中或林缘灌丛中。

用途：可作园林观赏树种,常于庭院栽植;花蕾、叶可入药;树皮纤维可用于纤维工业。

本园引种栽培：1980 年从熊岳树木园采种,播种育苗。在本园生长良好,能正常开花结实。

忍冬科 Caprifoliaceae　忍冬属 *Lonicera* L.

华西忍冬 *Lonicera webbiana* Wall.

俗名：异叶忍冬、吉隆忍冬、川西忍冬

形态特征：落叶灌木。幼枝常秃净或散生红色腺毛，老枝具深色圆形小凸起；冬芽外鳞片约5对，顶突尖，内鳞片反曲。叶纸质，卵状椭圆形至卵状披针形，边缘常不规则波状起伏或有浅圆裂，有睫毛，两面有疏或密的糙毛及疏腺。总花梗较长；苞片条形；小苞片甚小，分离，卵形至矩圆形；相邻两萼筒分离，萼齿微小，顶钝、波状或尖；花冠紫红色或绛红色，唇形，筒甚短，基部较细，具浅囊，向上突然扩张，上唇直立，具圆裂，下唇比上唇长1/3，反曲。果实先红色后转黑色，圆形；种子椭圆形，有细凹点。

物候期：花期5~6月，果熟期8月中旬至9月。

分布：产于山西、陕西南部、宁夏南部、甘肃南部、青海东部、江西、湖北西部、四川、云南西北部及西藏；欧洲东南部、阿富汗、克什米尔至不丹也有分布。生于针阔叶混交林、山坡灌丛中或草坡上。

用途：可作园林绿化树种。

本园引种栽培：1986年从六盘山南部采种，播种育苗。在本园长势一般，少见开花结实。

忍冬科 Caprifoliaceae　　忍冬属 *Lonicera* L.

忍冬 *Lonicera japonica* Thunb.

俗名：老翁须、鸳鸯藤、金银花

形态特征：半常绿藤本。幼枝橘红褐色，密被黄褐色、开展的硬直糙毛、腺毛和短柔毛，下部常无毛。叶纸质，卵形至矩圆状卵形，有时卵状披针形，有糙缘毛，上面深绿色，下面淡绿色，小枝上部叶通常两面均密被短糙毛，下部叶常平滑无毛而下面多少带青灰色。总花梗通常单生于小枝上部叶腋，与叶柄等长或稍短；苞片大，叶状，卵形至椭圆形；小苞片顶端圆形或截形，为萼筒的 1/2~4/5，有短糙毛和腺毛；萼筒无毛，萼齿卵状三角形或长三角形，顶端尖而有长毛，外面和边缘都有密毛；花冠白色，有时基部向阳面呈微红色，后变黄色，唇形，筒稍长于唇瓣，很少近等长，外被少许倒生的糙毛和长腺毛，上唇裂片顶端钝形，下唇带状而反曲。果实圆形，熟时蓝黑色，有光泽；种子卵圆形或椭圆形，褐色，中部有 1 凸起的脊，两侧有浅的横沟纹。

物候期：花期 4~6 月，果熟期 10~11 月。

分布：除黑龙江、内蒙古、宁夏、青海、新疆、海南和西藏无自然生长外，全国各省份均有分布；日本和朝鲜也有分布。生于山坡灌丛或疏林中、乱石堆、山脚路旁及村庄篱笆边，也常见栽培。

用途：忍冬是一种具有悠久历史的常用中药，"金银花"为该药材的正名，入药以花蕾为佳，混入开放的花或梗叶杂质者质量较逊，具清热解毒、消炎退肿之效，目前仍是一种经典常用的大宗类中药材，据统计，500 多个临床组方及 70% 临床应用的感冒药中均含有金银花；茎藤称"忍冬藤"，也供药用；金银花也广泛应用于食品、保健品及化妆品等行业；常作城市庭院棚架绿化树种。

本园引种栽培：1985 年从熊岳树木园采种，播种育苗。在本园长势一般，藤条顶端有时具干梢现象，能正常开花结实。

忍冬科 Caprifoliaceae   忍冬属 Lonicera L.

蓝叶忍冬 *Lonicera korolkowii* Stapf

俗名：蓝叶金银花

形态特征：落叶灌木。茎直立丛生，枝条紧密，幼枝中空，光滑无毛，常呈紫红色，老枝灰褐色。单叶对生，偶有三叶轮生，卵形或椭圆形，全缘，近革质，蓝绿色。花粉红色，对生于叶腋，有芳香，花朵盛开时向上翻卷。浆果亮红色。

物候期：花期 4~5 月，新生枝开花期 7~8 月，果期 9~10 月。

分布：原产土耳其等地；我国北方多地引种栽培。

用途：叶、花、果均具观赏价值，常植于庭园、公园等地，也可栽作绿篱。

本园引种栽培：1997 年从中国科学院植物研究所北京植物园采种，播种育苗。在本园生长良好，抗旱、抗寒性较强，能正常开花结实。

忍冬科 Caprifoliaceae 锦带花属 *Weigela* Thunb.

锦带花 *Weigela florida* (Bunge) A. DC.

俗名：海仙、锦带、早锦带花

形态特征：落叶灌木。树皮灰色,幼枝稍四方形,有 2 列短柔毛。叶矩圆形、椭圆形至倒卵状椭圆形,顶端渐尖,基部阔楔形至圆形,边缘有锯齿,上面疏生短柔毛,脉上毛较密,下面密生短柔毛或绒毛,具短柄至无柄。花单生或成聚伞花序生于侧生短枝的叶腋或枝顶;萼筒长圆柱形,疏被柔毛,萼齿深达萼檐中部;花冠紫红色或玫瑰红色,外面疏生短柔毛,裂片不整齐,开展,内面浅红色;花丝短于花冠,花药黄色;子房上部的腺体黄绿色,花柱细长,柱头 2 裂。果实顶部有短柄状喙,疏生柔毛;种子无翅。

物候期：花期 4~6 月,果期 8~9 月。

分布：产于黑龙江、吉林、辽宁、内蒙古、山西、陕西、河南、山东北部、江苏北部等地;俄罗斯、朝鲜和日本也有分布。生于杂木林下或山顶灌丛中。

用途：适宜庭院墙隅、湖畔群植;也可在树丛林缘作花篱或丛植配植。

本园引种栽培：2023 年春季从赤峰市敖汉旗大黑山林场引入野生苗,在本园生长迅速,能正常开花结实。

忍冬科 Caprifoliaceae   锦带花属 *Weigela* Thunb.

红王子锦带花 *Weigela* 'Red Prince'

俗名： 红王子锦带

形态特征： 落叶灌木。嫩枝淡红色，老枝灰褐色。单叶对生，叶椭圆形，先端渐尖，叶缘有锯齿，疏生短柔毛，以中脉为甚。聚伞花序，生于小枝顶端或叶腋；花大，鲜红色；花冠 5 裂，漏斗状钟形，花冠筒中部以下变细；雄蕊 5；雌蕊 1，高出花冠筒。蒴果柱状，顶部有短柄状喙，黄褐色。

物候期： 花期 4~6 月，果期 8~9 月。

分布： 为栽培品种，暂未查询到培育基础种种名。原产美国，我国引种栽培。

用途： 枝叶茂密，花色艳丽，花期可长达两个多月，是华北地区主要的早春花灌木。

本园引种栽培： 2002 年从中国科学院植物研究所北京植物园引入二年生小苗，在本园生长良好，抗旱、抗寒性较强，能正常开花结实。

忍冬科 Caprifoliaceae   猬实属 *Kolkwitzia* Graebn.

猬实 *Kolkwitzia amabilis* Graebn.

俗名：蝟实、美人木、猬实

形态特征：直立落叶灌木。多分枝,幼枝红褐色,被短柔毛及糙毛,老枝光滑,茎皮剥落。叶椭圆形至卵状椭圆形,顶端尖或渐尖,基部圆形或阔楔形,全缘,少有浅齿状,两面散生短毛,脉上和边缘密被直柔毛和睫毛。伞房状聚伞花序,花冠淡红色,内面具黄色斑纹。果实密被黄色刺刚毛,顶端伸长如角,冠以宿存的萼齿。

物候期：花期5~6月,果熟期8~9月。

分布：我国特有种,产于山西、陕西、甘肃、河南、湖北及安徽等省份。

用途：姿态扶疏,繁花似锦,抗性强,可广泛用于园林绿化中,也适于盆栽或作切花欣赏;材质坚固、细密,可制作高级手杖。

本园引种栽培：1985年从北京植物园引入小苗,在本园生长良好,适应性较强,耐寒,较耐干旱,能开花结实,但种子发育不良。

忍冬科 Caprifoliaceae   六道木属 Zabelia (Rehder) Makino

六道木 *Zabelia biflora* (Turcz.) Makino

俗名：六条木、鸡骨头、降龙木

形态特征：落叶灌木。枝干粗壮，分节，有6道竖纹。枝对生；幼枝被倒生硬毛，老枝无毛。叶矩圆形至矩圆状披针形，顶端尖至渐尖，基部钝至渐狭成楔形，全缘或中部以上羽状浅裂而具1~4对粗齿，上面深绿色，下面绿白色，两面疏被柔毛，脉上密被长柔毛，边缘有睫毛；叶柄基部膨大且成对相连，被硬毛。花单生于小枝叶腋，无总花梗；花梗被硬毛；小苞片三齿状，齿1长2短，花后不落；萼筒圆柱形，疏生短硬毛，萼齿4枚，狭椭圆形或倒卵状矩圆形；花冠白色、淡黄色或带浅红色，狭漏斗形或高脚碟形，外面被短柔毛，杂有倒向硬毛，4裂，裂片圆形，筒为裂片长的3倍，内密生硬毛。果实具硬毛，冠以4枚宿存而略增大的萼裂片；种子圆柱形，具肉质胚乳。

物候期：花期4~6月，果期8~9月。

分布：分布于我国黄河以北的辽宁、河北、山西等省份。生于山坡灌丛、林下及沟边。

用途：茎秆木质紧密，适于制作手杖或雕刻用；株型优美，宜于园林中栽植。

本园引种栽培：1979年从熊岳树木园引入小苗3株，在本园长势一般，生长缓慢，能正常开花结实。

忍冬科 Caprifoliaceae　毛核木属 *Symphoricarpos* Duhamel

毛核木 *Symphoricarpos sinensis* Rehder

俗名：雪莓、雪果

形态特征：直立落叶灌木。幼枝红褐色，纤细，老枝细条状剥落。叶菱状卵形至卵形，顶端尖或钝，基部楔形或宽楆形，全缘，上面绿色，下面灰白色，两面无毛，近基部三出脉。花小，无梗，单生于短小、钻形苞片的腋内，组成一短小的顶生穗状花序，下部的苞片叶状且较长；萼筒极短，萼齿 5 枚，卵状披针形，顶端急尖；花冠白色，钟形，裂片卵形，稍短于筒，内外两面均无毛；雄蕊 5 枚，着生于花冠筒中部，与花冠等长或稍伸出，花药白色；花柱无毛，柱头头状。果实卵圆形，顶端有 1 小喙，蓝黑色，具白霜；分核 2 枚，密生长柔毛。

物候期：花期 7~9 月，果熟期 9~11 月。

分布：产于陕西、甘肃南部、湖北西部、四川东部、云南北部和广西。生于山坡灌木林中。

用途：优良观果树种，深秋后鲜红色果实成串簇拥悬挂于拱形枝条上，观赏效果极佳。

本园引种栽培：2003 年从北京植物园引入二年生小苗，在本园生长良好，抗旱、抗寒性较强，能正常开花结实。

荚蒾科 Viburnaceae 接骨木属 *Sambucus* L.

接骨木 *Sambucus williamsii* Hance

俗名： 九节风、续骨草、东北接骨木

形态特征： 落叶灌木或小乔木。老枝淡红褐色，具明显的长椭圆形皮孔，髓部淡褐色。羽状复叶有小叶 2~3 对，侧生小叶片多卵圆形，顶端尖、渐尖至尾尖，边缘具不整齐锯齿；有时基部或中部以下具 1 至数枚腺齿，基部楔形或圆形，有时心形，两侧不对称，最下一对小叶有时具短柄；顶生小叶卵形或倒卵形，顶端渐尖或尾尖，基部楔形，具长柄；叶搓揉后有臭气；托叶狭带形，或退化成带蓝色的突起。花与叶同出，圆锥形聚伞花序顶生，具总花梗，花序分枝多成直角开展；花小而密；萼筒杯状，萼齿三角状披针形，稍短于萼筒；花冠蕾时带粉红色，开后白色或淡黄色，筒短，裂片矩圆形或长卵圆形。果实红色，极少蓝紫黑色，卵圆形或近圆形；分核 2~3 枚，卵圆形至椭圆形，略有皱纹。

物候期： 花期 4~5 月，果熟期 9~10 月。

分布： 产于东北、华北、华东、华南及西南等地。生于山坡、灌丛、沟边、路旁、宅边等地。

用途： 春季白花满树，夏季果红累累，树形优美，气味清香，是优良的观花、观叶、观形、观果树种，可以栽植于庭院、公园，具有很高的观赏价值；根系发达且萌蘖性强，常作为荒山绿化树种；全株可入药，具有祛风利湿、活血止血的作用；种子含油量高，是木本油料树种；果实还可加工成果酱、果冻等，具有较高的营养价值；花和果实可用于香料生产；材质坚硬，纹理细腻，色泽光亮，易于加工，可用于制作高档家具、建筑构件、乐器等；叶和花中含有洁净肌肤的化学成分，可用作化妆品原料。

本园引种栽培： 1979 年从哈尔滨森林植物园采种，播种育苗。在本园生长旺盛，适应性强，能正常开花结实。

荚蒾科 Viburnaceae   荚蒾属 *Viburnum* L.

蒙古荚蒾 *Viburnum mongolicum* (Pall.) Rehder

俗名：蒙古绣球花、土连树

形态特征：落叶灌木。幼枝、叶下面、叶柄和花序均被簇状短毛；二年生小枝黄白色，浑圆，无毛。叶厚纸质，宽卵形至椭圆形，边缘有波状浅齿，齿顶具小突尖，上面被簇状或叉状毛，下面灰绿色，侧脉4~5对，连同中脉上面略凹陷或不明显，下面凸起。聚伞花序，具少数花，总花梗长5~15mm，第一级辐射枝5条或较少，花大部生于第一级辐射枝上；萼筒矩圆筒形，萼齿波状；花冠淡黄白色，筒状钟形，裂片较短。浆果状核果红色而后变黑色，椭圆形；核扁，有2条浅背沟和3条浅腹沟。

物候期：花期5月，果熟期9月。

分布：产于内蒙古中南部、河北、山西、陕西、宁夏南部、甘肃南部及青海东北部；俄罗斯西伯利亚东部和蒙古也有。生于山坡疏林下或河滩地。

用途：中国北方地区值得推广的优良园林美化和抗污染树种，也可用作花篱，还是制作盆景的良好素材。

本园引种栽培：在本园生长一般，个别年份有干梢现象发生，能正常开花结实。

荚蒾科 Viburnaceae   荚蒾属 *Viburnum* L.

聚花荚蒾 *Viburnum glomeratum* Maxim.

俗名： 丛花荚蒾、球花荚蒾

形态特征： 落叶灌木或小乔木。当年小枝、芽、幼叶下面、叶柄及花序均被黄色或黄白色簇状毛。叶纸质，卵状椭圆形、卵形或宽卵形，稀倒卵形或倒卵状矩圆形，顶钝圆、尖或短渐尖，基部圆形或微心形，边缘有牙齿，上面疏被簇状短毛，下面初时被由簇状毛组成的绒毛，后毛渐变稀。聚伞花序直径 3~6cm，总花梗较长，第一级辐射枝 5~7 条；萼筒被白色簇状毛，萼齿卵形，与花冠筒等长或为其 2 倍；花冠白色，辐状，裂片卵圆形，长约等于或略超过筒。果实红色，后变黑色；核椭圆形，扁，有 2 条浅背沟和 3 条浅腹沟。

物候期： 花期 4~6 月，果熟期 7~9 月。

分布： 产于陕西东部至甘肃南部、宁夏南部、河南西部、湖北西部、四川和云南西北部；缅甸北部也有分布。生于山谷林中、灌丛中或草坡的阴湿处。

用途： 观赏树种，常庭院栽植，也是制作盆景的良好素材。

本园引种栽培： 在本园生长良好，能正常开花结实。

荚蒾科 Viburnaceae　荚蒾属 *Viburnum* L.

鸡树条 *Viburnum opulus* subsp. *calvescens* (Rehder) Sugim.

俗名： 天目琼花、鸡树条荚蒾

形态特征： 落叶灌木。高可达4m；树皮暗灰褐色，质厚，有软木条层。小枝褐色至赤褐色，具明显条棱；冬芽卵圆形，有柄，无毛。叶浓绿色，单叶对生，卵形至阔卵状圆形，通常浅3裂，具掌状3出脉，边缘具不整齐的大齿。复伞形聚伞花序顶生，紧密多花，由6~8小伞房花序组成，周围有大型的不孕花；总花梗粗壮，无毛；花生于第二至第三级辐射枝上，花梗极短；花冠杯状，辐状开展，乳白色，5裂，花药紫色；萼齿三角形，均无毛；花药黄白色；不孕花白色，深5裂。浆果状核果球形，鲜红色，有臭味，经久不落；核心形，污白色。

物候期： 花期5~6月，果熟期8~9月。

分布： 分布于我国东北、华北、华东及西南区地；日本、朝鲜和俄罗斯西伯利亚东南部也有分布。生于溪谷边疏林下或灌丛中。

用途： 可作园林观赏树种；枝、叶及果均可入药。

本园引种栽培： 在本园生长一般，个别年份有干梢现象发生，能正常开花结实。

忍冬科 Viburnaceae 荚蒾属 *Viburnum* L.

香荚蒾 *Viburnum farreri* Stearn

俗名：香探春、野绣球、探春

形态特征：落叶灌木。当年小枝绿色，二年生小枝红褐色，后变灰褐色或灰白色；冬芽椭圆形，顶尖，有 2~3 对鳞片。叶纸质，椭圆形或菱状倒卵形，顶端锐尖，基部楔形至宽楔形，边缘具三角形锯齿（基部除外）。圆锥花序生于能生幼叶的短枝之顶，有多数花，花先叶开放，芳香；苞片条状披针形，具缘毛；萼筒筒状倒圆锥形，萼齿卵形，顶钝；花冠蕾时粉红色，开后变白色，高脚碟状，上部略扩张，裂片 5 枚，开展。果实紫红色，矩圆形；核扁，有 1 条深腹沟。

物候期：花期 4~5 月。

分布：产于甘肃、青海及新疆，山东、河北、甘肃、青海等省份多有栽培。生于山谷林中。

用途：树姿优美，花色艳丽，芳香浓郁，为高寒地区主要的早春观花灌木，也可作水土保持树种，还是制作盆景的良好素材；果实可入药。

本园引种栽培：1989 年从天水麦积山树木园引入小苗，在本园生长迅速，适应性强，耐寒，耐干旱，已开花但未见结实。

参考文献

陈凤义,孙照斌,申立乾,等,2015.美国黑胡桃木干燥性质研究及干燥基准拟定[J].林业科技开发,29(4):99-102.

陈岩,李悦,夏晶,2005.矮紫杉在圈林绿化中的应用[J].现代园林(5):36-37.

刘佳静,闫杰,2010.西部沙樱引种试验研究[J].现代农业(7):4-6.

潘教文,王帅,刘玉玲,等,2021.四翅滨藜的抗逆性及其应用研究进展[J].山东农业科学,53(11):136-143.

石光明,2023.四翅滨藜在沙区垦荒退化修复中的应用[J].农业灾害研究,13(6):161-163.

童成仁,1988.珍稀树种:垂枝榆的引种[J].内蒙古林业科技(1):13-16.

童成仁,萨仁,郜克仁,1997.呼和浩特树木园主要乔灌木引种树种[M].呼和浩特:内蒙古教育出版社.

王占林,朱春云,王志涛,等,2012.银水牛果育苗与造林技术[J].特种经济动植物,15(7):49-50.

杨洪伟,张凤岗,付贵生,1984.耐盐碱杨树杂种小×胡1号选育小结[J].内蒙古林业科技(4):1-6+35.

因亦平,2006.北京地区布朗忍冬的扦插繁殖及水分适应性研究[D].北京:北京林业大学.

赵一之,赵利清,曹瑞,等,2020.内蒙古植物志:第三版:第一至六卷[M].呼和浩特:内蒙古人民出版社.

中文名索引

A

阿拉善沙拐枣	89
矮卫矛	211
矮紫杉	46

B

霸王	201
白杜	210
白桦	67
白蜡树	263
白皮松	21
白杆	3
白云杉	14
斑叶稠李	164
半钟铁线莲	102
薄叶山梅花	115
暴马丁香	271
北京丁香	272
北美短叶松	20
北美乔松	29
北美香柏	45
北欧花楸	139
扁桃	177
波斯丁香	282
布朗忍冬	300

C

长白茶藨子	113
长白忍冬	307
长白松	32
长瓣铁线莲	99
长梗扁桃	176
长梗郁李	166
长穗柽柳	239
重瓣榆叶梅	169
侧柏	38
梣叶槭	217
叉子圆柏	40
茶条槭	216
朝鲜鼠李	227
柽柳	240
齿叶白鹃梅	131
赤松	23
稠李	163
臭椿	204
臭冷杉	17
川西锦鸡儿	191
川西云杉	8
垂柳	62
垂枝榆	75
春榆	80
刺柏	43
刺槐	184
刺蔷薇	156
刺楸	252
刺五加	254
刺榆	83

葱皮忍冬	308
楤木	253

D

大果榆	82
大叶朴	84
大字杜鹃	261
单子圆柏	44
东北扁核木	161
东北连翘	268
东北山梅花	114
东陵绣球	117
冻绿	224
杜梨	142
杜松	42
短尾铁线莲	100
多花柽柳	241
多枝柽柳	242

E

二乔玉兰	289

F

粉花绣线菊	122
风箱果	130

G

甘蒙柽柳	243
甘蒙锦鸡儿	187

中文名索引

甘肃柽柳	245	黄檗	202	栾	220
甘肃小檗	108	黄刺玫	153	卵叶连翘	270
刚毛柽柳	246	黄果云杉	9	罗布麻	286
杠柳	287	黄花铁线莲	101	罗兰紫丁香	275
枸杞	293	黄芦木	103	落叶冬青	209
关木通	88	黄栌	208	落叶松	34
灌木铁线莲	98	灰栒子	135	葎叶蛇葡萄	231
		火炬树	207		

H

		J		M	
旱柳	61	鸡树条	320	毛白杨	59
旱榆	77	加杨	57	毛果绣线菊	121
河北杨	60	接骨木	317	毛核木	316
黑弹树	85	金花忍冬	302	毛山楂	137
黑果枸杞	295	金露梅	159	毛叶水栒子	133
黑胡桃	66	金银忍冬	297	毛樱桃	167
黑桦	68	金枝垂柳	63	毛榛	70
黑榆	79	锦带花	312	茅莓	179
红宝石海棠	145	荆条	292	玫瑰	151
红丁香	273	聚花荚蒾	319	美国红梣	267
红花锦鸡儿	190			美丽茶藨子	110
红花岩生忍冬	301	K		美蔷薇	158
红椋子	256	库页悬钩子	180	蒙椴	235
红皮云杉	6	宽苞水柏枝	247	蒙古扁桃	175
红瑞木	255			蒙古荚蒾	318
红砂	238	L		蒙古栎	72
红王子锦带花	313	蓝丁香	280	蒙古莸	291
胡桃楸	65	蓝果忍冬	298	蒙桑	87
胡杨	49	蓝叶忍冬	311	膜果麻黄	48
胡枝子	198	蓝叶云杉	13	牡丹	97
互叶醉鱼草	285	李	170	木地肤	95
花红	148	连翘	269	木藤蓼	92
花木蓝	183	辽东桤木	69		
花旗松	37	辽椴	234	N	
花楸树	140	辽宁山楂	138	宁夏枸杞	294
花曲柳	264	裂叶榆	78	牛奶子	250
华北落叶松	35	鳞皮云杉	16	扭叶松	22
华北忍冬	305	铃铛刺	194		
华北驼绒藜	94	流苏树	284	O	
华北绣线菊	125	柳叶鼠李	225	欧丁香	277
华北珍珠梅	129	六道木	315	欧李	165
华山松	19	龙首山蔷薇	154	欧洲白榆	76
华西忍冬	309	陇东海棠	146	欧洲赤松	30
槐	181	耧斗菜叶绣线菊	126	欧洲黑松	24
荒漠锦鸡儿	192			欧洲云杉	12

中文名索引

P
葡萄	229

Q
巧玲花	278
青海云杉	15
青花椒	203
青杆	2
秋子梨	141
楸子	147

R
忍冬	310
日本落叶松	36
日本五针松	25
日本小檗	106
蕤核	162

S
塞尔维亚云杉	10
三花槭	218
三裂绣线菊	120
桑	86
色木槭	214
沙冬青	199
沙拐枣	90
沙棘	257
沙木蓼	91
沙枣	249
砂生槐	182
山刺玫	157
山荆子	143
山葡萄	228
山桃	178
山杏	174
山皂荚	195
山楂	136
杉松	18
少先队杨	56
什锦丁香	281
石蚕叶绣线菊	124
匙叶小檗	105
疏花蔷薇	155

鼠李	223
树锦鸡儿	186
栓翅卫矛	212
水牛果	251
水曲柳	265
水栒子	132
四翅滨藜	96
酸枣	222

T
塔落木羊柴	197
唐古特忍冬	304
天山梣	266
贴梗海棠	150
土庄绣线菊	119
脱皮榆	81

W
卫矛	213
猬实	314
文冠果	221
乌拉绣线菊	127
五味子	109
五叶地锦	230

X
西部沙樱	172
西府海棠	144
西黄松	26
细裂槭	219
细穗柽柳	244
细叶小檗	104
狭叶锦鸡儿	193
下江忍冬	303
夏栎	73
鲜卑花	128
香茶藨子	112
香花槐	185
香荚蒾	321
小果白刺	200
小黑杨	55
小胡杨2号	54
小花溲疏	118
小叶黄杨	206

小叶锦鸡儿	189
小叶女贞	283
小叶巧玲花	279
小叶忍冬	306
小叶鼠李	226
小叶杨	53
小钻杨	58
楔叶茶藨子	111
心叶椴	237
新疆忍冬	299
新疆五针松	28
新疆杨	52
新疆野苹果	149
新疆云杉	7
兴安杜鹃	259
兴安圆柏	41
杏	173
绣线菊	123
雪岭云杉	4
雪柳	262

Y
盐爪爪	93
偃松	27
叶底珠	205
银白杨	50
银露梅	160
银新杨	51
银杏	1
迎红杜鹃	260
油松	33
榆树	74
榆叶梅	168
羽叶丁香	276
玉兰	288
元宝槭	215
圆柏	39
圆锥绣球'烛光'	116
月季花	152
云杉	11

Z
樟子松	31
掌裂草葡萄	233

中文名索引

掌裂蛇葡萄	232	准噶尔栒子	134	紫薇	290
照山白	258	梓	296	紫叶矮樱	171
榛	71	紫丁香	274	紫叶小檗	107
中国沙棘	248	紫椴	236	钻天柳	64
中间锦鸡儿	188	紫果云杉	5		
中麻黄	47	紫穗槐	196		

学名索引

A

Abies holophylla Maxim.	18
Abies nephrolepis (Trautv. ex Maxim.) Maxim.	17
Acer negundo L.	217
Acer pictum Thunb.	214
Acer pilosum var. *stenolobum* (Rehder) W. P. Fang	219
Acer tataricum subsp. *ginnala* (Maxim.) Wesm.	216
Acer triflorum Kom.	218
Acer truncatum Bunge	215
Ailanthus altissima (Mill.) Swingle	204
Alnus hirsuta (Spach) Rupr.	69
Ammopiptanthus mongolicus (Maxim. ex Kom.) S. H. Cheng	199
Amorpha fruticosa L.	196
Ampelopsis aconitifolia var. *palmiloba* (Carrière) Rehder	233
Ampelopsis delavayana var. *glabra* (Diels & Gilg) C. L. Li	232
Ampelopsis humulifolia Bunge	231
Apocynum venetum L.	286
Aralia elata (Miq.) Seem.	253
Atraphaxis bracteata Losinsk.	91
Atriplex canescens (Pursh) Nutt.	96

B

Bassia prostrata (L.) Beck	95
Berberis amurensis Rupr.	103
Berberis kansuensis C. K. Schneid	108
Berberis poiretii C. K. Schneid	104
Berberis thunbergii 'Atropurpurea'	107
Berberis thunbergii DC.	106
Berberis vernae C. K. Schneid.	105
Betula dahurica Pall.	68
Betula platyphylla Sukaczev	67
Buddleja alternifolia Maxim.	285
Buxus sinica var. *parvifolia* M. Cheng	206

C

Calligonum alaschanicum Losinsk.	89
Calligonum mongolicum Turcz.	90
Caragana arborescens Lam.	186
Caragana erinacea Kom.	191
Caragana halodendron (Pall.) Dum. Cours.	194
Caragana liouana Zhao Y. Chang & Yakovlev	188
Caragana microphylla Lam.	189
Caragana opulens Kom.	187
Caragana roborovskyi Kom.	192
Caragana rosea Turcz. ex Maxim.	190
Caragana stenophylla Pojark.	193
Caryopteris mongholica Bunge	291
Catalpa ovata G. Don	296
Celtis bungeana Blume	85
Celtis koraiensis Nakai	84
Chaenomeles speciosa (Sweet) Nakai	150
Chionanthus retusus Lindl. & Paxton	284
Clematis brevicaudata DC.	100
Clematis fruticosa Turcz.	98
Clematis intricata Bunge	101

Clematis macropetala Ledeb. 99
Clematis sibirica var. *ochotensis* (Pall.) S. H. Li & Y. Hui Huang 102
Corethrodendron lignosum var. *laeve* (Maxim.) L. R. Xu & B. H. Choi 197
Cornus alba L. 255
Cornus bretschneideri L. Henry 257
Cornus hemsleyi C. K. Schneid. & Wangerin 256
Corylus heterophylla Fisch. ex Trautv. 71
Corylus sieboldiana var. *mandshurica* Maxim. & Rupr. 70
Cotinus coggygria var. *cinereus* Engl. 208
Cotoneaster acutifolius Turcz. 135
Cotoneaster multiflorus Bunge 132
Cotoneaster soongoricus (Regel & Herder) Popov 134
Cotoneaster submultiflorus Popov 133
Crataegus maximowiczii C. K. Schneid. 137
Crataegus pinnatifida Bunge 136
Crataegus sanguinea Pall. 138

D

Dasiphora fruticosa (L.) Rydb. 159
Dasiphora glabrata (Willd. ex Schltdl.) Soják 160
Deutzia parviflora Bunge 118

E

Elaeagnus angustifolia L. 249
Elaeagnus umbellata Thunb. 250
Eleutherococcus senticosus (Rupr. & Maxim.) Maxim. 254
Ephedra intermedia Schrenk & C. A. Mey. 47
Ephedra przewalskii Stapf 48
Euonymus alatus (Thunb.) Siebold 213
Euonymus maackii Rupr. 210
Euonymus nanus M. Bieb. 211
Euonymus phellomanus Loes. ex Diels 212
Exochorda serratifolia S. Moore 131

F

Fallopia aubertii (L. Henry) Holub 92
Flueggea suffruticosa (Pall.) Baill. 205
Fontanesia fortunei Carrière 262
Forsythia mandschurica Uyeki 268
Forsythia ovata Nakai 270
Forsythia suspensa (Thunb.) Vahl 269
Fraxinus chinensis Roxb. 263
Fraxinus chinensis subsp. *rhynchophylla* (Hance) A. E. Murray 264
Fraxinus mandshurica Rupr. 265
Fraxinus pennsylvanica Marshall 267
Fraxinus sogdiana Bunge 266

G

Ginkgo biloba L. 1
Gleditsia japonica Miq. 195

H

Hemiptelea davidii (Hance) Planch. 83
Hippophae rhamnoides subsp. *sinensis* Rousi 248
Hydrangea bretschneideri Dippel 117
Hydrangea paniculata 'Candleligh' 116

I

Ilex verticillata (L.) A. Gray 209
Indigofera kirilowii Maxim. ex Palibin 183
Isotrema manshuriense (Kom.) H. Huber 88

J

Juglans mandshurica Maxim. 65
Juglans nigra L. 66
Juniperus chinensis L. 39
Juniperus formosana Hayata 43
Juniperus monosperma (Engelm.) Sarg. 44
Juniperus rigida Siebold & Zucc. 42
Juniperus sabina L. 40
Juniperus sabina var. *davurica* (Pall.) Farjon 41

K

Kalidium foliatum (Pall.) Moq. 93
Kalopanax septemlobus (Thunb.) Koidz. 252
Koelreuteria paniculata Laxm. 220
Kolkwitzia amabilis Graebn. 314
Krascheninnikovia ceratoides (L.) Gueldenst. 94

L

Lagerstroemia indica L. 290
Larix gmelinii (Rupr.) Kuzen. 34
Larix gmelinii var. *principis-rupprechtii* (Mayr) Pilg. 35
Larix kaempferi (Lamb.) Carrière 36

Lespedeza bicolor Turcz.	198	*Picea abies* (L.) H. Karst.	12
Ligustrum quihoui Carrière	283	*Picea asperata* Mast.	11
Lonicera caerulea L.	298	*Picea crassifolia* Kom.	15
Lonicera chrysantha Turcz.	302	*Picea glauca* (Moench) Voss	14
Lonicera ferdinandi Franch.	308	*Picea koraiensis* Nakai	6
Lonicera japonica Thunb.	310	*Picea likiangensis* var. *hirtella* (Rehd. & E. H. Wilson) W. C. Cheng	9
Lonicera korolkowii Stapf	311		
Lonicera maackii (Rupr.) Maxim.	297	*Picea likiangensis* var. *rubescens* Rehd. & E. H. Wilson	8
Lonicera microphylla Willd. ex Roem. & Schult.	306		
Lonicera modesta Rehder	303	*Picea meyeri* Rehd. & E. H. Wilson	3
Lonicera rupicola var. *syringantha* (Maxim.) Zabel	301	*Picea obovata* Ledeb.	7
		Picea omorika (Pancic) Purk.	10
Lonicera ruprechtiana Regel	307	*Picea pungens* Engelm.	13
Lonicera tangutica Maxim.	304	*Picea purpurea* Mast.	5
Lonicera tatarica L.	299	*Picea retroflexa* Mast.	16
Lonicera tatarinowii Maxim.	305	*Picea schrenkiana* Fisch. & C. A. Mey.	4
Lonicera webbiana Wall.	309	*Picea wilsonii* Mast.	2
Lonicera × brownii (Regel) Carrière	300	*Pinus armandi* Franch.	19
Lycium barbarum L.	294	*Pinus banksiana* Lamb.	20
Lycium chinense Mill.	293	*Pinus bungeana* Zucc. ex Endl.	21
Lycium ruthenicum Murray	295	*Pinus contorta* Douglas ex Loudon	22
		Pinus densiflora Siebold & Zucc.	23
M		*Pinus nigra* J. F. Arnold	24
Malus asiatica Nakai	148	*Pinus parviflora* Siebold & Zucc.	25
Malus baccata (L.) Borkh.	143	*Pinus ponderosa* Douglas ex C. Lawson	26
Malus domestica (Suckow) Borkh.	149	*Pinus pumila* (Pall.) Regel	27
Malus kansuensis (Batalin) C. K. Schneid.	146	*Pinus sibirica* Du Tour	28
Malus prunifolia (Willd.) Borkh.	147	*Pinus strobus* L.	29
Malus × micromalus 'Ruby'	145	*Pinus sylvestris* L.	30
Malus × micromalus Makino	144	*Pinus sylvestris* var. *mongolica* Litv.	31
Morus alba L.	86	*Pinus sylvestris* var. *sylvestriformis* (Taken.) W. C. Cheng & C. D. Chu	32
Morus mongolica (Bureau) C. K. Schneid.	87		
Myricaria bracteata Royle	247	*Pinus tabuliformis* Carrière	33
		Platycladus orientalis (L.) Franco	38
N		*Populus × xiaohei* T. S. Hwang et Liang	55
Nitraria sibirica (DC.) Pall.	200	*Populus × pioner*	56
		Populus alba L.	50
P		*Populus alba* var. *pyramidalis* Bunge	52
Paeonia × suffruticosa Andrews	97	*Populus alba × P. alba* var. *pyramidalis*	51
Parthenocissus quinquefolia (L.) Planch.	230	*Populus euphratica* Olivier	49
Periploca sepium Bunge	287	*Populus simonii* Carrière	53
Phellodendron amurense Rupr.	202	*Populus simonii × P. euphratica* 'Xiaohuyang2'	54
Philadelphus schrenkii Rupr.	114	*Populus tomentosa* Carrière	59
Philadelphus tenuifolius Rupr. & Maxim.	115	*Populus × canadensis* Moench	57
Physocarpus amurensis (Maxim.) Maxim.	130	*Populus × hopeiensis* Hu & L. D. Chow	60

Populus×xiaohei var. *xiaozhuanica* (W. Y. Hsu & Y. Liang) C. Shang	58
Prinsepia sinensis (Oliv.) Oliv. ex Bean	161
Prinsepia uniflora Batalin	162
Prunus amygdalus Batsch	177
Prunus armeniaca L.	173
Prunus davidiana (Carrière) Franch.	178
Prunus humilis Bunge	165
Prunus japonica var. *nakaii* (H. Lév.) Rehder	166
Prunus maackii Rupr.	164
Prunus mongolica Maxim.	175
Prunus padus L.	163
Prunus pedunculata (Pall.) Maxim.	176
Prunus pumila var. *besseyi* (L. H. Bailey) Waugh	172
Prunus salicina Lindl.	170
Prunus sibirica L.	174
Prunus tomentosa Thunb.	167
Prunus triloba 'Multiplex'	169
Prunus triloba Lindl.	168
Prunus × *cistena* N. E. Hansen ex Koehne	171
Pseudotsuga menziesii (Mirb.) Franco	37
Pyrus betulifolia Bunge	142
Pyrus ussuriensis Maxim.	141

Q

Quercus mongolica Fisch. ex Ledeb.	72
Quercus robur L.	73

R

Reaumuria songarica (Pall.) Maxim.	238
Rhamnus davurica Pall.	223
Rhamnus erythroxylum Pall.	225
Rhamnus koraiensis C. K. Schneid.	227
Rhamnus parvifolia Bunge	226
Rhamnus utilis Decne.	224
Rhododendron dauricum L.	259
Rhododendron micranthum Turcz.	258
Rhododendron mucronulatum Turcz.	260
Rhododendron schlippenbachii Maxim.	261
Rhus typhina L.	207
Ribes diacantha Pall.	111
Ribes komarovii Pojark.	113
Ribes odoratum H. L. Wendl.	112
Ribes pulchellum Turcz.	110
Robinia pseudoacacia L.	184
Robinia × *ambigua* 'Idahoensis'	185
Rosa acicularis Lindl.	156
Rosa bella Rehder & E. H. Wilson	158
Rosa chinensis Jacq.	152
Rosa davurica Pall.	157
Rosa laxa Retz.	155
Rosa longshoushanica L. Q. Zhao & Y. Z. Zhao	154
Rosa rugosa Thunb.	151
Rosa xanthina Lindl.	153
Rubus parvifolius L.	179
Rubus sachalinensis H. Lév.	180

S

Salix arbutifolia Pall.	64
Salix babylonica L.	62
Salix matsudana Koidz.	61
Salix×aureo-penduca	63
Sambucus williamsii Hance	317
Schisandra chinensis (Turcz.) Baill.	109
Shepherdia argentea (Pursh) Nutt.	251
Sibiraea laevigata (L.) Maxim.	128
Sophora moorcroftiana (Benth.) Benth. ex Baker	182
Sorbaria kirilowii (Regel) Maxim.	129
Sorbus aucuparia L.	139
Sorbus pohuashanensis (Hance) Hedl.	140
Spiraea aquilegiifolia Pall.	126
Spiraea chamaedryfolia L.	124
Spiraea fritschiana C. K. Schneid.	125
Spiraea japonica L. f.	122
Spiraea ouensanensis H. Lév.	119
Spiraea salicifolia L.	123
Spiraea trichocarpa Nakai	121
Spiraea trilobata L.	120
Spiraea uratensis Franch.	127
Styphnolobium japonicum (L.) Schott	181
Symphoricarpos sinensis Rehder	316
Syringa meyeri C. K. Schneid.	280
Syringa oblata 'Lou Lan Zi'	275
Syringa oblata Lindl.	274
Syringa pinnatifolia Hemsl.	276
Syringa pubescens subsp. *microphylla* (Diels) M. C. Chang & X. L. Chen	279
Syringa pubescens Turcz.	278
Syringa reticulata subsp. *amurensis* (Rupr.) P. S. Green & M. C. Chang	271

Syringa reticulata subsp. *pekinensis* (Rupr.) P. S.
  Green & M. C. Chang 272
Syringa villosa Vahl 273
Syringa vulgaris L. 277
Syringa × *chinensis* Willd. 281
Syringa × *persica* L. 282

T

Tamarix austromongolica Nakai 243
Tamarix chinensis Lour. 240
Tamarix elongata Ledeb. 239
Tamarix gansuensis H. Z. Zhang 245
Tamarix hispida Willd. 246
Tamarix hohenackeri Bunge 241
Tamarix leptostachya Bunge 244
Tamarix ramosissima Ledeb. 242
Taxus cuspidata var. *nana* Hort. ex Rehd. 46
Thuja occidentalis L. 45
Tilia amurensis Rupr. 236
Tilia cordata Mill. 237
Tilia mandshurica Rupr. & Maxim. 234
Tilia mongolica Maxim. 235

U

Ulmus davidiana Planch. 79
Ulmus davidiana var. *japonica* (Rehder) Nakai 80
Ulmus glaucescens Franch. 77
Ulmus laciniata (Herder) Mayr ex Schwapp. 78
Ulmus laevis Pall. 76
Ulmus lamellosa Z. Wang & S. L. Chang 81
Ulmus macrocarpa Hance 82

Ulmus pumila 'Tenue' S. Y. Wang 75
Ulmus pumila L. 74

V

Viburnum farreri Stearn 321
Viburnum glomeratum Maxim. 319
Viburnum mongolicum (Pall.) Rehder 318
Viburnum opulus subsp. *calvescens* (Rehder) Sugim. 320
Vitex negundo L. 292
Vitis amurensis Rupr. 228
Vitis vinifera L. 229

W

Weigela 'Red Prince' 313
Weigela florida (Bunge) A. DC. 312

X

Xanthoceras sorbifolium (A. Braun) Holub 221

Y

Yulania denudata (Desr.) D. L. Fu 288
Yulania × *soulangeana* (Soul. -Bod.) D. L. Fu 289

Z

Zabelia biflora (Turcz.) Makino 315
Zanthoxylum schinifolium Siebold & Zucc. 203
Ziziphus jujuba var. *spinosa* (Bunge) Hu ex H. F.
  Chow 222
Zygophyllum xanthoxylum (Bunge) Maxim. 201

蒙文索引

ᠴ

᠊ᠠᠯᠠᠱᠠ ᠶᠢᠨ ᠵᠠᠭᠳᠤ ᠬᠠᠢᠯᠠᠰᠤ 侧柏 ········ 38
ᠠᠯᠠᠱᠠ ᠶᠢᠨ 杜梨 ········ 142
ᠠᠯᠠᠱᠠ ᠶᠢᠨ ᠰᠠᠢᠰᠢᠶᠠᠯ 阿拉善沙拐枣 ········ 89
ᠠᠯᠠᠱᠠ ᠶᠢᠨ 羽叶丁香 ········ 276
ᠠᠯᠠᠱᠠ ᠶᠢᠨ 掌裂草葡萄 ········ 233
ᠠᠯᠠᠱᠠ ᠶᠢᠨ (二乔玉兰) 二乔玉兰 ········ 289
ᠠᠯᠠᠱᠠ ᠶᠢᠨ 北美乔松 ········ 29
ᠠᠯᠠᠱᠠ ᠶᠢᠨ 西黄松 ········ 26
ᠠᠯᠠᠱᠠ ᠶᠢᠨ 落叶冬青 ········ 209
ᠠᠯᠠᠱᠠ ᠶᠢᠨ 花旗松 ········ 37
ᠠᠯᠠᠱᠠ ᠶᠢᠨ 美国红栎 ········ 267
ᠠᠯᠠᠱᠠ ᠶᠢᠨ 山皂荚 ········ 195
ᠠᠯᠠᠱᠠ ᠶᠢᠨ 西部沙樱 ········ 172
ᠠᠯᠠᠱᠠ ᠶᠢᠨ 北美香柏 ········ 45
ᠠᠯᠠᠱᠠ ᠶᠢᠨ 椴叶槭 ········ 217
ᠠᠯᠠᠱᠠ ᠶᠢᠨ 花红 ········ 148
ᠠᠯᠠᠱᠠ ᠶᠢᠨ 秋子梨 ········ 141
ᠠᠯᠠᠱᠠ ᠶᠢᠨ 夏栎 ········ 73
ᠠᠯᠠᠱᠠ ᠶᠢᠨ (香荚蒾) 香荚蒾 ········ 321
ᠠᠯᠠᠱᠠ ᠶᠢᠨ 香茶藨子 ········ 112

ᠴ

ᠠᠯᠠᠱᠠ ᠶᠢᠨ 华西忍冬 ········ 309
ᠠᠯᠠᠱᠠ ᠶᠢᠨ 茅莓 ········ 179

ᠴ (4)

ᠠᠯᠠᠱᠠ ᠶᠢᠨ 葱皮忍冬 ········ 308
ᠠᠯᠠᠱᠠ ᠶᠢᠨ) 桑 ········ 86
ᠠᠯᠠᠱᠠ ᠶᠢᠨ 杠柳 ········ 287

ᠴ

ᠠᠯᠠᠱᠠ ᠶᠢᠨ 欧洲白榆 ········ 76
ᠠᠯᠠᠱᠠ ᠶᠢᠨ 欧丁香 ········ 277
ᠠᠯᠠᠱᠠ ᠶᠢᠨ 欧洲云杉 ········ 12
ᠠᠯᠠᠱᠠ ᠶᠢᠨ 欧洲赤松 ········ 24
ᠠᠯᠠᠱᠠ ᠶᠢᠨ 欧洲黑松 ········ 30
ᠠᠯᠠᠱᠠ ᠶᠢᠨ 北欧花楸 ········ 139
ᠠᠯᠠᠱᠠ ᠶᠢᠨ 榆叶梅 ········ 168
ᠠᠯᠠᠱᠠ ᠶᠢᠨ 砂生槐 ········ 182
ᠠᠯᠠᠱᠠ ᠶᠢᠨ 东陵绣球 ········ 117
ᠠᠯᠠᠱᠠ ᠶᠢᠨ 白杜 ········ 210
ᠠᠯᠠᠱᠠ ᠶᠢᠨ 沙木蓼 ········ 91

ᠴ

ᠠᠯᠠᠱᠠ ᠶᠢᠨ 刚毛柽柳 ········ 246

蒙文索引

红丁香 ………… 273
红皮云杉 ………… 6
李 ………… 170
红砂 ………… 238
灌木铁线莲 ………… 98
蒙古扁桃 ………… 175
紫薇 ………… 290
楸子 ………… 207
火炬树 ………… 147
多花柽柳 ………… 241
水栒子 ………… 132
华北绣线菊 ………… 125
华北珍珠梅 ………… 129
华北落叶松 ………… 35
胡桃楸 ………… 20
短尾铁线莲 ………… 65
楔叶茶藨子 ………… 100
木藤蓼 ………… 111
北美短叶松 ………… 92
垂枝榆 ………… 75
垂柳 ………… 62

（5）

卵叶连翘 ………… 270
长穗柽柳 ………… 239
栾 ………… 220
忍冬 ………… 310
金露梅 ………… 159
树锦鸡儿 ………… 186
绣线菊 ………… 123
旱柳 ………… 61
水曲柳 ………… 265
色木槭 ………… 214
水牛果 ………… 251
五味子 ………… 109
赤松 ………… 23
欧李 ………… 165
红王子锦带花 ………… 313
红花岩生忍冬 ………… 301
香花槐 ………… 320
鸡树条 ………… 185
迎红杜鹃 ………… 260
红瑞木 ………… 255
红椋子 ………… 256
乌拉绣线菊 ………… 127

（7）

蒙文索引

ᠲ

细裂槭 ································ 219

脱皮榆 ································ 81
刺五加 ······························· 254
刺槐 ··································· 184
刺榆 ··································· 83
刺薔薇 ······························· 156
杜松 ··································· 43
刺柏 ··································· 42
山荆子 ······························· 143
葡萄 ··································· 229
毛果绣线菊 ························ 121
土庄绣线菊 ························ 119
毛榛 ··································· 70
巧玲花 ······························· 278
毛叶水栒子 ························ 133
毛核木 ······························· 316
毛山楂 ······························· 137
臭冷杉 ······························· 17
臭椿 ··································· 204
圆柏 ··································· 39
半钟铁线莲 ························ 102

蒙古莸 ······························· 291
旱榆 ··································· 77
毛白杨 ······························· 59
矮卫矛 ······························· 46
矮紫杉 ······························· 211
长梗扁桃 ··························· 317
接骨木 ······························· 176
北京丁香 ··························· 272
红宝石海棠 ························ 78
裂叶榆 ······························· 145
茶条槭 ······························· 216
扁桃 ··································· 177
黑弹树 ······························· 85

ᠣ

青花椒 ······························· 203
冻绿 ··································· 224
叶底珠 ······························· 205
宁夏枸杞 ··························· 294
石蚕叶绣线菊 ···················· 124
聚花荚蒾 ··························· 319
细穗柽柳 ··························· 244
狭叶锦鸡儿 ························ 193

蒙文索引

ᠬᠠᠷ᠎ᠠ ᠬᠤᠰᠢᠭ᠎ᠠ 黑胡桃 ……………………………… 66

ᠬᠠᠷ᠎ᠠ ᠬᠠᠶᠢᠯᠠᠰᠤ 黑榆 …………………………………… 79

ᠬᠠᠷ᠎ᠠ ᠴᠠᠭᠠᠨ ᠠᠷᠴᠠ 宽苞水柏枝 ………………………… 247

ᠬᠠᠷ᠎ᠠ ᠨᠠᠷᠠᠰᠤ 油松 …………………………………… 33

ᠬᠠᠷ᠎ᠠ ᠪᠦᠷᠭᠡᠰᠤ 灰栒子 ……………………………… 135

ᠬᠠᠯᠠᠭᠤᠨ ᠰᠢᠮᠦᠯᠳᠡᠭ 匙叶小檗 …………………………… 105

ᠬᠠᠶᠠᠯᠢᠭ ᠵᠢᠭᠠᠰᠤ 元宝槭 ……………………………… 215

ᠬᠠᠶᠢᠷᠰᠤᠯᠢᠭ ᠭᠦᠢᠯᠡᠰᠦ 鳞皮云杉 ………………………… 16

ᠬᠠᠶᠢᠯᠠᠰᠤ 榆树 ………………………………………… 74

ᠱ

ᠱᠠᠷᠮᠠᠯᠵᠢᠨ 波斯丁香 ………………………………… 282

ᠴ

ᠴᠠᠰᠤᠨ ᠴᠡᠴᠡᠭ 布朗忍冬 ……………………………… 300

ᠴᠠᠭᠠᠨ ᠪᠤᠷᠭᠠᠰᠤ 东北扁核木 ………………………… 161

ᠴᠡᠴᠡᠭᠲᠦ ᠪᠤᠷᠭᠠᠰᠤ 紫穗槐 …………………………… 196

ᠴᠠᠭᠠᠨ ᠠᠯᠢᠮ᠎ᠠ 紫椴 …………………………………… 236

ᠴᠠᠭᠠᠨ ᠬᠤᠰᠢᠭᠤ 沙棘 ………………………………… 257

ᠴᠡᠴᠡᠭᠲᠦ ᠭᠦᠢᠯᠡᠰᠦ 紫果云杉 …………………………… 5

ᠴᠠᠢᠷ ᠴᠡᠴᠡᠭ 紫叶矮樱 ………………………………… 171

ᠴᠠᠭᠠᠨ ᠤᠯᠢᠶᠠᠰᠤ 小叶杨 ……………………………… 53

ᠴᠡᠩᠬᠡᠷ ᠴᠡᠴᠡᠭᠲᠦ 蓝丁香 ……………………………… 280

ᠴᠡᠩᠬᠡᠷ ᠭᠦᠢᠯᠡᠰᠦ 蓝叶云杉 …………………………… 13

ᠴᠠᠭᠠᠨ ᠨᠠᠷᠠᠰᠤ 华山松 ………………………………… 19

ᠴᠠᠭᠠᠨ ᠳᠣᠯᠣᠨ᠎ᠠ 辽宁山楂 …………………………… 173

ᠴᠠᠭᠠᠨ ᠭᠦᠢᠯᠡᠰᠦ 杏 …………………………………… 138

ᠴᠠᠭᠠᠨ ᠬᠤᠰᠢᠭᠤ 花楸树 ……………………………… 140

ᠴᠠᠭᠠᠨ ᠬᠤᠰᠢᠭᠤ 胡枝子 ……………………………… 198

ᠴᠠᠭᠠᠨ ᠬᠤᠰᠢᠭᠤ 霸王 ………………………………… 201

ᠴᠠᠭᠠᠨ ᠬᠤᠰᠤ 白桦 …………………………………… 67

ᠴᠠᠭᠠᠨ ᠤᠯᠢᠶᠠᠰᠤ 少先队杨 …………………………… 56

ᠴᠡᠴᠡᠭᠲᠦ ᠴᠡᠴᠡᠭ 什锦丁香 …………………………… 281

ᠴᠠᠭᠠᠨ ᠠᠷᠴᠠ 叉子圆柏 ………………………………… 40

ᠴᠠᠭᠠᠨ ᠬᠤᠰᠢᠭᠤ 槐 …………………………………… 181

ᠴᠠᠭᠠᠨ ᠡᠪᠡᠰᠦ 铃铛刺 ………………………………… 194

ᠴᠠᠭᠠᠨ ᠨᠠᠷᠠᠰᠤ 落叶松 ………………………………… 34

ᠴᠠᠭᠠᠨ ᠭᠦᠢᠯᠡᠰᠦ 山杏 ………………………………… 174

ᠴᠡᠴᠡᠭᠲᠦ ᠴᠡᠴᠡᠭ 锦带花 ……………………………… 312

ᠴᠠᠭᠠᠨ ᠠᠷᠴᠠ 兴安圆柏 ………………………………… 41

ᠴᠠᠭᠠᠨ ᠴᠡᠴᠡᠭ 齿叶白鹃梅 …………………………… 131

ᠴᠠᠭᠠᠨ ᠬᠤᠰᠢᠭᠤ 柳叶鼠李 …………………………… 225

ᠴᠠᠭᠠᠨ ᠬᠤᠰᠢᠭᠤ 黑果枸杞 …………………………… 295

ᠴᠠᠭᠠᠨ ᠴᠡᠴᠡᠭ 三裂绣线菊 …………………………… 120

ᠴᠠᠭᠠᠨ ᠮᠣᠳᠣ 青杆 ……………………………………… 2

ᠴᠠᠭᠠᠨ ᠬᠤᠰᠤ 黑桦 ……………………………………… 68

蒙文索引

华北驼绒藜 ⋯⋯ 94
关木通 ⋯⋯ 88
玉兰 ⋯⋯ 288
扭叶松 ⋯⋯ 22
稠李 ⋯⋯ 163
蒙古荚蒾 ⋯⋯ 318
蒙桑 ⋯⋯ 87
牡丹 ⋯⋯ 97

三花槭 ⋯⋯ 218
美蔷薇 ⋯⋯ 158
美丽茶藨子 ⋯⋯ 110
紫丁香 ⋯⋯ 274
云杉 ⋯⋯ 11
单子圆柏 ⋯⋯ 44
甘肃柽柳 ⋯⋯ 245
甘肃小檗 ⋯⋯ 108

贴梗海棠 ⋯⋯ 150
蓝叶忍冬 ⋯⋯ 311
蓝果忍冬 ⋯⋯ 298

疏花蔷薇 ⋯⋯ 155
文冠果 ⋯⋯ 221
玫瑰 ⋯⋯ 151
月季花 ⋯⋯ 152
罗兰紫丁香 ⋯⋯ 275
多枝柽柳 ⋯⋯ 242
流苏树 ⋯⋯ 284

下江忍冬 ⋯⋯ 303
陇东海棠 ⋯⋯ 146
龙首山蔷薇 ⋯⋯ 154
罗布麻 ⋯⋯ 286
花曲柳 ⋯⋯ 264
白蜡树 ⋯⋯ 263
辽东栒木 ⋯⋯ 69

银杏 ⋯⋯ 1
银新杨 ⋯⋯ 51
银露梅 ⋯⋯ 160
银白杨 ⋯⋯ 50
沙冬青 ⋯⋯ 199

蒙文	中文	页码
ᠴᠢᠢᠴᠤᠤ	刺楸	252
	西府海棠	144
	金枝垂柳	63
	黄栌	208
	膜果麻黄	48
	辽椴	234
	黄果云杉	9
	黄刺玫	153
	黄花铁线莲	302
	金花忍冬	269
	细叶小檗	104
	连翘	202
	黄檗	31
	樟子松	101
	盐爪爪	93
	榛	71
	小果白刺	200
	牛奶子	250
	鲜卑花	128
	新疆杨	299
	新疆忍冬	52
	新疆五针松	28
	新疆云杉	7
	新疆野苹果	149
	梭木	253
	青海云杉	15
	塔落木羊柴	197
	兴安杜鹃	259
	华北忍冬	305
	金银忍冬	212
	栓翅卫矛	297
	重瓣榆叶梅	169
	唐古特忍冬	304
	葎叶蛇葡萄	231
	五叶地锦	230
	钻天柳	64
	圆锥绣球	116
	塞尔维亚云杉	10
	长梗郁李	166
	朝鲜鼠李	227
	柽柳	240

蒙文索引 337

蒙文索引

蒙文	中文	页码
	长白忍冬	307
	长白松	32
	长白茶藨子	113

ㄣ

蒙文	中文	页码
	掌裂蛇葡萄	232
	四翅滨藜	96
	小叶巧玲花	279
	沙拐枣	90
	斑叶稠李	164
	山楂	136
	大字杜鹃	261
	黄芦木	103
	大叶朴	84
	长瓣铁线莲	99
	木地肤	95
	胡杨	49
	荆条	292
	卫矛	213
	大果榆	82
	天山梣	266
	雪岭云杉	4
	花木蓝	183

| | 猬实 | 314 |

ㅓ

蒙文	中文	页码
	荒漠锦鸡儿	192
	川西云杉	8
	中国沙棘	296
	互叶醉鱼草	285
	枸杞	248
	蒙古栎	293
	雪柳	72
	杉松	262
	中麻黄	18
	蒙椴	47
	照山白	235
	白云杉	258
	白杆	14
	白皮松	3
	春榆	80
	风箱果	21
	甘蒙柽柳	130
	甘蒙锦鸡儿	243
	库页悬钩子	187
		180

蒙文索引

准噶尔枸子 ……………………… 134
六道木 …………………………… 315
心叶椴 …………………………… 237
小胡杨2号 ……………………… 54
小钻杨 …………………………… 58
小花溲疏 ………………………… 118
小叶女贞 ………………………… 283
小黑杨 …………………………… 55
小叶锦鸡儿·小叶忍冬 ………… 306
小叶黄杨 ………………………… 189
沙枣 ……………………………… 206
山桃 ……………………………… 249
山刺玫 …………………………… 222
山葡萄 …………………………… 178
暴马丁香 ………………………… 157
毛樱桃 …………………………… 228
薄叶山梅花 ……………………… 271
东北山梅花 ……………………… 167
东北连翘 ………………………… 115
中间锦鸡儿 ……………………… 268
川西锦鸡儿 ……………………… 114
 ………………………………… 188
 ………………………………… 191

河北杨 …………………………… 60

加杨 ……………………………… 57

鼠李 ……………………………… 223
红花锦鸡儿 ……………………… 190
小叶鼠李 ………………………… 226
粉花绣线菊 ……………………… 25
紫叶小檗 ………………………… 122
日本小檗 ………………………… 107
日本落叶松 ……………………… 106
日本五针松 ……………………… 107
耧斗菜叶绣线菊 ………………… 36
偃松 ……………………………… 126
 ………………………………… 27